U0332634

编委会

主　任　陈蔚辉

编　委（按姓氏笔画为序）

方树光　叶汉钟　刘宗桂　许永强　杨梓莹

张　旭　张来得　张新民　张鹏钊　陈小华

陈育楷　陈俊生　陈蔚辉　林百浚　林自然

林宇楠　罗钦盛　郑晓宏　柯　敏　钟成泉

陶育兵　黄武营　黄俊生　彭　珩　燕宪涛

非物质文化遗产研究成果

潮州菜系列教材

普通高等教育精品教材

潮菜原料学

陈蔚辉　彭　珩　主编

暨南大学出版社
JINAN UNIVERSITY PRESS

中国·广州

图书在版编目（CIP）数据

潮菜原料学／陈蔚辉，彭珩主编 . —广州：暨南大学出版社，2017. 2
（非物质文化遗产研究成果·潮州菜系列教材）
ISBN 978 - 7 - 5668 - 1923 - 9

Ⅰ . ①潮… Ⅱ . ①陈…②彭… Ⅲ . ①烹饪—原料—潮州—教材
Ⅳ . ①TS972. 111

中国版本图书馆 CIP 数据核字（2016）第 205538 号

潮菜原料学
CHAOCAI YUANLIAOXUE
主 编：陈蔚辉 彭 珩
···

出 版 人：徐义雄
策划编辑：潘雅琴
责任编辑：唐 娜
责任校对：王雅琪
责任印制：汤慧君 周一丹

出版发行：暨南大学出版社（510630）
电 话：总编室（8620）85221601
营销部（8620）85225284 85228291 85228292（邮购）
传 真：（8620）85221583（办公室） 85223774（营销部）
网 址：http：//www. jnupress. com http：//press. jnu. edu. cn
排 版：广州良弓广告有限公司
印 刷：深圳市新联美术印刷有限公司
开 本：787mm×960mm 1/16
印 张：15. 875
字 数：276 千
版 次：2017 年 2 月第 1 版
印 次：2017 年 2 月第 1 次
定 价：58. 00 元

（暨大版图书如有印装质量问题，请与出版社总编室联系调换）

序

2012 年 9 月，教育部在《普通高等学校本科专业目录（2012 年）》中，将"烹饪与营养教育"专业列入目录内特设专业，这标志着烹饪与营养教育专业已由 1998 年颁布的《普通高等学校本科专业目录》中的目录外专业"升级"为目录内特设专业，这是对高等烹饪教育的肯定，也为今后高等烹饪教育进一步发展奠定了基础。

粤菜是中国四大菜系之一，而潮州菜（简称潮菜）又是粤菜的一个重要分支。韩山师范学院坐落在潮菜的发祥地——潮州，已有一百多年的历史，是一所历史悠久、特色鲜明的广东省属本科师范院校，完全有条件也有责任为潮菜的发展尽力。

韩山师范学院自 2002 年开始设置烹饪专科专业，为社会培养了一大批潮菜烹饪人才。为了更好地传承与发展潮菜，满足社会发展的需要，韩山师范学院在烹饪专科的基础上，于 2010 年设置了烹饪本科专业，即烹饪与营养教育专业，这也与教育部 2012 年颁布的本科专业目录相符合。烹饪本科专业的设置，需要编写能够反映潮菜特色的烹饪系列教材。为适应这一发展需要，2010 年学校成立了由烹饪理论专家和企业烹饪大师共同组成的"非物质文化遗产研究成果·潮州菜系列教材"编写委员会，并着手对潮菜教材进行编撰与出版。2012 年我应邀来到韩山师范学院旅游管理与烹饪学院讲学，有幸阅读了部分潮菜教材初稿，并考察了潮菜之乡的餐饮盛况，对潮菜印象十分深刻，以至于欣然接受了院长陈蔚辉教授之托，为即将出版的潮菜系列教材写序。

该系列教材突出了潮菜工艺的特色，体现了潮菜的特点，并力求在科学性、规范性、先进性、系统性和适用性等方面达到一个新的高度。该系列教材可作为普通高等院校四年制烹饪与营养教育专业、酒店管理专业及继续教育烹饪本科教材使用，也可供高等职业院校烹饪类专业教学选用，是一套较全面揭示潮菜特色的教科书。

中国烹饪协会副会长
扬州大学旅游烹饪学院院长
路新国　教授
2015 年 1 月

1

前　言

潮州菜，简称潮菜，是广东潮汕地区的地方菜，它与广府菜、客家菜合称为广义的"粤菜"。潮州菜因其选料考究、制作精细、技法独特、口味清淡、形式巧雅的特点和独特的饮食文化而享誉海内外。

潮菜在 2010 年作为粤菜的唯一代表亮相上海世博会，又于 2012 年代表中国餐饮亮相韩国丽水世博会，在世界各地的游客面前大放异彩，此次世博会将潮州菜的发展推向一个前所未有的高度。

韩山师范学院坐落于"中国潮州菜之乡"——潮州市，该校早在 2002 年就率先创办了中国第一个以潮州菜为教学特色的烹饪工艺与营养专科专业，此后又于 2010 年开设了烹饪与营养教育本科专业，并面向全国招生。

十多年来，韩山师范学院烹饪专业一直秉承"加快发展，创特色专业；强化管理，育烹饪能人"的办学宗旨，始终把为餐饮行业和地方经济社会发展培养高素质应用型专门人才作为专业的根本任务，为社会培养了大批合格的烹饪人才，在潮州菜的传承与创新方面发挥了一定的引领和辐射作用。

2008 年我院烹饪专业承担的项目"烹饪专业的职业技能训练模式的改革研究"获学校第六届优秀教学成果一等奖，2012 年"基于岗位技能要求的人才培养模式与职业能力评价创新"再次获学校第七届优秀教学成果一等奖。近年来，烹饪专业又相继获得中央财政支持地方高校发展专项"潮州菜的传承与创新实验中心"（2014）、广东省本科高校质量工程项目"餐饮类专业复合型拔尖人才培养试点班"（2014）、"烹饪人才培养示范基地"（2015），并被教育厅选为广东省中职烹饪师资培训基地，这些项目的实施为烹饪专业的进一步发展奠定了基础。

为进一步彰显韩山师范学院烹饪专业的办学特色，做强潮菜烹饪教育，我们拟在原潮州菜系列讲义的基础上，充实内容，凝练特色，正式出版"非物质文化遗产研究成果·潮州菜系列教材"，该系列教材同时也是"区域文化教育丛书"之一。本套教材包括《潮菜原料学》《潮菜工艺学》《潮菜工艺实操教程》《潮州小吃》《潮菜药膳学》《潮菜宴席设计》《潮菜饮食文化》等。

"潮菜原料学"是烹饪工艺与营养、烹饪与营养教育、公共营养与健康管理等多个专业及方向的本、专科学生必修的专业基础课程。通过该课程的学习，学生可以了解潮菜烹饪原料的分类、命名、品质检验、贮藏保管以及各类原料（包括植物性原料、动物性原料、药食原料和调辅原料）的品种分类、理化特性、组织结构特点、品质营养特点、烹饪规律等，日后可对专业课所学的和工作中所涉及的各类原料有准确而科学的认识，并能正确运用不同的原料，烹制出高质量的菜品。

全书共有八章，包括绪论、粮食、蔬菜、果品、畜禽、水产品、药食原料和调辅原料。书中绪论及各章种类命名、形态特征、产地品种和烹饪应用等内容由陈蔚辉、林洁玫、张远哲、邹倩编写；各章的组织结构、营养价值、品质标准和贮藏保鲜等内容由彭珩、潘润、陈潮华、庄丽媛、张拓编写。全书由陈蔚辉教授统稿。

在教材编写中，得到了韩山师范学院校长林伦伦教授、教务处长黄景忠教授的关心与支持；拍摄教材插图时得到汕头国际大酒店、深圳雅枫国际酒店、潮州荣德坊酒楼、潮州潮江村酒楼、潮州卜蜂莲花大超市等企业的大力帮助；张福平研究员，刘朝吉、罗宗校高级农艺师，以及林宇楠、陈明丰、胡继先、许旭璇、陈育楷、张双、陈楚健、朱美玲、黄美铃等老师为本书的编写提供了部分原料照片，在此一并表示感谢！

该书可作为以潮州菜为教学特色的高等院校、中职学校、培训机构等烹饪专业的教材，也可作为以其他菜系为特色的烹饪院校的教学参考书，并适合热爱潮州菜的各界人士阅读。

由于编者水平所限，书中错漏在所难免，望专家和读者批评指正，以臻完善。

编　者
2016 年 10 月

目　录

1

第一章　绪论

第一节　烹饪原料概述

一、烹饪原料的概念

烹饪原料是指人们进行烹调加工过程中使用的各种食物原料。它包括畜、禽、蛋、乳及水产品等动物原料，粮食、蔬菜、水果、菌类等植物原料，可食用的盐、碱、色素等矿物原料等。

二、烹饪原料应具备的条件

（1）烹饪原料必须食用安全。新鲜原料以及加工的半成品和成品等食品对人必须是安全的，安全性是选择烹饪原料的首要因素。作为烹饪原料应该是无毒和无害的，不含有或者不携带对人体有害的物质，这样才能基本保证食用者的安全和健康。在烹调过程中，要科学运用烹调方法，避免烹调不当产生有害物质。因使用不恰当的方法而使做出的菜肴、面点等含有对人体有害的物质，这是不符合食品安全的做法，如反复使用炸油。

（2）烹饪原料必须有营养。人们食用食物的主要目的就是要摄入人体进行各种新陈代谢活动所需要的营养物质，包括机体的组成物质和代谢活动的调节物质，身体的健康和强壮依赖于营养丰富的食物。因此，为了满足机体生长发育和代谢的要求，必须选用含有各类营养物质的原料进行烹饪。当然，为满足烹饪工艺性的要求，丰富菜点的花色品种，有时也会选用一些可能没有营养价值的原料，如发色剂、膨松剂等；为形成菜肴的色、质和形的独特效果，有些对烹饪原料的处理方法也会破坏一些营养素，如碱发原料致嫩等。

（3）烹饪原料的口味、质地、色泽等特点要满足人的需求。进食是一种美好的享受，享受菜点带来的各种感官刺激，从而产生良好的食欲和适当的满足感。人们对事物的喜好，很大程度上受口感、味道和色泽的影响。菜点的风味、质感的形成以及营养物质利用率的高低依赖于烹饪原料良好的形状特点。

三、烹饪原料的历史与现状

烹饪原料的使用和发展经历过生食、熟食、烹饪三个阶段。在我国，生食、熟食与烹饪三个阶段的划分，大致是以北京猿人学会用火以及一万年前发明陶器作为分界线的。

170万年前出现的元谋人、60万年前出现的蓝田人和50万年前出现的北京人，统称"猿人"。他们群居于洞穴或树上，集体出猎，共同采集，平均分配劳动所获，过着茹毛饮血的生活，这便是中国饮食历史上的"生食"阶段。

继北京猿人之后陆续出现的长阳人、丁村人、柳江人、河套人、马坝人、资阳人以及山顶洞人，被考古学家称为"古人"或"新人"。他们已经学会了用火烧烤食物、化冰取水、烘干洞穴、照明取暖、防卫身体和捕获野兽，进入了中国饮食历史上的"熟食"阶段。熟食的最大贡献，就在于它从燃料和原料方面，为烹饪技术的诞生提供了物质条件。

距今一万年左右的旧石器时代晚期，生产力已经有了一定的发展，氏族公社最后形成，并出现了原始商品交换活动。这一切又为烹饪技术的诞生提供了社会条件。特别是制造出适用的刮削器和雕刻器等工具、发现摩擦生火、学会烧制陶器，更为烹饪技术的诞生提供了必不可少的工具与装备。最早的烹饪技术，应是在火炙石燔基础上发展而成的水烹。只有在水烹中，燃料、炊具、原料、味料、技法这五大要素才能得到初步的结合。

从夏朝起，经过商、周，直到战国时期，中国社会进入青铜器时代，饮食烹饪水平大幅度提高，农业和畜牧业发展兴旺，于是有了最初的食品加工。

秦、汉、魏、晋、南北朝时期，铁制炊具开始被人们使用，隋唐两宋时期进入铁器烹饪中期，从元代进入铁器烹饪近期，直至明清为止。在这一阶段，谷物、蔬菜、水果、乳品、水产、调料等烹饪原料从种类到烹饪方式都得到了迅速发展。

明清时期，在这封建社会的晚期，中国烹饪进入了成熟期。据明人宋诩记录，弘治年间的烹饪原料已达 1 300 余种。其中引人注目的是大豆制品的发展、蔬菜种植技术的提高、番茄和辣椒的引进以及海味原料脱水处理的出现。回族饮食、女真饮食、吐蕃饮食都被引进中原；虎胆、麒麟面、豹胎、狮乳、鱼须、雀舌等稀异物料风靡一时。

当代由于生物学、食品卫生学、食品科学、生物化学、微生物学、营养学、植物学、动物学等学科的发展，例如动物工厂化饲养、水产品的网箱人工饲养、大棚蔬菜的普及、转基因动植物的出现等，使得烹饪原料的构成发生了巨大的变化，很多原来比较稀有的烹饪原料的产量大幅度上升；冷库的普及对烹饪原料的保存也产生了巨大影响。食品加工技术的发展，例如冷冻干燥技术、罐头技术等的发展，使现在的半成品烹饪原料的性质和质量与传统的半成品烹饪原料相比有了不可同日而语的差异。交通工具的发展，使烹饪原料的运输和各地间原料的交易变得非常便捷，这对烹饪风格产生了巨大的影响。科学仪器和工厂化设备近年来逐步进入烹饪行业，烹饪原料的清洗使用清洗机械，烹饪原料的去皮去核使用去皮去核机械，烹饪原料的切片切丝使用相对应的机械切片机。机械化使容易机械化的烹饪原料品种得到很大发展。食用卫生学和营养学对烹饪原料也产生了很大的影响。由于人们意识到寄生虫、致病微生物、化学残留等的危害，生吃菜肴开始减少，烤肉类菜肴、腌制食品类菜肴的发展受到限制。中国加入 WTO 后，人们的消费观念和意识都发生了改变，使用安全、无污染、高品质的烹饪原料成为人们的共同要求。因此，有机食品、绿色食品和无公害食品应运而生。原料生产、加工上市、销售等环节都有严格的要求和质量监控体系，使原料生产走上可持续发展的道路，为烹饪活动提供了强有力的保证。

四、烹饪原料的食用等级

烹饪原料的食用等级分为无公害、绿色和有机三个等级。

（1）无公害烹饪原料。无公害烹饪原料是指原料所含有害物质（如农药残留、重金属、亚硝酸盐等）的含量，控制在国家规定的允许范围内，食用后对人体健康不造成危害，并由授权部门审定批准，允许使用无公害标志的原料。

（2）绿色烹饪原料。绿色烹饪原料是我们国家提出的概念，指遵循可持续发展的原则，在产地生态环境良好的前提下，按照特定的质量标准体系生产，并经专门机构认定，允许使用绿色食品标志的无污染、安全、优质、营养类食品。由于与环境保护有关的事物国际上通常都冠之以"绿色"，为了更加突出这类食品产自良好的生态环境的特点，因此将其称作绿色食品。

（3）有机烹饪原料。有机烹饪原料来源于有机食品，而"有机食品"是国际上普遍认同的叫法，这一名词是从英语 Organic Food 直译过来的，在其他语言中也有叫生态或生物食品的。这里所说的"有机"不是化学上的概念。国际有机农业运动联盟（International Federation of Organic Agriculture Movements，简称 IFOAM）给有机食品下的定义：根据有机食品种植标准和生产加工技术规范而生产的、经过有机食品颁证组织认证并颁发证书的一切食品和农产品。国家环保局有机食品发展中心（Organic Food Development Center，简称 OFDC）认证标准中对于有机食品的定义：来自于有机农业生产体系，根据有机认证标准生产、加工，并经独立的有机食品认证机构认证的农产品及其加工品等，包括粮食、蔬菜、水果、奶制品、禽畜产品、蜂蜜、水产品、调料等。

质量安全标志

农产品地理标志

无公害食品

A级绿色食品

AA级绿色食品

有机食品

食品食用等级标志

有机烹饪原料对质量要求最高，原料生产过程中完全不使用农药、化肥、生长调节剂等化学物质，不使用基因工程技术，同时，还必须经过独立的有机食品认证机构全过程的质量控制和审查。绿色和有机级别的烹饪原料，是我国未来烹饪原料发展的方向，目前部分市场有销售，但价格还比较高。

第二节 潮菜烹饪原料

一、潮菜的定义

潮州菜，简称潮菜，发源于广东潮州，是当今所有讲潮州话地区的地方菜，与广府菜、客家菜合称为广义上的"粤菜"。

这里说的"潮州"，是一个历史的地理概念，大致相当于今广东省东部的潮州市、汕头市、揭阳市所管辖的潮语地区，习惯上又称为"潮汕"，潮菜便是在这一地域内形成的地方菜。

潮菜发源于潮汕平原，历经千余年的发展，加上优越的地理环境、丰富的物质资源、特有的民族风情以及悠久的历史文化，逐步形成了自己的特色，以其独特风味而自成一体，其最大特点是擅烹海鲜、原汁原味、味尚清鲜、注重养生。

潮菜以其"清而不淡、素而不斋、鲜而不腥、嫩而不生、肥而不腻"的特有风味和口感，赢得了食客的广泛认同，成为享誉海内外的菜系。而潮菜不论是在选材、配料、做法、吃法上均有其讲究，它与潮汕的历史文化息息相关，糅合了许许多多潮汕文化的元素。

二、潮菜烹饪原料的特点

潮汕地区位于广东东部，地处南亚热带，有山地、平原、漫长的海岸和众多沿海岛屿，自然环境多样，物产十分丰富，这为潮菜提供了充裕的烹饪原料。

（1）水产原料丰富。唐代韩愈的诗作中就记载了当时潮人喜食章鱼、蚝、蒲鱼、江珧柱等水产品的习惯，还有其他数十种不认识的，令他大为惊叹的水产品。清嘉庆年间的《潮阳志》载文："邑人所食多半取于海族，鱼、虾、蚌、蛤，其类千状，且蚝生、虾生之类辄为至。"可见千百年来，这些海产品一直是潮菜的主要用料，因而潮菜以烹制海鲜见长。

（2）素菜用料依时而变。素菜用料随时令季节而变，所用的原料有大芥菜、大白菜、番薯叶、苋菜、菠菜、通心菜、黄瓜、冬瓜、发菜、竹笋等，既体现田园风味，又具有潮汕特色。素菜荤做，采用肉类糜焖而成的菜，上席时见菜不见肉，使其达到"有味使之出，无味使之入"的境地。青蔬软烂不糜，饱含肉味，鲜美可口，令人饱享天然蔬鲜真味，素而不斋，名品有厚菇芥菜、玻璃白菜、护国素菜等数十种，它们不仅是潮菜中的素菜，也是广东菜系中素菜类的代表。

（3）甜菜原料品种多样。潮汕地区在历史上是蔗糖的主产区之一。潮汕人民很早以前就掌握了栽种甘蔗榨糖的方法，为制作甜菜提供了基本原料。潮式甜菜主要包括动物性和植物性两大类。甜菜的选料不乏名贵原料，如燕窝、海参、鱼翅骨、鱼脑等，也有取材于当地四季盛产的蔬果和谷类，如南瓜、香瓜、姜薯、芋头、番薯、冬瓜、马蹄、柑橘、豆类、糯米等。在烹调技术的运用上根据原料各自的特点，采用一系列不同的制作工艺，使品种多样，而且肥猪肉、五花肉等荤料也可以入菜做成上等名肴。代表菜品有金瓜芋泥、太极芋泥、羔烧白果、羔烧姜薯、炖鱼翅骨、绉纱莲蓉等。

（4）酱碟佐料琳琅满目。潮菜中的酱碟佐料是其他菜系所不及的，酱碟是潮菜烹调的主要助味品。上至筵席菜肴，下至地方风味小吃，基本上每道菜都必配以各式各样的酱。在菜肴的烹调制作过程中，可借助热处理充分发挥酱料的辅助作用，使烹调工艺达到色、香、味、形俱佳的效果。潮菜酱碟的搭配比较讲究，什么菜搭配什么酱料，都有一定的规则，正所谓"物无定味，适口者珍"。如明炉烧响螺要搭配上梅膏酱和芥末酱；生炊膏蟹必配姜米浙醋；生炊龙虾应配上橘油；肉皮冻、蚝烙要配上鱼露；卤鹅肉要配蒜泥醋；牛肉丸、猪肉丸要配上红辣椒酱等。酱碟品种繁多，味道有咸、甜、酸、辣、涩、鲜等，色泽有红、黄、绿、白、紫、棕等，五光十色，让人叹为观止。

第三节　潮菜烹饪原料种类

一、按原料的来源属性分类

（1）植物性原料：粮食、蔬菜、果品等。
（2）动物性原料：家畜、家禽、鱼类、贝类、蛋、奶、虾等。

（3）矿物性原料：食盐、碱、硝、明矾、石膏等。

（4）人工合成原料：人工合成色素、人工合成香精等。

二、按原料的加工状况分类

（1）鲜活原料：新鲜水果、新鲜蔬菜、鲜活水产、活家禽以及其他鲜肉等。

（2）干货原料：干水产、干果、干蔬菜等。

（3）复制品原料：豆腐、香肠、五香粉等。

三、按原料的烹饪运用分类

（1）主配料：指形成菜点的主要原料及搭配原料，是构成菜点的主体，也是人们使用的主要对象。

（2）调味料：指在烹调或者食用过程中用来调配菜点口味的原料。主要有咸味、甜味、辣味、酸味、香味等口味的调味料，以及各种复合调料等。

（3）辅料：指在烹制菜点过程中使用的帮助菜点成熟、成形、着色的原料，如水、油脂、食用色素等。

四、按原料的商品性质分类

（1）粮食原料：大米、杂粮、大豆、面粉等。

（2）蔬菜原料：萝卜、青菜、番茄、海藻等。

（3）水果原料：苹果、梨、柑橘、干果、蜜饯等。

（4）肉类原料：畜肉、禽肉、蛋、奶、火腿、香肠等。

（5）水产原料：虾、蟹、鱼类、贝类等。

（6）干货制品：干蔬菜、鱿鱼干、干紫菜等。

（7）调味原料：糖、盐、酱油、醋、味精、料酒等。

五、按原料的营养成分分类

（1）热量素原料：又称"黄色食品"，主要含碳水化合物，包括粮食、块根、瓜果等。

（2）保全素原料：又称"绿色食品"，主要含维生素和叶绿素，如蔬菜、水果等。

（3）构成素原料：又称"红色食品"，主要含蛋白质，如畜肉、禽肉、鱼类、蛋、奶、豆制品等。

第四节　潮菜烹饪原料的初加工

一、烹饪原料初加工的含义

烹饪原料购进后，一般不能立刻进行烹制，而应按照不同的原料进行不同的初步加工，以减少原料的消耗，物尽其用。将鲜活原料由毛料形态变为净料形态的加工过程，称为"烹饪原料的初加工"。这里，鲜活原料的净料形态包括可以直接下锅烹制的最终净料，如绝大部分的蔬菜、用于整料烹制的光鸡等；也包括需要进一步刀工处理（精加工），成为合适形状才用于烹制的初级净料，如宰杀好的禽鸟、分档取料的净料等。初加工主要有宰杀、洗涤、剖剥、拆卸、整理、剪择、发料、初步热处理等步骤。

由于鲜活原料的种类很多，初加工的方式方法也就不少，使初加工的内容也变得十分丰富。主要的加工内容、目的及要求如下：

（1）宰杀。是指鲜活原料初步加工的第一步，要求将活的原料尽快杀死。

（2）洗涤。是为了除去原料的污秽，要求去除所有污物，使原料洁净。

（3）剖剥。是为了除去不能使用的废料。

（4）拆卸。要求将原料按性质、用途分割及分类。

（5）整理。要求将原料形状修整至美观、整齐。

（6）剪择。要求用剪刀、小刀等工具或手加工出净料。

（7）发料。干货必须经过的初加工过程。

（8）初步热处理。是指有些原料在正式烹制以前，要根据不同的烹制要求或需要，经过水锅、油锅、汤锅处理，再进行下一步的烹饪运用。

二、烹饪原料初加工的原则

鲜活原料种类多，加工时方法各异，但是各种原料在加工时都应遵循以下共同原则：

（1）必须符合食品卫生要求。大部分的鲜活原料都会带有皮毛、内脏、鳞片、虫卵、泥沙等污秽杂物，有些还带有农药等含毒物质，它们进入人体后，就会危害人体健康。因此，在初加工阶段要将其彻底清除，使原料完全符合食品卫生的要求。为达到这个要求，应当掌握以下要点：

①工作人员必须有较强的责任心。

②设备用具要备齐，用水要方便。

③工作人员要完全熟悉加工方法，并且要定期培训，开展学习交流活动，掌握新的加工方法。

④保持工作环境的清洁卫生，防止二次污染。

⑤建立卫生安全的监督与检查制度，确保烹饪原料卫生安全。

（2）尽可能保存原料的营养成分。吸收营养素是人们进食的重要目的，而有些营养素容易在初加工中受损，如水溶性维生素容易在洗涤加工中流失，因此应掌握科学合理的加工方法，减少营养成分的损失。

（3）原料形状应完整、美观。为了确保菜肴的美观、便于原料的进一步刀工处理、提高净料率，初加工时，应注意保持原料形状的完整和美观。保持原料形状完整美观的要点是要清楚原料各部分的用途，下刀要准确，操作要熟练，还要注意配合切配和烹调的需要进行加工。保持原料形状完整、美观的根本办法是要提高加工者的技术水平。

（4）保证菜肴的色、香、味不受影响。原料初加工时应充分考虑到如何保证菜肴的色、香、味不受影响。例如，如果切好的鸡块仍带有较多的血污，未烹制时不觉得难看，甚至会因为血色较鲜红而感到耀眼。但是，当鸡块烹熟后肉色就会变得瘀黑，十分难看。又如，把剪切好的蔬菜放在清水中浸泡或洗涤，不仅蔬菜中的维生素会流失，蔬菜的滋味也会变淡。

（5）节约用料。在初步加工过程中，既要确保净料的质量，又要避免降低净料率、影响成本。为此，在加工中应注意以下几点：

①严格按操作规范进行加工，准确下好每一刀。

②动手加工前，必须明确质量要求。

③注意选择合适的材料，切忌大材小用、精料粗用。例如，做生鱼片和生鱼球时，选材是不同的。前者可选用小一点的生鱼，后者应选用大一点的生鱼。如果倒过来选用，就会既浪费材料，又影响成菜的质量。又如，需要每位上的原料应选均匀整齐的原料，不均匀的则用于小料使用。

④注意充分利用副料的使用价值，开发副料的用途。

第五节　潮菜烹饪原料的贮藏保鲜

研究烹饪原料贮藏保鲜即研究原料在贮藏过程中的物化特性和生物特性的变化规律，以及变化对原料质量及贮藏性的影响，从而采取必要的技术措施加以调控。影响烹饪原料质量及贮藏性的因素很多，其中最主要的因素有两个，即酶和微生物，贮藏保鲜就是要有效控制酶和微生物的活动，从而防止原料变质，使原料的食用期延长。

（1）低温贮藏法。一般是指用低温（15℃以下）保存原料的方法。根据结冰速度的不同可分为以下几点：

①冷藏。此法又称作"冷却贮藏法"，通常指的是原料在0℃~10℃的环境中短时间贮藏。与其他低温贮藏法的时间相比，冷藏的贮存期较短，因不破坏和改变原料的结构，所以几乎任何原料都适用于此方法。

②缓冻贮藏法。一般是指在3~72小时之内将原料的温度降到-20℃~0℃。结冰降低了原料组织结构中水分的活性，从根本上有效抑制了酶和微生物的活性，起到长时间贮藏原料的作用。但是，结冰会使原料细胞受到破坏损伤或者使原料内部体积过于膨大，导致外壳、外膜等爆裂，所以此方法不适用于有细胞结构的植物性原料或者像啤酒、鸡蛋等这类有外壳包装的原料食品。

③速冻贮藏法。一般是指在30分钟以内将原料的温度降到-20℃~0℃。由于冷冻迅速，采用合适的解冻方法后原来的营养物质一般都不会流失，所以速冻原料的品质变化较小。

（2）常温贮藏法。一般是指在常温下，在适宜原料贮藏的自然环境和场地贮藏原料的方法。该方法成本低，仅仅需要控制适当的温度和湿度就好。因此，该方法所适用的场所条件通常是洁净、阴凉、通风、干燥、避免阳光直接照射。但此方法只适用于短期贮藏，需要合理分配原料的使用顺序。

（3）高温贮藏法。一般是指利用高温，使原料中的酶失去活性，从而达到延长贮存时间的效果。

①巴氏消毒法。利用60℃~65℃左右的温度将原料加热30分钟，消灭原料中的病原微生物和非病原微生物。此方法能够最大限度地保留原料的风味、口感和营养价值，属于低温杀菌法，一般适用于不耐高温处理的原料，如牛乳、葡萄酒、果汁等。

②煮沸消毒法。将原料在沸水中煮30~180分钟，杀灭大部分微生物及

其后代的方法。此方法适用于能够浸泡在水中、耐高温的原料。

③干热杀菌法。通过电烘箱、电烤箱、电子消毒碗柜等设施或油，达到120℃以上的高温，主要通过热空气的发挥作用，不仅能够杀死所有微生物，而且使原料中的酶完全失去活性。此方法适用于耐高温以及加工型原料的处理。

（4）活养贮藏法。是对活的原料进行短期饲养从而保持或提高其品质的贮藏方法。主要适用于对新鲜程度要求较高、烹煮前需要排空腔肠内部泥沙或去腥的动物性原料，例如虾、蟹、贝壳类、黄鳝、泥鳅等。

（5）干燥贮藏法。一般是利用各种方法将原料中的水分减少，从而达到贮藏的目的。例如蔬菜、谷类、豆类、鱿鱼、鲍鱼、海参等均可采用此方法长期贮藏。需要一提的是要注意防潮防霉。

（6）腌渍贮藏法。一般指利用较高浓度的食盐、食糖等物质对原料进行腌渍处理以达到贮藏保鲜原料的效果。此方法利用糖、盐产生的高渗透压，使原料细胞失水、蛋白质变性、细胞内部发生质壁分离现象，从而抑制微生物的生长和酶的活性。使用腌渍方法还可以使原料形成特殊的风味和质地。常用的腌渍贮藏法包括盐腌渍、糖腌渍、醋腌渍以及酒腌渍等。

（7）烟熏贮藏法。一般是指原料在腌渍或干制的基础上，利用木柴不完全燃烧时产生的烟雾对原料进行熏制，从而达到贮藏原料的目标的方法。烟熏时，烟气中含有酸类、甲醛和酚类等具有防腐作用的化学物质，能够起到消灭微生物的作用，同时可阻碍外界微生物对原料的浸染。按照熏制对象的不同可将烟熏分为生熏、熟熏两类。

（8）密封贮藏法。一般是通过改变贮存环境中的气体组成成分而达到贮存原料的目的。具体方法是在包装中填充二氧化碳、氮气，将原料真空包装，起到使原料延长食用期限的作用。

（9）防腐剂贮藏法。一般是利用添加食品防腐剂抑制微生物生长而防止原料变质的方法。

第六节　潮菜烹饪原料的感官检验

感官检验即利用人的视觉、听觉、嗅觉、味觉、触觉等感官系统对原料品质的好坏进行检测鉴别。感官检验凭借人体自身的感觉器官进行运作，因而在实践中较为实用且直接简便，但是由于存在个人感觉器官的差异性、个人阅历或者专业经验丰富与否、专业知识是否足够等问题，容易造成鉴定结果的不准确。因此，要在鉴定原料时多种感官并用，从而做出综合研究分析，选择出优质的烹饪原料。

感官检验根据所用的感觉器官的不同，可分为听觉检验、视觉检验、触觉检验、嗅觉检验和味觉检验。

（1）听觉检验。在听觉器官听到敲击或者摇晃原料发出的声响的基础上判断出原料品质的好坏。原料因为贮存时间、成熟度以及组织成分和结构等的不同，会在受到外力拍打的时候发出不同的声响，我们可以据此辨别出原料的好坏。例如，夏天，在买西瓜时，有经验的人常轻敲西瓜，根据音色的不同来判断瓜的生熟。

（2）视觉检验。在视觉器官看到原料的形态、光亮度、包装程度、色泽等的外观基础上判断出原料品质的好坏。例如，购买鲜肉时最好在白灯光下观看肉的色泽。

（3）触觉检验。在触觉器官碰触到原料的重量、黏度、弹性、粗细等的基础上判断出原料的品质好坏。例如新鲜的动物肝脏有一定的弹性，用手指轻压后可以恢复原状的才算品质过关；手指搓捻面粉，通过感觉其中的粗细程度，来判断面粉的品质或者种类。

（4）嗅觉检验。在嗅觉器官闻到原料的气味的基础上判断出原料的品质好坏。多种原料都拥有自己独特的气味，不是原料自身正常的气味、气味变淡或者产生异味，均说明原料的品质发生了变化。例如，猪肉若出现了臭味、酸味、哈喇味等异味时，就说明猪肉变质了。

（5）味觉检验。在味觉器官品尝到原料味道的基础上判断原料品质的好坏。每一种原料因为化学成分以及风味物质的不同，会形成独特的味道。不过需要注意的一点是，必须事先确定原料是可食用的、无毒无害的。例如，品尝西瓜以确定其甜度。

思考题

1. 简述环境中某些物质不能作为烹饪原料的原因。
2. 思考烹饪原料的历史与现状对现今烹饪行业的影响。
3. 除了常用的原料储藏方法，试列举其他能够实行的方法。
4. 除了运用感官检验方法，试列举其他检验烹饪原料的方法。
5. 根据所学知识，写出选取烹饪原料的流程步骤。
6. 结合自身具体情况，试制订出学习潮菜原料学的学习计划。

第二章　粮食

教学要求

1. 掌握粮食的概念、分类以及在烹饪中的应用。
2. 掌握谷物、豆类的组织结构及主要的化学成分。
3. 掌握主粮类的品种特点、品质鉴定标准及在潮菜烹饪过程中的应用。
4. 了解潮菜常用的豆类、薯类的种类、品质特点及烹饪应用。
5. 了解潮菜常用粮食制品的种类、特点及烹饪应用。

重点难点

1. 粮食作物种子的化学成分对加工工艺的影响。
2. 大米的分类及其品质特点、品质鉴定标准和潮菜烹饪应用。
3. 面粉的加工种类、品质特点、品质鉴定标准和潮菜烹饪应用。
4. 潮菜常用的粮食制品的种类、品质特点和烹饪应用。

第一节　粮食原料概述

一、粮食的概念

粮食，是制作各种主食的原料统称，包括粮食作物的种子、果实、块根、块茎及其加工制品。根据粮食的生物学特性及其烹饪应用特点的不同，粮食一般分为谷类、豆类和薯类三大类，其中也包括相应的粮食制品。

粮食是人类赖以生存的最基本的物质，为人类的日常生活提供大量的能量和营养，在烹饪中的应用十分广泛。

二、粮食的组织结构

（一）谷类的组织结构

谷类主要包括禾本科的水稻、小麦、大麦、燕麦、玉米、小米、高粱以

13

及蓼科的荞麦等。除了荞麦外，谷类种子的结构基本相似，一般由谷皮、糊粉层、胚和胚乳四部分构成。

（1）谷皮。谷皮由果皮和种皮组成。它位于谷粒的外部，由坚实的木质化细胞构成，对胚和胚乳起保护作用。谷皮主要由纤维素和半纤维素构成，并含有5%左右的蛋白质。由于该部分不易被人体消化，而且影响粮食口感和色泽，一般会在加工时除去，常被称为"谷糠"或"麸皮"。

（2）糊粉层。糊粉层非常薄，位于谷皮内壁，由大型近长方体细胞紧密排列而成，含有蛋白质、脂肪、维生素和无机盐等营养成分。因其与谷皮贴合较紧，故在加工精度高的粮食时多将其随谷皮一同磨去。

（3）胚。胚是下一代幼小的植物体，位于种子下部，主要由胚芽、胚轴、胚根及子叶四部分组成。胚占谷粒的比例很小，但含有较高的蛋白质、脂肪和非淀粉类糖分以及丰富的维生素和矿物质。其中维生素 B_1 的含量丰富，占全谷含量的60%以上；维生素 E 的含量也非常丰富。一般传统加工时采取合理的工艺将胚分离，提取其中所含的胚芽油，用于保健和营养强化。但随着加工及贮藏技术的进步，目前已有留胚米出现。

（4）胚乳。胚乳充满种子的内腔，约占种子重量的80%，由薄壁贮藏细胞构成，是种子贮藏营养的主要场所。粮食的淀粉全部都集中在胚乳中，蛋白质含量也较高，而脂肪、纤维素的含量较低。胚乳是谷物主要的食用部位。

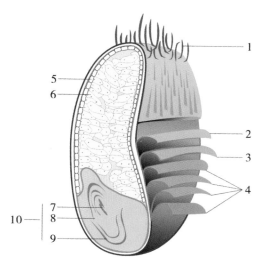

谷类的结构

1：冠毛　2：珠心组织　3：种皮　4：果皮
5：糊粉层　6：胚乳细胞　7：胚芽　8：胚轴
9：胚根　10：胚

（二）豆类的组织结构

豆类的种类繁多，是人类的三大粮食作物之一。豆类的种子结构基本相同，都属于豆科植物，主要由种皮和胚两个部分组成。

（1）种皮。种皮位于种子的最外层，起保护胚的作用。种皮的颜色丰富，有红、黑、青、黄、褐色及杂色等，是豆类的分类指标之一。人们常根据颜色的不同来区别豆类的品种和品质。

（2）胚。胚由子叶、胚芽、胚轴和胚根四部分构成。

①子叶：子叶是暂时性的叶性器官，非常发达，占总体积的96%。子叶的数目在被子植物中相当稳定，肥厚的子叶是贮藏营养的主要部位，含丰富的蛋白质、脂肪和碳水化合物，是豆类的主要食用部分。成熟胚中只有一片子叶的被称为"单子叶植物"，有两片子叶的被称为"双子叶植物"，大豆是双子叶植物。

②胚芽：胚芽是植物胚的组成部分之一，位于胚轴的顶端，与胚轴相连。它突破种子的皮后发育成叶和茎。

③胚轴：胚轴是子叶着生点与胚根之间的轴体。种子萌发后，由子叶到第一片真叶之间的部分，称为"上胚轴"；子叶与根之间的一部分，称为"下胚轴"。

④胚根：胚根是胚下部未发育的根。它的尖端靠近发芽孔，当种子萌发时，胚根是幼苗在发芽过程中从种子里出来的第一个部分，并发育成为主根。

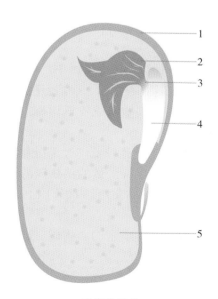

豆类的结构
1：种皮　2：胚芽　3：胚轴
4：胚根　5：子叶

（三）薯类的组织结构

薯类粮食原料的食用部分多为块根、块茎，其膨大的地下变态部分由薄壁组织构成。

甘薯的薯块是由芽苗或茎蔓上生长出来的不定根累积养分膨大而成的，故称为"块根"。块根由皮层、内皮层、维管束环、原生木质部及后生木质部构成。块根因品种及栽培条件等的不同而呈现不同的形状。甘薯表皮有红、白、黄、褐等颜色，肉有黄红、白、黄橙、紫等颜色，其形状及表皮颜色均是甘薯品种特征的重要标志。

三、粮食的营养价值

（一）谷类的营养价值

谷类含丰富的营养物质，主要集中在胚乳。谷物因品种、产地、生长条件、加工方法的不同，所含的各种营养成分的含量会存在差别。一般情况下，谷物的加工精度越高，胚和糊粉层被碾去得越多，其营养物质也损失得越多。

（1）碳水化合物。碳水化合物是谷物的主要成分，淀粉在谷物中的含量最多，约占40%~70%。淀粉分为直链淀粉和支链淀粉两大类，淀粉的含量在很大程度上决定了粮食的口感。除了含有淀粉外，谷类一般还含有少量的葡萄糖、蔗糖、糊精、棉子糖及果糖等；此外，还含有戊聚糖、纤维素、半纤维素等。

（2）蛋白质。一般粮食中的蛋白质含量占7%~16%。谷物中的蛋白质根据其溶解性的不同可以分为四种：谷蛋白、醇溶蛋白（醇溶谷蛋白）、白蛋白和球蛋白。谷类蛋白质的必需氨基酸组成较不均衡，赖氨酸是多数谷物种子中的第一限制氨基酸。

（3）脂类。谷类中的脂肪含量比较低，大部分脂类含量只占2%~3%，主要集中在胚芽和谷皮部分，还含有少量的植物固醇和卵磷脂。小麦和玉米的胚芽中以不饱和的脂肪酸为主，含量可达80%以上，其中亚油酸含量较高，约占不饱和酸的60%。

（4）矿物质。谷类原料中含有丰富的矿物质，以磷的含量最为丰富，占矿物质总量的50%左右，此外，钾、钙、铁、锌、镁、铜等的含量也较高，大多数矿物质主要存于谷皮与糊粉层。

（5）维生素。谷类是B族维生素的重要来源，如维生素B_1、维生素B_2、泛酸、烟酸等，主要分布在糊粉层和胚芽中。另外，谷类胚芽还含有丰富的维生素E。加工的方法和加工程度的不同均会影响谷类原料中维生素的含量。

在黄色的谷物中含有一定量的类胡萝卜素，如黄色玉米和小米含有一定量的胡萝卜素。

（二）豆类的营养价值

（1）蛋白质。豆类蛋白质的含量为20%～40%，高于谷类食物。豆类蛋白质中含有人体所需的各种必需氨基酸，赖氨酸含量丰富，故可与缺乏赖氨酸的谷类蛋白形成互补作用。蛋氨酸是豆类的限制氨基酸。

（2）碳水化合物。大豆中碳水化合物含量为25%～35%，淀粉含量少，仅占0.4%～0.9%。其他豆类碳水化合物含量比大豆高，为60%～65%，且淀粉含量高，占碳水化合物总量的75%～80%。

（3）矿物质及维生素。豆类中含有丰富的矿物质及维生素。如大豆中含钙量比小麦高15倍，含磷量比小麦高7倍，含铁量和所含的维生素量均比小麦高10倍。

（4）生物活性成分。豆类含有多种生物活性成分，如大豆低聚糖、大豆异黄酮、大豆皂苷等。

（三）薯类的营养价值

（1）碳水化合物。新鲜薯类中含量最高的是水分，淀粉次之，其中淀粉含量和谷类的含量差不多，薯类中的淀粉易于人体吸收，所以也常常被人们用来作为主食食用。薯类中的淀粉容易分离，产量大，常用来制作薯类制品。此外，薯类中含有大量的膳食纤维。

（2）其他营养成分。薯类中的蛋白质及脂肪含量均较低，但含有较多的矿物质及B族维生素。

四、粮食的品质标准与贮藏保鲜

（一）粮食的品质标准

粮食的品质标准主要从粮食的形态、色泽、气味、质地、是否受到污染等方面进行检验。新鲜的粮食应具有其本身固有的特性，且无污染。具体每种粮食的品质标准见本章第二节。

（二）粮食的贮藏保鲜

贮藏粮食的方法随品种、数量的不同而不同。一般说来，在保管粮食时应注意调节温度、控制湿度、避免污染等事项。贮藏粮食时应做到：存放地点必须干燥、通风或者将其装在干燥、清洁的容器中，避免高温、潮湿的环境；要避免感染异味而影响粮食自身风味；堆码要整齐，上、下、左、右要保持一定的空间，并与墙壁保持一定的距离；还应注意鼠、虫害等。

五、粮食的烹饪应用

粮食是制作主食的重要原料，如日常食用的米饭、白粥、面条、馒头、包子、饺子等；粮食可以制作各种菜肴，如猪肠胀糯米、松仁玉米、春芽蚕豆、麻婆豆腐、玉米排骨汤等；粮食可以制作糕点和小吃，如粿、春卷、蛋糕、汤圆、粽子、腐乳饼、糯米糍等；此外，粮食还是制作调味品和复制品的重要原料，如酱油、豆酱、味精等。

第二节　粮食原料种类

一、谷类及其制品

谷类粮食主要指单子叶植物纲禾本科的水稻、小麦、玉米等成熟果实，经去壳、碾磨等加工程序制成的一类植物原料。一般也包括双子叶植物纲蓼科荞麦果实。

谷类的称谓由来已久，我国自古已有"五谷"的说法，还有成语"五谷丰登"之说。最早记载"五谷"的是西周时期的经典著作《周礼》，其中的"五谷"是"麻、黍、稷、麦、菽"。随着人类社会农耕和种植技术的不断发展，五谷的种类也一直处于变化之中。如果就谷类产量排列来看，当今世界的"五谷"应是：小麦、玉米、水稻、高粱和粟。

谷制品是指主要以大米、面粉为原料加工而成的粮食原料，包括米粉、米线、年糕等。

（一）谷类的主要种类

1. 水稻

（1）别名：稻谷、稻米、大米或米等。

（2）物种概述：水稻（*Oryza sativa*）为禾本科一年生草本植物，水稻所结颖果即稻谷，去壳后称"稻米、大米"或"米"。优质大米呈白色，具有光泽、呈半透明状、大小均匀、坚实丰满、粒面光滑完整，很少有碎米和爆腰米，腹白少、无虫蛀、不含杂质，具有正常的香气、无异味。

水稻是世界主要粮食作物之一，原产于中国。水稻可以分为早稻、中晚稻和非糯稻。我国将稻米分为三大类：籼米、粳米和糯米。此外，还人工培育出许多特色米种，如黑米、香米等。现在通过食品加工技术生产出了一些新型米种，例如蒸谷米、营养强化米等。

籼米、粳米、糯米三种稻米的比较

名称	籼米	粳米	糯米
粒形	细长	短圆	短圆/细长
出饭率	高	低	—
口感	较硬	较软	最柔软
烹饪应用	烹煮米饭和粥类；加工成米线、河粉等；用米粉制作粉蒸类菜肴	应用基本与籼米相同，但一般不用于发酵	一般不作主食，常用于制作各种风味食品、小吃、甜饭

籼米

粳米

糯米

（3）营养价值：大米中碳水化合物的含量约为75%，所含碳水化合物主要为淀粉。蛋白质约占7%~8%，其中赖氨酸和苏氨酸含量少，不是完全蛋白质。脂肪含量约占1.3%~1.8%，所含脂肪主要集中在米糠中，虽然含量少，但亚油酸比例高。大米含有丰富的B族维生素，维生素B_1、维生素B_2主要存在于胚和糊粉层中。因此，精米的维生素B_1、维生素B_2含量明显低于糙米。

（4）烹饪应用：人们主要将大米蒸煮成米饭或粥，或与其他食材制成炒饭、焖饭或粥品。也可将米饭做成年糕、糍粑等小吃；将米磨成细粉，即为米粉，可加水蒸煮后切成长条形或用机器压制成米线，或制作各式糕点；煮饭后锅底结的一层锅巴香脆可口，可油炸后用于制作各种锅巴菜肴；将大米加八角、桂皮等香料炒香后磨成粗粉，便是制作各式粉蒸类菜肴的原料。

代表菜品有潮州白糜。白糜食用时常配上潮汕咸菜、橄榄菜或高堂菜脯。

潮州白糜

2. 小麦

（1）别名：麦。

（2）物种概述：小麦（*Triticum aestivum*）为禾本科一年或二年生草本植物。小麦原产于西亚。优质小麦去壳后，皮色呈白色、黄白色、金黄色、红色、红褐色、深红色等固有颜色，有光泽；颗粒完整饱满、大小均匀、组织紧密、无虫害及杂质；有正常的小麦气味，味佳微甜、无异味。

按产季，小麦可分为冬小麦和春小麦；按麦粒的性质不同，可分为硬麦和软麦。硬麦呈半透明状，含蛋白质多，可磨制高级面粉，适用于对面筋要求高的面点品种；软麦又称"粉质小麦"，胚乳呈粉状且质地松软，淀粉含量多，磨制的面粉筋力小，适合制作饼干和普通糕点。

小麦通常以其加工品——面粉的形式供人们食用。面粉是小麦的籽粒（颖果）磨制而成的。优质小麦粉的标准为色白、杂质少、水分含量低、新鲜度高、无杂质、无苦味、无腐败味和霉味等。按加工程度不同，面粉可分为四个等级：特级粉、标准粉、普通粉和全麦粉。

①特级粉加工精度最高，色白、质幼，含麸量低，筋力强。适合制作各种精细品种。

②标准粉加工精度次于特级粉，含麸量稍高于特级粉，色稍黄，含面筋量低于特级粉。

③普通粉加工精度低，含麸量高于标准粉，色泽较黄，用于制作馒头等一般面食。

④全麦粉加工精度最低，即可不除去小麦的麸皮和胚芽，将整粒小麦直接碾碎成粉，呈黄褐色，通常用于制作全麦面包或者作为其他烘焙面制品的添加粉。

小麦 　　　　　　　　　面粉 　　　　　　　　肉包子

（3）营养价值：小麦中碳水化合物含量高，约占麦粒总重的70%，其中以淀粉为主要成分，还含有纤维、糊精、各种游离糖、戊聚糖等。小麦蛋白质含量约占12%～14%，赖氨酸含量少。小麦脂肪含量约占2%～4%，多由不饱和脂肪酸构成。此外，小麦还含有B族维生素、维生素E、矿物质等，但维生素A含量低。面粉中营养成分的多少因加工程度的不同而存在一定的差异。

（4）烹饪应用：小麦是世界上最重要的粮食作物。主要用于加工成面粉，面粉可以被制成各种食品，成为人们生活中的主食，如面条、饺子、包子、馒头和其他糕点等。小麦如果直接加工，可以被制成麦片；若将小麦炒熟后再磨成粉，便是可以加沸水冲泡食用的炒面；小麦还被用于酿制酒类、醋类和酱油。

3.玉米

（1）别名：玉蜀黍、苞米、棒子、玉茭等。

（2）物种概述：玉米（*Zea mays*）为禾本科一年生草本植物。优质玉米颗粒完整饱满，大小均匀，质地紧密，呈扁平状，无皱缩，颜色正常，有光泽，具有玉米固有的气味，无异味、微甜，无霉变。玉米原产于南美洲，16世纪传入中国。按颜色可分为白色玉米、黄色玉米和杂色玉米。

（3）营养价值：玉米含有丰富的淀粉；所含蛋白质主要以醇溶谷蛋白为主，缺乏赖氨酸、色氨酸；脂肪的含量较高。另外，玉米中含一定量的维生素E、膳食纤维、磷、钾、镁等。

（4）烹饪应用：玉米可以整粒食用，也可磨成粉或者以玉米碴供食用，可做成玉米面条、玉米窝窝头等主食。西餐中，玉米主要作为菜肴和汤品的用料，如参与沙拉、奶油玉米汤的制作。

玉米   玉米面

4．小米

（1）别名：粟、粟米、黄粟等。

（2）物种概述：小米（*Setaria italica*）是禾本科一年生草本植物粟的籽粒去壳后的产物。优质小米的谷壳色黄皮薄，大小均匀，出米率高，无小碎米，具有正常香气，无异味、杂质。小米在我国主要分布于山西、山东、河北以及西北、东北地区。按照性质可以分为粳性小米、糯性小米。

（3）营养价值：小米蛋白质含量高，蛋氨酸、色氨酸及亮氨酸含量高而赖氨酸含量低。因此，小米适宜与豆类混合食用，达到蛋白质互补的目的。小米的脂肪、碳水化合物含量都不低于大米和小麦。此外，小米维生素 B_1 的含量位居所有粮食之首，还含有一定量的胡萝卜素。

（4）烹饪应用：小米主要用于煮粥，成品色泽金黄诱人，有养胃的功效。

小米

5．大麦

（1）别名：元麦、牟麦、饭麦等。

（2）物种概述：大麦（*Hordeum vulgare*）为禾本科一年生或二年生草本植

物。优质大麦质地硬、粒形饱满，颜色为淡灰至黄灰色，味道新鲜，无发霉及虫蛀。它起源于我国西部高原。按麦穗的排列和结实性，可分为六棱大麦、四棱大麦、二棱大麦；按籽粒与麦麸的分离程度可分成青稞和皮麦。

（3）营养价值：大麦中富含各种营养素，属于高植物蛋白、高维生素、高纤维素、低脂肪、低糖食物。

（4）烹饪应用：大麦除了可以作为杂粮食用外，还可以制作啤酒、大麦茶等。

6. 薏苡仁

（1）别名：薏仁、薏米、川谷、米仁等。

（2）物种概述：薏苡仁是禾本科一年生或多年生草本植物薏苡（*Coix lacrymajobi*）的籽粒。优质薏苡仁身干，粒大饱满，整齐均匀，色白，无碎屑，无杂质、虫蛀。薏苡仁原产于热带亚洲。栽培种类有薏苡和它的变种念珠薏苡。

（3）营养价值：薏苡仁含丰富的蛋白质，脂质含量为禾本科谷物中最高，薏苡油有一定的药理作用。

（4）烹饪应用：薏苡仁可用于煮汤、煮粥等，经煮后口感香糯，微有嚼头。

薏苡仁

（二）谷类制品

1. 米粉

米粉是大米经过多道加工程序制成的条状食品。米粉有两种制作方法：一为传统制法，将大米发酵后磨制加工制成酸浆米粉；第二种是现代加工制法，将大米直接磨粉后挤压，借助摩擦的热度使其糊化成型，这便是干浆米线，干品为干米线。米粉与米线的差异在于米粉在原料中添加了红薯粉、土豆粉等，使米粉的口感较之米线更加绵柔筋道。

2. 粿

在潮汕地区，将采用米、麦以及其他杂粮所制成的一类食品称为"粿"。

粿主要是指以米粉或米浆制成的米制品，也有指用面制作的食品。

粿条是指用薄盘将米浆蒸熟后切条而成的一类食品，与广州地区所称的"河粉"相似。在潮汕地区，粿条是日常生活中的主食，可用于炒食、煮汤等。

粿汁也是一类用米浆制作的食品，与粿条不同的是，它是用制作"炒粿"（用蔬菜、肉类等与粿条同炒，佐以调料而成的一类小吃）的"米粿"切成条状加水煮成酱状的一种食品。这种粿汁有米的香味，食用时多以卤汁、卤肉、卤豆干等佐食。

粿，在潮汕地区还指多用米或者掺入其他面粉类食品制作成外皮，内里包进各种不同的馅料而成的小吃，出名的如红桃粿、鼠曲粿、笋粿等。

红桃粿

鼠曲粿

菜头粿

咸水粿

二、豆类及其制品

豆类粮食，是指以蝶形花科植物成熟的种子作为主要食用部位的一类粮食，主要有大豆、花生、豌豆、蚕豆、绿豆、赤小豆等。豆制品是以各种豆类为原料加工而成的粮食制品，根据加工方法不同分为豆浆和豆浆制品、豆脑制品、豆芽制品和其他豆制品四类。

（一）豆类的主要种类

1. 大豆

（1）别名：黄豆、菽等。

（2）物种概述：大豆（*Glycine max*）为蝶形花科一年生草本植物，以种子供食用。优质大豆粒形呈扁长椭圆形，颗粒完整饱满，均匀一致，具有其固有色泽、豆香气味和滋味，无异味、无霉变、无夹杂物、无异种植物的种子混入、无虫蛀。大豆原产于我国，现在世界范围内都有栽种。大豆种子按照种皮颜色的不同，分为黄大豆、青大豆、黑大豆和紫大豆。

（3）营养价值：大豆含蛋白质 35% ～40%，氨基酸组成合理，赖氨酸含量高。大豆含 18% ～20% 的油脂，其油脂消化吸收率高，所提取的大豆油为优质食用植物油。大豆中碳水化合物含量约占 20%，主要为蔗糖、棉籽糖、水苏糖、阿拉伯半乳糖等；成熟大豆的淀粉含量仅为 0.4% ～0.9%。此外，大豆含有一定量的卵磷脂、大豆异黄酮、维生素 B_1、烟酸、维生素 D、铁、钙、磷、钾等。

（4）烹饪应用：大豆可整粒食用，用于制作各式菜肴和小吃，也可用于制作豆腐、豆浆、豆酱，或用于酿造酱油，压榨大豆油，提取植物蛋白等。

大豆

2. 花生

（1）别名：落花生、长生果、万寿果、泥豆、番豆等。

（2）物种概述：花生（*Arachis hypogaea*）是蝶形花科一年生草本植物，结荚果，以种子供食用。优质花生颗粒饱满、红衣有光泽。花生产于亚洲、非洲、美洲等地，按照荚果形态分为以下四类：

①普通型花生，荚角呈茧形，一般荚果内含两粒果仁，且果仁较大，也

称此类花生为"大花生"。大花生中油和蛋白质的含量适中，可以榨油也可以食用。

②珍珠豆型花生，荚果小，茧形，果壳较薄。果仁为圆珠形或桃子形，果皮有白、粉、红、紫红、紫黑等颜色，种子中含油量较高，香味浓郁，适合榨油。

③龙生型花生，荚角呈曲棍状，每荚果仁多在3粒以上，有明显的果嘴和龙骨（背脊）。果仁稍小，三角形，含油少，蛋白质含量高，食用香味浓，风味好。

④多粒型花生，荚果呈长棍形，每荚果内含2~4粒果仁，果仁小、果壳厚，产量较低。

（3）营养价值：花生仁中含有丰富的油脂；含24%~36%的蛋白质，且质量较高；含10%~24%的碳水化合物；还含有丰富的维生素 B_1、维生素 B_2、胡萝卜素、烟酸、维生素 C、维生素 E 等。

（4）烹饪应用：花生可生食，也可参与粥品、汤品的制作，亦可制成花生酱、花生油等。

花生

3. 豌豆

（1）别名：毕豆、寒豆、青豆等。

（2）物种概述：豌豆（*Pisum sativum*）为蝶形花科一年生或二年生攀缘性草本植物，以种子和嫩豆荚供食用。优质豌豆颗粒饱满、大小均匀、皮薄（干豌豆应为皮薄有皱缩），颜色黄绿且有光泽，无杂质、无虫蛀，煮之易酥烂。豌豆原产于我国，产量大。豌豆依据豆荚形状可分为两个品种，豆荚圆身的主要以种子食用，扁身的作蔬菜食用。

（3）营养价值：豌豆含有丰富的蛋白质，赖氨酸含量高，蛋氨酸为限制氨基酸；含丰富的碳水化合物，以淀粉和蔗糖为主；此外，豌豆中 B 族维生素、维生素 C、铁、钾、钙、碘等含量也较高。

（4）烹饪应用：嫩豌豆整粒供制作菜肴；老豌豆可制汤品、磨粉或提取淀粉。

豌豆

4. 红芸豆

（1）别名：红菜豆等。

（2）物种概述：红芸豆为蝶形花科一年生草本植物，以种子供食用。红芸豆色泽鲜红、表面无虫蛀、形态完整、籽叶肥厚，煮熟后口感松润粉嫩，味道甜美。红芸豆原产于南美洲。我国山西省岢岚、河北省张家口、云南省等地都有栽培。

（3）营养价值：红芸豆含有丰富的蛋白质、碳水化合物、B 族维生素、维生素 C、钙和铁等。此外，富含花色素苷和皂苷。

（4）烹饪应用：红芸豆多用于制作甜品、甜汤，以及沙拉等凉拌菜。代表菜品有冰糖红芸豆薏米粥、红花芸豆粥。

红芸豆

5. 蚕豆

（1）别名：胡豆、罗汉豆、川豆等。

（2）物种概述：蚕豆（*Vicia faba*）为蝶形花科一年生或二年生草本植物，以种子供食用。优质蚕豆颗粒较大，宽而扁平。干品颗粒呈扁椭圆形、红褐色、油润有光泽、香气浓郁。蚕豆按籽粒大小可以分为大、中、小粒，按种皮颜色可分为青皮蚕豆、白皮蚕豆、红皮蚕豆等。

（3）营养价值：蚕豆含24%～30%的蛋白质，含51%～66%的碳水化合物，富含钙、镁、磷、硒等矿物质，其中钙含量高于所有禾本科作物种子，还含有磷脂和胆碱。此外，嫩蚕豆含有丰富的维生素C。

（4）烹饪应用：老蚕豆用于制作汤品、点心、小吃、休闲食品，还可发制蚕豆芽、提取淀粉、酿制酱油等。

蚕豆

6. 绿豆

（1）别名：青小豆、植豆等。

（2）物种概述：绿豆（*Vigna radiata*）为蝶形花科一年生草本植物，以种子供食用。优质绿豆色浓绿而富有色泽，粒大整齐、形圆，煮之易酥。在世界各热带、亚热带地区广泛栽培。绿豆一般分为明绿豆、毛绿豆和混合绿豆，明绿豆品质最好、最有光泽，但产量有限、价格较高。

（3）营养价值：绿豆富含高蛋白，且淀粉、脂肪含量低，含多种矿物质及维生素。

（4）烹饪应用：绿豆可以独立成菜，也可制成绿豆沙、绿豆糕，可发芽后作为蔬菜，也可提取淀粉。

绿豆

7. 赤豆

（1）别名：红豆、赤小豆、小豆等。

（2）物种概述：赤豆（*Vigna angularis*）为蝶形花科一年生植物，以种子供食用。优质赤豆粒大饱满、皮薄、红紫有光泽，脐上有白纹。优良品种有天津红小豆、唐山红、黑龙江宝清红等。

（3）营养价值：赤豆富含蛋白质及一定量的维生素 A、B 族维生素、维生素 C、钙、磷、铁等。

（4）烹饪应用：赤豆多用于制作羹汤粥品，或者制成红豆沙及各式糕点。

赤豆

（二）豆类制品

（1）腐竹。腐竹是在豆浆煮开后，将表面凝结的一层薄皮挑出后干制而成的豆制品。将挑出的薄皮趁湿卷成杆状烘干即成腐竹，腐竹必须用热水泡软后才能经烹饪食用。

腐竹

（2）豆浆。豆浆是将大豆用水泡后磨碎、过滤、煮沸而成的一种饮料。豆浆营养丰富，易于消化吸收。豆浆是防治高血脂、高血压、动脉硬化、缺铁性贫血、气喘等疾病的理想食品。豆浆是中国人民喜爱的一种饮品，也是一种老少皆宜的营养食品，并在欧美享有"植物奶"的美誉。

（3）豆花和豆腐。豆花，全名"豆腐花"，又称"豆腐脑"或"豆冻"，是指黄豆浆凝固后形成的中式食品。豆花比豆腐更加嫩软，在岭南地区通常加入糖水食用。中国北方称豆花为"豆腐脑"，多半为咸辛味，使用盐卤（氯化镁）凝固，南方及晋语区则多使用石膏（硫酸钙），在口感上有明显的粗涩的感觉。在我国台湾部分地区则是盐卤、石膏两者均有使用，并且在口感上极为细腻，大幅改进传统豆花给人们的印象。

豆腐，是以大豆为原料，经过浸泡、磨浆、过滤、煮浆、点卤等程序制作而成的传统的粮食制品。根据点卤的凝固剂不同，豆腐有嫩豆腐和老豆腐之分。嫩豆腐用石膏点制，又称"南豆腐"，含水量高、色泽洁白、质地细嫩，适合炒、做汤等；老豆腐又称"北豆腐"，用盐卤点制，含水量低、色泽白中偏黄，质地较老，适合煎炸等。

豆花

豆腐

（4）豆干。豆干是豆腐干的简称，是用大豆掺以其他原料做成的风味休闲类食品。制作过程和豆腐等其他豆制品相似，其制作工序是：磨浆、除渣、煮浆、配膏、试粉、掺膏粉、拌和定卤、包块、压块、煮熟，有的煮熟后还用栀子上色。特点是外皮柔韧，内部嫩滑。烹调豆干的方法主要有煎、焗、炸三种。在潮汕地区最为出名的豆干有普宁豆干、凤凰豆干等。

豆干

浮豆干

普宁豆干

（5）粉丝。粉丝是中国常见的食品之一，又叫作"粉条丝""冬粉"（主要在台湾地区）。最好的粉丝以绿豆制成，绿豆中的直链淀粉最多，煮时不易烂，口感最为滑腻；也可由玉米淀粉或者地瓜淀粉制作。在中国，最著名的粉丝是龙口粉丝。食用前最好先泡水使其软化。

（6）豆芽。豆芽，又叫作"巧芽、豆芽菜、如意菜、掐菜、银芽、银针、银苗、芽心、大豆芽、清水豆芽"等，是各种豆类的种子培育出的可以食用的"芽菜"，也称"活体蔬菜"。传统的豆芽指绿豆芽，后来市场上逐渐开发出黄豆芽、黑豆芽、豌豆芽、蚕豆芽等新品种。

（7）西米（Sago）。西米，又叫作"西谷米""沙谷米""沙弧米"，是从西谷椰树的木髓部提取的淀粉，经由手工或机器加工制成的白色圆珠形颗粒。

三、薯类及其制品

薯类原料分属不同的科属，这类食材以庞大的地下变态根或变态茎作为食用部位，常见的有甘薯、木薯、薯蓣（淮山）、日本薯蓣（姜薯）、蕉芋、菊芋等。薯类制品主要是指由各种薯类制成的食品。

（一）薯类的主要种类

1. 甘薯

（1）别名：红薯、地瓜、番薯、红苕、山芋、红芋、白薯等。

（2）物种概述：甘薯（*Dioscorea esculenta*）为旋花科一年生或多年生草本植物，以其地下肉质块根供食用。优质甘薯呈锤形、大小整齐、表皮无黑色或褐色斑点、肉质脆嫩、香味浓郁、淀粉含量高。甘薯原产于热带美洲。著名品种有山东聊城的紫薯、广东潮州的后陇红薯等。

（3）营养价值：甘薯块根主要含丰富的淀粉，一般占鲜重的15%～20%，并含有蛋白质、脂肪、维生素C、钙、钾、铁、磷等。含一定量的黏蛋白，有利于保持血管壁弹性。

（4）烹饪应用：甘薯可蒸煮、拔丝、羔烧、返砂等。此外，叶用甘薯的嫩茎叶还可以作为鲜蔬食用，制作潮菜名馔"护国菜"。

甘薯

2. 木薯

（1）别名：树薯。

（2）物种概述：木薯（*Manihot esculenta*）为大戟科多年生灌木，以块根供食用。优质木薯形态完整、肥大丰硕，表皮干燥且无完整破损、不皱缩，无虫害、霉变。木薯原产于热带美洲，现广泛栽培于热带和部分亚热带地区，在我国广泛分布于华南地区。木薯为世界三大薯类（木薯、甘薯、马铃薯）之一。

（3）营养价值：木薯含丰富的淀粉，还含有丰富的膳食纤维、胡萝卜素、维生素 C 以及钙、铁等。木薯叶含有丰富的蛋白质、维生素 A、B 族维生素和维生素 C。木薯中含有木薯氰苷，应先去皮，切配后用清水浸泡，经烘烤、蒸煮等方法烹制煮熟后方可食用。

（4）烹饪应用：木薯可鲜食或磨粉。木薯粉可用于制作糕点、饼干、粉丝、虾片等食品。

木薯叶　　　　　　　　　　　木薯

3. 淮山

（1）别名：薯蓣、怀山药、山药、淮山药、土薯、山薯、山芋、玉延等。

（2）物种概述：淮山（*Dioscorea opposita*）为薯蓣科多年生草本植物，以块状茎入馔。优质淮山色正，薯块完整、皮薄肉厚、肉色洁白、口感软糯。淮山广布于全球温带和热带地区。较好的品种是河南沁阳所产的淮山药。

（3）营养价值：淮山含水量高，脂肪含量低，含有一定量的膳食纤维及钾、钙、磷、铁、锌、硒等矿物质。淮山含有黏液蛋白，有降低血糖的作用。

（4）烹饪应用：淮山可制作各类汤品或糖水，也可切块与各种肉类同烹。

淮山 　　　　　　　　　　　　 淮山片

4. 姜薯

（1）别名：日本薯蓣、土淮山、野山药等。

（2）物种概述：姜薯（*Dioscorea alata*）为薯蓣科多年生缠绕藤本植物，以块茎入馔。优质姜薯皮薄光滑、薯大肉白、粉泥粘连。广东潮汕地区的潮阳和惠来滨海山地常见栽种，其中，以潮阳河溪镇上坑姜薯最为出名。

（3）营养价值：姜薯块茎富含黏液质，能温肺润肠、健脾胃、补肾益肝、通血、养颜护肤。

（4）烹饪应用：姜薯入馔与淮山相似，常用于制作甜汤或点心，也可切块与各种肉类同烹。

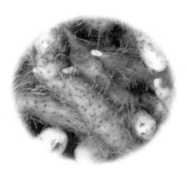

姜薯 　　　　　　　　　　　　 姜薯甜汤

5. 蕉芋

（1）别名：蕉藕、姜芋、番畬鹅（潮汕）。

（2）物种概述：蕉芋（*Canna edulis*）为美人蕉科多年生草本植物，优质蕉芋块茎以形态完整，皮薄肉多，皮黄色、柔白色者为佳。蕉芋在潮汕地区广泛栽培。

（3）营养价值：蕉芋的块茎中富含淀粉，此外，含有一定量的还原糖、蛋白质等营养成分。

（4）烹饪应用：蕉芋根状茎富含淀粉，用于制作粉条，是潮菜凤凰鸡肠粉的主要原料。

蕉芋　　　　　　　　　　　　　　凤凰鸡肠粉

（二）薯类制品

薯粉。薯粉是以番薯为原料制成的淀粉，呈颗粒状，溶于水后加热会呈现黏稠状，因而其黏度比生粉高。薯粉可应用于多种形式的菜肴制作，可用于拍粉炸制，为菜点带来香脆的口感；或者可被制成红薯粉丝食用。薯粉更是潮菜制作中常用到的一类食材，常见于潮汕名小吃蚝烙的制作中。

思考题

1. 什么是粮食？如何分类？在潮菜烹饪过程中有哪些应用？
2. 试述谷类和豆类的组织结构及主要的化学成分。
3. 列表比较常见粮食的品种特点、营养价值、品质标准及其烹饪应用。
4. 简述潮菜中常用粮食制品的种类、特点及烹饪应用。

第三章　蔬菜

教学要求

1. 了解蔬菜的组织结构、营养价值、分类方法、品质检验及其烹饪应用。

2. 熟悉各类常用蔬菜的命名、形态、分布、营养特点、品质标准及其对应的潮菜烹饪应用。

重点难点

1. 种子植物类蔬菜的组织结构、化学成分对蔬菜质地和风味的影响。

2. 蔬菜的概念、分类、常用种类及在烹饪方面的应用规律。

3. 蔬菜制品的概念、分类，常用的蔬菜制品种类。

第一节　蔬菜原料概述

一、蔬菜的概念

蔬菜，是指一切可以烹饪成菜品的植物（部分粮食植物除外），包括种子植物和孢子植物。蔬菜中的大多数是种子植物，且常为草本植物，仅少数为木本植物的幼芽和嫩叶。孢子植物类蔬菜包括食用藻类、食用菌类等。

我国蔬菜栽培历史悠久，早在新石器时代，人类就已经开始采集野菜充饥。考古发现，西安半坡遗址和甘肃秦安大地湾新石器时期遗址均出土有疑似芸薹属油菜、白菜或芥菜的种子，说明这些地区的人类早在七八千年前已开始栽培蔬菜。至西周和春秋时期，《诗经》中就有不少关于蔬菜的诗句，如《周南·卷耳》："采采卷耳，不盈顷筐。"卷耳，就是苍耳，其嫩苗可以吃，也可以入药。《豳风·七月》："献羔祭韭。"韭，就是韭菜。这反映了先民当时不仅采集野菜，还有了专门栽培蔬菜的菜圃，同时还在春夏两季将打谷场地翻耕后用来种植蔬菜等。

二、蔬菜的组织结构

蔬菜属于高等植物，高等植物的组织分为分生组织和永久组织两大类。

（一）分生组织

分生组织位于植物体的根尖、茎尖等部位，是可持续进行原生质合成和通过细胞分裂而新生细胞的组织。它由较小的、等径的多面体细胞构成，细胞壁极薄，细胞核较大，细胞质浓厚，液泡小而少。由分生组织连续分裂而增生的一部分细胞仍保持高度的分裂能力，另一部分则陆续分化为具有一定形态特征和生理功能的细胞，从而构成其他各种组织，使器官得以生长或新生。

根据分生组织在植物体内的位置，可分为顶端分生组织、侧生分生组织及居间分生组织。

顶端分生组织位于根、茎主轴及分支的顶端，由它所衍生的细胞成为根和苗的初生组织，使根、茎的长度不断增加，同时产生叶和分支。由顶端分生组织直接衍生的细胞的发育成熟过程，被称为"初生生长"。只有初生生长的植物一般是小的一年生双子叶植物和大多数的单子叶植物。而供食用的蔬菜基本上都是一年生的草本植物，这是决定蔬菜品质的关键要素。

侧生分生组织纵贯于根、茎等器官内，为一二层细胞所构成的圆筒形或呈带状的结构。它在轴的内外向增生的细胞可不断分化为维管组织细胞，从而使根、茎等器官不断加粗，或是产生周皮取代初生生长所产生的皮层，这种生长称为"次生生长"。次生生长形成的组织具有较多的厚壁且木质化的细胞。所以，大多数情况下的次生组织的食用价值很小。

居间分生组织是位于成熟组织之间的一类分生组织，常见于禾本科植物的节间基部以及葱、韭菜叶的基部，它的分裂导致居间生长，这也是韭菜收获多茬的原因。

从总体上看，植物体的分生组织食用意义不大，所占的比例也相当小。但由它衍生出的植物体的根、茎、叶、花、果实等却成了果蔬的主要食用部分。

（二）永久组织

永久组织是一类具有特殊结构和功能的组织，是由分生组织所衍生的细胞丧失分裂能力，经过分化、生长而形成的具有一定结构和生理功能的植物组织。永久组织包括薄壁组织、保护组织、机械组织、输导组织和分泌组织。

1. 薄壁组织

薄壁组织又称"基本组织""营养组织"，是构成植物体的最基本的组织。其组成的细胞均为具有原生质体的活细胞；细胞壁薄，胞间层中几乎全是果胶物质；初生壁由纤维素、半纤维素、果胶质组成。薄壁组织细胞有了一定的分化，具备一定的形态，同时仍具有潜在的分生能力。薄壁组织组成了植物的基本组织部分，构成了植物体根与茎的皮层和髓、维管组织中的薄壁组织区域、叶的叶肉组织、花器官的各部分、种子的胚乳及胚、果实的果肉，成为果蔬食用的主要组织部分。如萝卜、胡萝卜、马铃薯等供食用的肉质根、肉质块茎中的薄壁组织非常发达。

从生理上看，薄壁组织的功能主要是储藏以及进行光合作用、呼吸作用、分泌作用。叶菜类蔬菜，如白菜、蕹菜、芫荽、树菜、葱及韭菜等供食用的部分即是可进行光合作用的绿色叶片、叶柄或嫩茎。在这类蔬菜中，一般以叶肉组织发达、叶脉细嫩者为佳。此外，具有储藏作用的薄壁组织与果蔬质量密切相关。液体状的储藏物见于液泡的液体中，而在细胞质内可有液体状或固体状的储藏物。液泡中的储藏物如淀粉、蛋白质、油类和脂类大多形成小质体，如豆科植物种子的子叶细胞质中，常含有许多蛋白质体、淀粉粒、油滴等；在马铃薯的肉质块茎薄壁细胞的细胞质中含有淀粉粒，液泡内则含有酰胺和蛋白质。另外，在储藏器官的薄壁组织细胞中，还常常储存着大量的水分，如萝卜、胡萝卜、马铃薯、荸荠等便是如此。

由于薄壁组织的细胞壁薄，常含有大量的水分、营养物质和风味物质，水果和蔬菜的质地、新鲜度、风味等与其薄壁组织有密切的关系。

2. 保护组织

保护组织是位于植物体表面起保护作用的组织，如初生生长时产生的表皮、根冠及次生生长过程中产生的周皮。其中，与果蔬质量有关的则主要是表皮结构。

茎、叶的表皮细胞外壁较厚且覆盖着角质层，可防止微生物的侵害、水分的过度散失和机械性或化学性的损伤。就新鲜的果蔬而言，表皮完整的个体光泽度好、耐贮性强，是其品质优良的标志之一。表皮一旦受到损伤，即使是很小的、不为肉眼所察觉的小伤口，也会给微生物的侵染创造可乘之机，腐败变质往往从这些地方开始，出现褐变、软疡等现象。因此，在果蔬的运输、贮藏、销售过程中，应尽量避免表皮角质层的损伤。但是，若表皮角质层过厚则会影响口感。另外，随着成熟度的增加，某些果蔬的表皮细胞还会向外分泌蜡质或粉状物质，如成熟的苹果、葡萄等表面有蜡质，南瓜、冬瓜等表面有粉状的白霜，不仅起保护作用，也是其成熟的标志之一。

3. 机械组织

机械组织是植物体内起支持和巩固等机械作用的组织。其组成细胞的细胞壁局部或整体加厚，常木质化。根据组成机械组织的细胞的形状和细胞壁加厚程度的不同，可将其分为厚角组织和厚壁组织两类。

（1）厚角组织。厚角组织由纵向延长的、细胞壁不平均加厚的活细胞组成，有原生质体且常常含有叶绿体。细胞壁只有柔软的初生壁，而加厚部分除有纤维素外，还含有大量的果胶质和半纤维素，但无木质素。由于果胶质是亲水的，所以厚角组织的细胞壁内具有丰富的水分。另外，厚角组织加厚的细胞壁在一定条件下会重新变薄，故亦被看作是在结构上特化了来适应支持功能的一种薄壁组织。

某些蔬菜具有丰富的厚角组织，如芹菜叶柄中的角隅厚角组织形成了凸起的纵肋，而莴苣茎的细胞则在细胞间隙内填充大量的果胶质组成了腔隙厚角组织。在此类蔬菜中，厚角组织所占的比例越多，含水量就越大，脆嫩度也越高。

（2）厚壁组织。厚壁组织是由细胞壁显著增厚且木质化了的死细胞组成，并特化为单纯适应机械功能的结构。从细胞的形状上看，可分为等径的、伸长的、分支状的石细胞或细长的纤维两种类型。对于果蔬而言，厚壁组织含量越多，其质量越差。如梨果肉中的硬渣就是成团聚集的等径石细胞，而高品质品种的果肉中石细胞就很少；又如幼嫩的丝瓜可作为夏季蔬菜食用，秋季老熟后形成的瓜筋便是果实里的纤维成分，丧失了食用性；再如油菜薹初加工时需撕去的外皮中就有茎皮纤维存在。

4. 输导组织

输导组织是植物体内输导水分和养料的组织，其细胞一般呈管状，上下相接，贯穿于整个植物体内。在种子植物中包括主要运输水分和无机盐的导管以及运输有机养料的筛管。它们与其他的组织学分子如薄壁细胞、纤维细胞、分泌细胞等组合，分别形成了木质部和韧皮部，组成了叶中的叶脉及根、茎的维管束。由于输导组织具有木质化的导管分子，有时也有木纤维、韧皮纤维等，因此，输导组织中发达的木质化组成分子会影响果蔬的质量。

5. 分泌组织

分泌组织为植物体内具有分泌功能的组织，存在于植物体表面或体内。分泌组织常由单个的或成群聚集的薄壁细胞特化为蜜腺、腺毛、树脂道、乳汁管等，所产生的分泌物是植物代谢的次生物质，分泌物或排出体外，或分泌于细胞内或胞间隙中。某些果蔬独特的芳香气味与分泌组织有密切的关系。如橙的外果皮上的油囊含有橙油；香辛叶菜的叶片及叶柄中含有挥发油；而茎用莴苣的叶及茎皮上的乳汁管因分泌乳汁而使这两部分具有一定的苦味。

三、蔬菜的营养价值

蔬菜可提供人体所必需的多种维生素、矿物质和膳食纤维等营养素，是人们日常饮食中必不可少的食物之一。

（一）蛋白质

新鲜的蔬菜中蛋白质含量较高的是豆类和食用菌类。一般品种的蛋白质含量比较低，含量在3%左右。但是有些蔬菜中的蛋白质质量较佳，如菠菜、豌豆苗、韭菜的限制氨基酸均是含硫氨基酸，赖氨基酸比较丰富，可以与豆类的蛋白质互补。

（二）脂肪

蔬菜中的脂肪含量低，除鲜豆外，一般脂肪含量不超过2%。在蔬菜中，脂肪主要存在于种子和部分果实中，叶、茎、根中的含量少，食用菌中含有较高比例的不饱和脂肪酸。部分蔬菜的茎、叶、果实表面有一层蜡，能防止其凋萎及微生物污染，对蔬菜的贮藏保鲜有一定意义。

（三）碳水化合物

蔬菜中的碳水化合物包括淀粉、可溶性糖、纤维素、半纤维素及果胶等。淀粉含量较高的蔬菜主要是根茎类蔬菜，例如马铃薯、豆薯、山药、菱角、藕等，此类蔬菜以淀粉作为储存物质，能保持休眠状态，有利于贮藏。大部分蔬菜中含可溶性糖，主要有葡萄糖、果糖、蔗糖。蔬菜中可溶性糖含量比较高的有洋葱、胡萝卜、西红柿、黄瓜等。叶菜类及茎菜类蔬菜中含有较多的纤维素和半纤维素。南瓜、番茄、胡萝卜等含有一定量的果胶。

（四）矿物质

蔬菜含有人体需要的一些矿物质，其中常量元素主要为钙、钾、钠、镁、磷等，微量元素主要有铁、锌、铜、碘、钼等。钙含量较多的有小白菜、菠菜、韭菜、芹菜、荠菜、芫荽、雪里蕻、马铃薯、豇豆、油菜、嫩豌豆、冬苋菜等；含钾较多的有蘑菇、香菇、辣椒及豆类蔬菜等；含钠较多的有芹菜、茼蒿、马兰头等；含铁较多的有芹菜、芫荽、荸荠、小白菜、荠菜等；含锌较多的有大白菜、马铃薯、南瓜、茄子、萝卜等；含铜较多的有芋头、茄子、菠菜、茴香、大白菜、荠菜、葱等；含碘较高的有海带、紫菜等藻类蔬菜。但大多数蔬菜中含有草酸及膳食纤维，这两者会影响人体对矿物质的消化吸收。草酸含量较高的蔬菜有菠菜、空心菜、竹笋、茭白、洋葱、苋菜等。

（五）维生素

蔬菜中含有丰富的维生素，主要包括B族维生素、维生素C、维生素A

原、维生素 E 及维生素 K 等，其中以维生素 C 和胡萝卜素最为重要。维生素 B_1 含量较高的有豇豆、毛豆、菜豆、青豌豆、黄花菜、红甜椒、香椿等；维生素 B_2 含量较高的有韭菜、苋菜、荠菜、芦笋、洋葱、番茄、甘蓝等；叶酸及维生素 B_5 含量较高的有蘑菇、豇豆、芦笋、豌豆、芸豆、甜玉米等；泛酸含量较高的为新鲜的绿叶类蔬菜；维生素 C 含量较高的有辣椒、甜椒、番茄、菠菜、青蒜、韭菜、芹菜、豌豆苗、包菜、菜薹、花菜等；维生素 A 原含量较高的有绿色、黄色及红色蔬菜，如胡萝卜、红辣椒、荠菜、青豌豆、芥菜、菠菜、包菜、苋菜、韭菜、茼蒿、葱等；维生素 E 主要存在于蔬菜的绿色部分，含量较高的如莴苣；维生素 K 同样主要存在于蔬菜的绿色部分，含量较高的有莴苣、花椰菜、菠菜、青番茄、甘蓝、苜蓿等。

（六）有机酸

大多数蔬菜含多种有机酸，主要有柠檬酸、苹果酸、酒石酸、琥珀酸及草酸等，但除番茄等少数有明显酸味外，其他大多因含量较少而感觉不到酸味。在蔬菜中，有机酸往往是多种同时存在，例如番茄含有柠檬酸、苹果酸和微量的酒石酸、琥珀酸和草酸；菠菜除了含有草酸外，还有柠檬酸、苹果酸、水杨酸和琥珀酸。需要注意的是草酸会影响人体对钙等矿物质的吸收，故在烹饪时应尽量去除。

（七）挥发油

挥发油又称"香油精"，属于芳香物质，存在于蔬菜中，是蔬菜中香味和其他特殊气味的主要来源。蔬菜中的挥发油含量很少，但因其具有挥发性，所以具有香气，一方面能增进风味，另一方面能提高食品的可消化率。例如大蒜、辣椒等具有辛辣味；芫荽、芹菜等具有特殊气味。在烹调过程中往往利用这些特有气味来丰富菜肴的整体味道。一般情况下，没有成熟的蔬菜挥发油的含量少，成熟度越高，含量越多，气味越浓。

（八）色素

蔬菜中含有多种色素，所以呈现出艳丽的颜色。色素随着蔬菜的生长发育阶段的不同而呈现出不同的颜色。蔬菜中的绿色色素主要是叶绿素；黄色色素主要有胡萝卜素、番茄红素、椒红素、椒黄素、叶黄素等；红色和蓝色色素主要以花青素的形式存在。

叶绿素主要存在于绿叶及茎中，是蔬菜呈绿色的主要原因。这种色素在绿色的叶类菜中含量比较高，如菠菜、油菜中叶绿素的含量比较多，所以颜色浓绿。叶绿素较不稳定，加热容易分解变色，所以在烹调加热过程中蔬菜容易由绿色变为橄榄绿，甚至黄褐色。

黄色色素广泛存在于蔬菜中，叶、根、花、果中均含有，总称为"类胡萝卜素"。它是使蔬菜呈现红色、黄色、橙色的主要物质。黄色色素一般情况下比较稳定，在烹调过程中不易变色。

花青素是水溶性色素，容易受热变色，如紫甘蓝的紫色加热后变成紫黑色，故多生食。

四、蔬菜的品质检验与贮藏保鲜

（一）蔬菜的品质检验

新鲜的蔬菜应清洁、无冻伤、无发芽、无腐烂变质、无机械损伤、无虫害、无污物、无虫卵、无有害物质。对蔬菜的品质检验，除了进行理化检验外，主要就是通过感官检验来鉴别其新鲜度。而蔬菜的新鲜度可以从其含水量、形态、色泽等方面来检验。

（1）含水量。含有较多的水分是蔬菜的共同特点。若蔬菜保持原有正常水分，则其表面有润泽的光亮。

（2）形态。蔬菜往往因含水量的下降而改变其原来的形态，因而形态的改变也可以说明蔬菜的新鲜程度。新鲜蔬菜形态饱满、光滑，无伤痕。

（3）色泽。蔬菜都有其固有的颜色。颜色鲜艳且有光泽的都是新鲜的。不新鲜的蔬菜，大多会改变其原来的颜色，且光泽很暗淡。

（4）质地。质地是蔬菜品质的重要指标。优质的蔬菜质地鲜嫩、挺拔，发育充分，无黄叶、无刀伤。

（5）病虫害。病虫害是指昆虫和微生物侵染蔬菜的情况。优质的蔬菜无霉烂及虫害的情况，植株饱满完整。

蔬菜的新鲜程度与存放的时间有很大的关系。存放时间越长，蔬菜的外观变化就越大，新鲜度就越低。

另外，目前市场流通的蔬菜有三个等级，即无公害蔬菜、绿色蔬菜和有机蔬菜。

（二）蔬菜的贮藏保鲜

新鲜蔬菜是易腐的烹调原料，质量极易发生变化，主要由两个方面的原因引起。一方面是其自身生理变化。蔬菜是具有生命的物质，生理上不断发生变化。另一方面是易受微生物的侵害。由于蔬菜体内含有较丰富的水分和糖类，这为微生物繁殖提供了良好的环境。只要温度、湿度适宜，空气中的微生物孢子就能很快地在蔬菜组织中生长繁殖，首先从蔬菜的伤处进入，然后迅速繁殖扩展，并引起腐烂。

在贮存蔬菜的过程中，控制温度和湿度，营造不利于微生物繁殖的条件是非常重要的。在温度高、湿度大的情况下，蔬菜的品质会大大降低。由于新鲜蔬菜含有丰富的水分，当温度降到零度以下，就会发生冻害。因此还要防止冰冻现象，以免破坏蔬菜的组织而影响蔬菜的品质。冻伤的蔬菜不仅滋味发生了变化，而且外形和颜色也会发生变化。另外，发芽是部分蔬菜特有的生理变化，如土豆、洋葱、大蒜、萝卜等。这些蔬菜在低温条件下一般处于休眠状态，但当温度升高到适宜数值时，就会发芽长叶，造成蔬菜中水分和营养成分大量消耗，重量减轻，品质降低，严重时甚至失去食用价值。控制适宜的温度和湿度是保存蔬菜的关键。蔬菜最适于低温贮藏，但又不能过低，且不宜过于干燥。

饮食业中使用的蔬菜品种很多，来源也不一样，但因数量有限，贮存时间不太长，故不需要用专门的贮存库，一般只要放在阴凉、通风的地方就可以了。贮存时不要与水产品、酒类、咸鱼、咸肉等堆放在一起，避免异味感染，更不应与垃圾、脏物放在一起。一旦发现腐烂的蔬菜必须马上处理，以免影响其他新鲜蔬菜，并做到先到先用、后到后用。

根据以上对蔬菜贮藏保鲜的要求，通常采用堆藏、架藏、埋藏、假植贮藏、低温贮藏、气调贮藏及辐射贮藏等方法对蔬菜进行保鲜。

五、蔬菜的烹饪应用

蔬菜种类繁多，烹调后呈现的风味也是各有所长，从而成为人们日常饮食中必不可少的一类食品。人们烹调蔬菜的主要目的是破坏其淀粉和纤维素，使这些成分易于消化吸收。对于大多数的绿色蔬菜而言，由于其本身富含各种维生素、叶绿素、花青素等热不稳定物，所以蔬菜大多不适合长时间加热，烹煮时间越短则越理想。长时间的烹煮方式主要适用于一些淀粉含量较高的蔬菜，例如萝卜、芋头、马铃薯和冬瓜等较耐煮的蔬菜。炒食是食用蔬菜最普遍的方式，适用于绝大部分绿叶蔬菜；炸或焙烤主要用于薯类产品。

第二节 种子植物类蔬菜

我国普遍栽培的蔬菜有二十多个科，主要集中在种子植物的十字花科、葫芦科、蝶形花科、茄科、伞形花科、百合科、菊科、藜科八大科。按照食用部位的不同，可将种子植物类蔬菜分为根类、茎类、叶类、花类和果类这五个类型。

一、根类蔬菜

根类蔬菜是以植物膨大的变态根作为食用部位的蔬菜，食用部位包括主根膨大而成的肉质直根和由侧根膨大而成的肉质块根。根类蔬菜富含糖类以及一定量的维生素和矿物质。由于根类蔬菜在收获后处于休眠期，可长期储藏，因此，根类蔬菜在蔬菜的周年供应和调节淡旺季中具有重要的作用。

1. 萝卜

（1）别名：莱菔、菜头。

（2）物种概述：萝卜根为十字花科一年生或二年生草本植物萝卜（*Raphanus sativus*）的变态根。优质萝卜大小均匀、外皮光滑、无开裂分枝、无畸形、无黑心、不抽薹、手感沉重、无机械伤。萝卜原产于我国，世界各地均有种植。按产地不同分为中国萝卜和西洋萝卜两类。我国的主要品种有济南青翠圆、石家庄白萝卜、北京心里美、广东高堂萝卜等。

（3）营养价值：萝卜含水量丰富，且富含糖、钙、铁、钾、磷、维生素C、氨基酸、淀粉酶和挥发油等。

（4）烹饪应用：萝卜可用于菜肴、面点、小吃的制作。此外，还可用于食品雕刻和菜品盘饰。代表菜品有萝卜糕（潮汕菜头粿）、洛阳的牡丹燕菜等。

2. 芜菁

（1）别名：蔓菁、圆根、诸葛菜等。

（2）物种概述：芜菁（*Brassica rapa*）为十字花科二年生草本植物芜菁的变态根。优质芜菁形状整齐、表皮光滑、质细味甜、脆嫩多汁、心柱小、肉厚、无糠心抽薹、无裂口和病虫伤害。

（3）营养价值：芜菁富含水分、维生素C、钙，含一定的糖、粗蛋白、维生素A、叶酸、维生素K、磷。

（4）烹饪应用：芜菁可切丝炒制，在西餐中也可切块参与各类炖菜的制作。

3. 胡萝卜

（1）别名：甘荀、金笋、黄萝卜等。

（2）物种概述：胡萝卜（*Daucus carota*）为伞形科二年生草本植物胡萝卜的肉质根。优质胡萝卜表皮光滑、形态整齐、心柱小、肉厚、质细味甜、脆嫩多汁、无裂口和病虫害。胡萝卜原产于西亚。按照肉质根的形态可分为短圆锥形、长圆锥形和长圆柱形三类。

（3）营养价值：胡萝卜含有丰富的胡萝卜素及水分，且富含维生素C、碳水化合物、B族维生素及矿物质，含少量的蛋白质及脂肪。胡萝卜含多种必需氨基酸，尤其是赖氨酸含量高。

（4）烹饪应用：胡萝卜可做凉拌菜，也可以制作烧、炒类菜式，与牛、羊肉同烹有去除膻味的作用。它同时也是食品雕刻、装饰的好材料。代表菜品有胡萝卜烧羊肉、胡萝卜炖肉等。

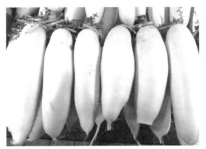

萝卜　　　　　　　　　　胡萝卜

4. 豆薯

（1）别名：沙葛、凉薯。

（2）物种概述：豆薯（*Pachyrhizus erosus*）为蝶形花科多年生草质藤本植物豆薯的肉质块根。优质豆薯大小均匀，皮薄光滑，肉洁白、脆嫩、多汁，无损伤、霉烂。按成熟期分为早熟种和晚熟种。主要品种有贵州黄平地瓜、四川遂宁地瓜、广东顺德沙葛、广东湛江大葛薯。

（3）营养价值：豆薯富含碳水化合物和水分，含丰富的矿物质及维生素，特别是铜含量较为丰富。

（4）烹饪应用：可生食、熟食，还加工制成沙葛粉。代表菜品有沙葛炒肉丝等。

豆薯

二、茎类蔬菜

茎类蔬菜是以植物的嫩茎或变态茎作为食用部位的蔬菜。按照生长部位的不同分为地上茎类蔬菜和地下茎类蔬菜,其中,地下茎类蔬菜分为球茎类蔬菜、块茎类蔬菜、鳞茎类蔬菜和根状茎类蔬菜。人们通常食用的是茎类蔬菜幼嫩时期的茎或变态茎,一旦茎生长老化以后,维管柱木质化,也就失去了食用价值。茎类蔬菜营养价值高,用途广,含纤维素较少,质地脆嫩。由于茎上具芽,所以茎类蔬菜一般适合于短期贮藏,并须防止发芽、抽薹等现象。

(一)地上茎类蔬菜

地上茎类蔬菜主要包括嫩茎类蔬菜和肉质茎类蔬菜。嫩茎类通常以植物柔嫩的茎或者芽作为食用对象,如竹笋、茭白、芦笋等;肉质茎类则以植物肥大而肉质化的茎供食用,如球茎甘蓝、茎用芥菜等。

1. 竹笋

(1)别名:笋、竹萌、竹芽等。

(2)物种概述:竹笋(*Phyllostachys pubescens*)是禾本科竹类植物的嫩茎和嫩芽的统称。此外,包于笋外的部分为笋衣,也是可食用部位。优质鲜笋新鲜质嫩、肉厚、节间短、肉质呈乳白色或淡黄色、无霉烂和病虫害。竹类盛产于热带、亚热带和温带地区。供食的主要有毛竹、麻竹、慈竹、苦竹等竹类的竹笋。按照上市季节分为冬笋、春笋和鞭笋。冬笋质量最佳,春笋质地较老,鞭笋质量较差。

(3)营养价值:竹笋含有丰富的蛋白质、磷、镁、铁、胡萝卜素、维生素 B_1、维生素 B_2、维生素 C 等,其中胡萝卜素含量比大白菜含量高一倍多;竹笋还具有低脂肪、低糖、多纤维的特点。

(4)烹饪应用:竹笋在烹饪中可用炒、炖、煸、焖等方法成菜,也可晒干制成玉兰片、笋丝等,还可加工成腌制品或罐头等。鲜竹笋同时还是食品雕刻的重要材料,如潮菜一向有用竹笋雕刻“笋花”的技艺。鲜竹笋在食用前宜用热水焯烫以去除苦涩味。代表菜品有竹笋土鸡汤、笋粿。

2. 茭白

(1)别名:高瓜、高笋、茭笋、菰等。

(2)物种概述:茭白(*Zizania latifolia*)为禾本科多年生水生宿根草本植物菰经菰黑粉菌侵入,刺激细胞增生而形成的肥大嫩茎。优质茭白表皮光滑,嫩茎粗壮,肉色洁白、软嫩,无糠心、锈斑。茭白原产于我国,是我国特有的蔬菜，主要分布于长江以南各地，长江以北地区有零星种植。

（3）营养价值：茭白富含水分，含一定量的蛋白质、糖、B族维生素及维生素C。茭白由于纤维少，且含有有机氮物质，所以味道鲜美。另外，茭白含有草酸，在烹调前需焯水以去除草酸。

（4）烹饪应用：茭白可与肉类同烹制成各式炒菜、炖菜。

竹笋

茭白

3. 莴笋

（1）别名：茎用莴苣、青笋、莴苣笋等。

（2）物种概述：莴笋为菊科一年生或二年生草本植物莴苣（*Lactuca sativa*）的嫩茎。优质莴笋茎粗大，节间长，质地脆嫩，无枯叶、空心和苦涩味。莴笋原产于亚洲西部及地中海沿岸。其嫩叶俗称"凤尾"，也可食用。秋末、春初是莴笋的最佳食用季节。依照叶形，莴笋分为尖叶形莴笋和圆叶形莴笋，主要品种有柳叶莴笋、北京紫叶莴笋、济南白莴笋等。

（3）营养价值：莴笋除了含有蛋白质、脂肪、碳水化合物、膳食纤维、维生素C、维生素B、烟酸、钙、磷外，还含有相当丰富的氟。值得注意的是莴笋含铁量和菠菜不相上下。

（4）烹饪应用：莴笋可用炒、生拌等方法成菜，还可用于制作腌菜、酱菜。代表菜品有莴笋炒肉片、泡莴笋等。

4. 芦笋

（1）别名：石刁柏、露笋。

（2）物种概述：芦笋（*Asparagus officinalis*）为百合科多年生宿根草本植物石刁柏的嫩茎。优质芦笋色泽纯正、条形肥大、顶端圆钝而芽苞紧实、上下粗细均匀、质鲜脆嫩、有特殊清香，无空心、无开裂、无泥沙。按照栽培方法不同分为绿芦笋、白芦笋和紫芦笋，其中以紫芦笋品质最好。

（3）营养价值：芦笋含有蛋白质、多种维生素和氨基酸、碳水化合物，以及硒、钼、镁、锰等微量元素。

（4）烹饪应用：芦笋适合与肉同烹，也可用于制汤；西餐中，芦笋多作为牛排的伴碟食用或制成沙拉。

5. 球茎甘蓝

（1）别名：芥蓝头、苤蓝、擘蓝、玉蔓菁等。

（2）物种概述：球茎甘蓝（*Brassica oleracea var. caulorapa*）是十字花科芸薹属甘蓝种中能形成肉质茎的变种，为二年生草本植物。优质球茎甘蓝茎皮光滑、形状端正、个头均匀、质紧实、鲜嫩多汁、味甜、无网状花纹、无裂伤。原产于地中海沿岸。现栽品种有 100 多种，按球茎皮色分绿、绿白、紫色三个类型；按生长期长短可分为早熟、中熟和晚熟三个类型。

（3）营养价值：球茎甘蓝含大量的纤维素、多种矿物质及维生素。

（4）烹饪应用：球茎甘蓝口感爽脆，多切片用于各式炒制菜式的制作。

6. 茎用芥菜

（1）别名：榨菜、青菜头等。

（2）物种概述：茎用芥菜（*Brassica juncea var. tumida*）是十字花科芥菜的茎用变种。优质茎用芥菜茎肥大、鲜嫩、质地细致紧密、纤维少、无空心。原产于我国，是我国特有蔬菜种类之一。常见的品种有儿菜、棒菜等，是冬春之际重要的蔬菜品种。

（3）营养价值：茎用芥菜含蛋白质、脂肪、糖、钙、磷、铁及多种维生素。

（4）烹饪应用：茎用芥菜多用凉拌、炒、煮等方式成菜，也可腌制成榨菜，代表菜品有榨菜肉丝。

莴笋

芦笋

（二）地下茎类蔬菜

地下茎是植物生长在地下的变态茎的总称，虽生长在地下，但仍具有茎的特点，节与节间明显，节上常有退化的鳞叶，叶的叶腋内有腋芽，故具有繁殖的作用，以此与根相区别。地下茎主要有四类，即块茎、球茎、鳞茎和根状茎，在这四类之中都有可以供食用的蔬菜。

1. 块茎蔬菜

块茎是地下茎的末端肥大成块状、适合贮藏养料和越冬的变态茎。其表面有许多一般作螺旋状排列的芽眼，芽眼内有芽。

块茎蔬菜中常供食用的有马铃薯。

①别名：土豆、地蛋、洋芋。

②物种概述：马铃薯（*Solanum tuberosum*）为茄科一年生草本植物马铃薯的块茎。优质马铃薯体大、形正并整齐均匀，皮薄光滑，芽眼较浅而便于削皮，肉质细密，味道纯正；炒吃时脆，油炸的片条不碎段。马铃薯原产于美洲，目前我国各地均有栽培，是我国最主要的淀粉来源之一。

③营养价值：马铃薯营养全面且丰富，尤其含糖量高，有"植物之王""地下面包"之称。在贮藏不当的情况下会出现表皮发紫、发绿或出芽等现象，导致块茎中的龙葵素急剧增加，而龙葵素有毒。因此在食用马铃薯时应削去变绿、变紫的部分和挖去芽眼，并且加醋烹调，以防中毒。

④烹饪应用：马铃薯可制作主食、配菜、小吃，还可用于拼摆冷盘或食品雕刻。土豆荤素搭配均可，调味可咸可甜，代表菜品有醋熘土豆丝、土豆烧牛肉、奶油土豆浓汤、潮汕土豆粿等。

2. 球茎蔬菜

球茎是地下茎末端膨大成球状的部分，是适应贮藏养料和越冬的变态茎。芽多集中于顶端，节与节间明显，节上生长着膜质鳞叶和少数腋芽。

（1）荸荠。

①别名：马蹄、钱葱（潮汕）。

②物种概述：荸荠为莎草科多年生浅水性植物荸荠（*Heleocharis dulcis*）的球茎。优质荸荠个大而洁净、紫黑发亮、质地新鲜、皮薄肉细、肉呈白色、味甜爽脆、芽粗短、带点泥土、无破损。

荸荠按球茎所含淀粉量的不同，分为水马蹄形和红马蹄形。水马蹄形富含淀粉，肉质较粗，适于熟食或加工提取淀粉，品种有苏州荸荠、高邮荸荠和广州水马蹄等；红马蹄形水分含量较多，淀粉含量较少，肉质甜脆少渣，适合生食及加工罐头，品种有杭州荸荠和桂林马蹄等。

③营养价值：荸荠含丰富的淀粉，还含有脂肪、蛋白质、钙、磷、铁、B

族维生素以及维生素 C 等。

④烹饪应用：荸荠适于生吃，也可用于烧炒或馅心，制作热菜、汤品和小吃等，还可制罐头、凉果蜜饯等。代表菜品有荸荠炒虾仁、荸荠炒鸡丁、马蹄糕等。

（2）芋头。

①别名：芋、芋艿。

②物种概述：芋头为天南星科多年生草本植物芋（*Colocasia esculenta*）的地下茎。优质芋头淀粉含量高、个头较大、形状端正、未长侧芽、组织饱满、肉质松软、香味浓、无干枯损伤、耐储藏。芋头品种较多，按照母芋、子芋发达程度及子芋的着生习性，分为魁芋类型、多子芋类型、多头芋类型。主要品种有我国的台湾槟榔芋头、福建白面芋头、广西荔浦芋头、上海白梗芋头等。

③营养价值：芋头中富含淀粉、蛋白质、氟、钙、磷、铁、钾、胡萝卜素、烟酸、维生素 C、B 族维生素、皂角苷等多种成分。

④烹饪应用：芋头是潮菜常用的一类原材料，咸甜调味皆可，可做中餐，例如红焖鱼头芋，亦可用于制作芋头粿、反沙芋等各式潮州小吃。

马铃薯   荸荠   芋头

3. 鳞茎蔬菜

鳞茎是着生肉质鳞叶的短缩地下茎，是为了适应不良环境而产生的变态茎。鳞茎短缩呈盘状，特称为"鳞茎盘"，其上生长着密集的鳞叶与芽。根据鳞茎外围有无干膜状鳞叶，又分为有皮鳞茎（如大蒜、洋葱）和无皮鳞茎（如百合）。

鳞茎蔬菜富含碳水化合物、蛋白质、矿物质与多种维生素。大多数鳞茎类蔬菜还含有白色油脂类挥发性物质硫化丙烯，从而具有特殊的辛辣味。

（1）洋葱。

①别名：圆葱、葱头、球葱、皮牙子等。

②物种概述：洋葱（*Allium cepa*）为百合科二年生草本植物洋葱的鳞茎。优质洋葱葱头肥大、外皮有光泽，无机械伤和泥土；经贮藏后，饱实不松软、坚硬不变形，不抽薹，鳞片紧密，含水量少且手感较重，辛辣和甜味浓的为佳。主要品种有红皮洋葱、黄皮洋葱和白皮洋葱。

③营养价值：洋葱富含维生素 B_1、维生素 B_2，含有一定量的碳水化合物、钙、磷、铁。此外，洋葱所含蒜素具有杀菌、增香、开胃、去异味等作用。

④烹饪应用：洋葱广泛用于汤、菜肴以及各种菜肴的调味增香，如法式洋葱汤、炸洋葱圈等。在潮菜等中餐菜系中，洋葱主要作蔬菜食用，可以炒、烧、炸等方式成菜，如洋葱炒肉片。

（2）百合。

①别名：蒜脑薯等。

②物种概述：百合（*Lilium brownii var. viridulum*）为百合科多年生宿根草本植物百合的鳞茎。优质鲜百合鳞茎完整呈扁圆形、色白、抱合紧密、肉厚味甜、无泥土和损伤。优质干百合粒形整齐、颜色透明或半透明、无霉变、无虫伤。主要品种有宜兴百合、甘肃甜百合、湖南麝香百合等。

③营养价值：百合富含淀粉、蛋白质，含一定量的脂肪以及钙、磷、钾、镁、B 族维生素、维生素 C 等营养素。百合具有养心安神、润肺止咳的功效。

④烹饪应用：百合可作蔬菜食用，与肉类同烹，但大多数还是用于制作百合糖水之类的甜汤。代表菜品有金丝百合、西芹炒百合、八宝百合粥、冰糖百合等。

（3）大蒜。

①别名：蒜、蒜头。

②物种概述：大蒜（*Allium sativum*）为百合科一年生或二年生草本植物蒜的鳞茎。优质蒜（大瓣种）外皮干净带光泽、蒜瓣丰满、鳞茎肥大、干爽、无干枯、无损伤和烂瓣。

按照蒜瓣外皮成色的不同可将大蒜分为紫皮蒜和白皮蒜两类，其蒜肉均呈乳白色；按照蒜瓣的大小不同可分为大瓣种和小瓣种两类；按照是否分瓣又可以分为瓣蒜和独蒜两类。

③营养价值：大蒜含有脂肪、蛋白质、碳水化合物、钙、磷、铁、多种维生素等。另外，大蒜还含有挥发油，这是大蒜特殊气味的主要来源，有杀菌、散寒、祛风湿、增香调味的作用。

④烹饪应用：大蒜多作香辛味料使用，中餐多将其切末后做炒菜起锅增香之物，也可整瓣使用，与其他香辛调味品一起搭配，作为卤制菜品的香料

包。此外，大蒜还可以用于制作腌制品。

（4）荞头。

①别名：藠头等。

②物种概述：荞头（*Allium chinenes*）为百合科多年生草本植物荞头的地下鳞茎。优质荞头鳞茎肥壮，肉质紧密、肉色洁白、无枯黄叶、无泥沙。主要品种有南荞、长柄荞和黑皮荞等。南荞鳞茎大而圆；长柄荞荞柄较长，白而柔嫩，品质好，可整株供食；黑皮荞皮紫黑色，荞柄短，以叶和鳞茎供食。

③营养价值：荞头含有糖、维生素、矿物质等营养成分，其中以 B 族维生素较为丰富。另外，荞头含有丙烯基硫化物。

④烹饪应用：荞头可烹制荞头炒肉、荞头炒烤鸭丝等菜肴，也可腌制用作餐前开胃小吃。

| 洋葱 | 百合 | 大蒜 |

4. 根状茎蔬菜

根状茎的外形与根相似，横着伸向泥土中，但它有明显的节与节间，节上的腋芽可以生长出地上枝，节上可以生长出不定根，在节上可以看到小型的退化鳞片叶。根状茎蔬菜富含淀粉和水分，质地脆爽多汁。可供食用或作为调味料使用的有莲藕、姜等。

（1）莲藕。

①别名：藕、莲菜、莲厚（潮汕）等。

②物种概述：莲藕（*Nelumbo nucifera*）是睡莲科多年生宿根草本植物莲的根状茎，是重要的水生蔬菜之一。优质莲藕藕身肥大饱满、肉质脆嫩、水分多而甜，带有清香。同时，藕身应无伤、不烂、不变色、无锈斑、不干缩、不断节。

莲藕品种众多，按照上市季节可分为果藕、鲜藕和老藕；按照莲花的颜色可以分为白花莲藕、红花莲藕；按用途可以分为花用种、籽用种和藕用种。白花莲藕的藕节粗，通体长圆形，表皮白色或黄色，触感光滑，肉质脆嫩，清甜多汁；红花莲藕藕节细瘦，外皮有锈斑，皮色红黄，含淀粉多，肉质较粗。我国湖南湘潭、福建建宁所产的莲藕质量最好，分别被称为"湘莲"和"建莲"。

③营养价值：莲藕含有丰富的碳水化合物、蛋白质、纤维素、铁、钙、磷及多种维生素，其中以维生素 C 含量居多。

④烹饪应用：莲藕可生吃、烹制菜肴、制作小吃，提取淀粉（藕粉）。生食或拌炒等快速烹制的菜式，多选用质地较脆爽、含淀粉量低的白花莲藕；烧、炖、煮等长时间加热的菜式，则多选用口感粉糯、淀粉含量高的红花莲藕。代表菜品有排骨莲藕汤、桂花糯米藕、糖莲藕。

（2）姜。

①别名：生姜。

②物种概述：姜（*Zingiber officinale*）为姜科多年生草本植物姜的地下根状茎。优质姜完整饱满、姜味浓烈；嫩姜肉质雪白、不带泥土和毛根、不烂、无干萎、无虫伤、无受热及受冻。腐烂的姜块会产生毒性很强的黄樟素，不宜食用。

姜原产于我国及东南亚等热带地区。按照采收期的不同，可分为嫩姜、老姜和种姜。嫩姜又称"子姜"，采收于姜块刚刚膨大的时候，含水量大，辛辣味轻，脆嫩清香；老姜是在姜块充分膨大、老熟后采收的，因水分少所以质地较老，辣味重；种姜是作种的姜块在长出新的地下茎后采收的，质地粗糙，辣味浓重。

③营养价值：姜含有碳水化合物、蛋白质、钙、铁、磷及多种维生素。另外，姜含有挥发性姜油酚、姜油醇、姜油酮和桉叶精油等物质。

④烹饪应用：姜在烹饪中主要作为香辛调料应用于需要去腥解腻的各类菜肴，如姜葱炒花蛤、豆豉姜汁蒸排骨等，也可以用于腌制食品或制作小吃等。

莲藕

姜

三、叶类蔬菜

叶类蔬菜是指以植物肥嫩的叶片、叶柄和嫩梢作为食用对象的蔬菜。叶类蔬菜可分为普通叶类蔬菜、结球叶类蔬菜和香辛叶类蔬菜三大类。

叶类蔬菜由于含有叶绿素、类胡萝卜素、花青素等色素而呈现绿色、黄色、红色或紫色。叶类蔬菜是人体无机盐、维生素 B、维生素 C 和维生素 A 以及膳食纤维的主要来源。叶类蔬菜虽然含水分较多，但其持水能力差，一旦烹制时间过长，不仅菜品质地、颜色发生变化，而且营养及风味物质也容易损失。所以，叶类蔬菜适用于生食、凉拌或短时间烹制。挑选叶类蔬菜时，以色正、鲜嫩、无枯黄叶、无腐烂者为佳。

（一）普通叶类蔬菜

普通叶类蔬菜是以植物的嫩叶、叶柄，有时也包括嫩茎作为食用部位的蔬菜。这类蔬菜通常植株矮小、生长期短、采收时间不严格，所以成熟应市快。叶类蔬菜种类较多，形态风味各异，在人们日常生活中具有重要的作用。

1. 大白菜

（1）别名：包心白菜、结球白菜等。

（2）物种概述：大白菜（*Brassica campestris pekinensis*）为十字花科一年或二年生草本植物。优质大白菜包心紧实、叶片互相抱合、外形整齐、色正、无黄斑及黄烂叶、无病虫害和机械损伤。按照形态可以将大白菜分为直筒形、卵圆形及平头形；按照叶球抱合程度可分为结球、半结球、花心、散叶等；按叶色可分为白口菜及青口菜；按照生长期可分为早熟种、中熟种和晚熟种；依耐贮性的不同又分为贩白菜和窖白菜两种。主要品种有我国的台湾白菜、青麻叶（天津绿）、黄芽白菜、北京大白菜等。

（3）营养价值：大白菜营养价值比较高，含碳水化合物、有机酸、各种矿物质、微量蛋白质、脂肪、少量胡萝卜素、维生素 B_1、维生素 B_2 及维生素 C，其中维生素 C 含量较高。

（4）烹饪应用：大白菜鲜食质嫩味美，可用于汤菜、凉菜、热菜等菜肴的制作。使用的烹调方法除了煸炒、煮、余烫、熘烧之外，还可生食，包裹着肉类、米饭类食用或切丝生拌等。

2. 小白菜

（1）别名：瓢儿白。

（2）物种概述：小白菜（*Brassica campestris*）为十字花科一年或二年生草本植物。优质小白菜外形整齐、不带根、无黄叶及烂叶。按照叶柄的颜色可将小白菜分为青梗白菜和白梗白菜。其主要品种有广东矮脚乌、常州青梗菜、南京亮白叶、上海火白菜等。

（3）营养价值：小白菜营养较丰富，含碳水化合物、有机酸、各种矿物质和维生素、微量蛋白质，其中维生素 C 含量较高，还含有微量元素钼。

（4）烹饪应用：小白菜常用猛火爆炒使之成菜，也可作为面点的馅心，或用于菜肴围边摆盘等。

大白菜　　　　　　　　　　　　小白菜（上海青）

3. 菜薹

菜薹是某些十字花科蔬菜植物的花茎，如油菜薹、白菜薹、芥菜薹，是一类原产于我国南部的著名蔬菜品种。下面以油菜薹为例简要介绍。

（1）别名：菜心、菜花等。

（2）物种概述：油菜薹为十字花科一年或二年生草本植物油菜（*Brassica parachinensis*）的花薹。优质菜薹外形完整、新鲜饱满、无残缺虫蛀叶、老黄叶少、花茎饱满不蔫萎、质地脆嫩有光泽。我国以广东栽培最为广泛。油菜薹有两个品种，一种是绿色菜薹，又叫"油菜"；另一种是紫色的，基部较绿菜心稍大，称"紫菜薹""红油菜薹"。

（3）营养价值：菜薹营养丰富，含水量高，含一定量的蛋白质、粗纤维、钙、铁、磷、维生素 B_1、维生素 B_2、胡萝卜素、烟酸、维生素 C。食用价值较高，被列为稀特蔬菜。

（4）烹饪应用：油菜薹在粤菜及潮菜中最常见的做法是用清水烫和用蒜头炒，这两种方法最能突出其清甜本味。

4. 芥蓝

（1）别名：白花芥蓝、绿叶甘蓝、芥蓝菜、盖菜。

（2）物种概述：芥蓝（*Brassica alboglabra*）为十字花科一年生蔬菜。优质芥蓝叶鲜嫩狭长、无烂叶、无泥土；花薹粗细适度、质地脆嫩、味道清香、爽而不硬、脆而不韧；薹茎粗细适度、节间疏。芥蓝原产于我国南方，广东潮汕地区已培育出许多优良品种，如潮州芥蓝、棉湖红脚芥蓝等。

（3）营养价值：芥蓝营养丰富，含丰富的水分、膳食纤维、维生素 C、钙、磷、铁、钾、镁，含一定量的蛋白质、脂肪、碳水化合物。另外，芥蓝中含有有机碱和另一种独特的苦味成分奎宁。

（4）烹饪应用：芥蓝是潮菜最为常用的蔬菜原料，极其适合潮菜的炒菜技法。代表菜品有牛肉炒芥蓝、芥蓝炒粿条等。

油菜薹　　　　　　　　　普通芥蓝　　　　　　　红脚芥蓝

5. 叶用芥菜

（1）别名：挂菜、梅菜。

（2）物种概述：叶用芥菜（*Brassica juncea*）为十字花科一年生或二年生草本植物芥菜及其栽培变种。优质叶用芥菜大小整齐，不带老梗、黄叶和泥土，叶柄无锈斑、病虫害。芥菜原产于中国，是我国著名的特产蔬菜，主要分布于长江以南各省区。叶用芥菜主要品种有大叶芥菜、皱叶芥菜、多裂叶芥、雪里蕻、油芥菜等。

（3）营养价值：叶用芥菜含一定量的碳水化合物、钙、磷、维生素 A、B 族维生素、维生素 C 和维生素 D，其中维生素 C 及膳食纤维含量丰富。

（4）烹饪应用：芥菜可清炒或做成菜煲，也可腌制成咸菜和酸菜。代表菜品有厚菇芥菜煲、梅菜扣肉。

6. 苋菜

（1）别名：清香苋、米苋等。

（2）物种概述：苋菜（*Amaranthus tricolor*）为苋科一年生草本植物，以其幼嫩植株或嫩茎供食。优质苋菜质嫩软滑，叶圆片薄，色泽深绿。苋菜原产于中国、印度及东南亚等地，我国各地均有栽培。依据苋菜叶形的不同可分为圆叶苋菜和尖叶苋菜，圆叶苋菜品种较佳；依据叶片颜色的不同又分为红苋菜、绿苋菜和彩色苋菜三类。此外，在江西和浙江等地还有以其肥大茎部供食用的茎用苋菜。

（3）营养价值：苋菜中主要含有的营养物质是蛋白质、碳水化合物、膳食纤维、维生素 A、维生素 C、维生素 E、钙、磷、钾等。叶片中含高浓度的赖氨酸。此外，其菜叶还含有甜菜碱和草酸盐。

（4）烹饪应用：苋菜可以清炒、制作汤羹或凉拌。代表菜品有皮蛋苋菜煲等。

7. 蕹菜

（1）别名：空心菜、通心菜等。

（2）物种概述：蕹菜（*Ipomoea aquatica*）为旋花科一年生或多年生草本植物，以绿叶和嫩茎供蔬食。优质蕹菜色泽鲜绿、光亮，叶茎脆嫩，无黄叶、烂叶。蕹菜原产于中国，广泛分布于东南亚，是夏秋季的重要蔬菜。蕹菜有白花种、紫花种和小叶种三类，按照繁殖方式可分为子蕹和藤蕹两种，还可按照生长环境的不同分为旱蕹和水蕹两大类。

（3）营养价值：蕹菜营养价值较高，维生素 A、维生素 C、钙、铁、粗纤维含量均较高。

（4）烹饪应用：蕹菜是潮菜的常用蔬菜之一，可以采用蒜蓉爆香清炒、制作汤羹等。

大叶芥菜

白苋菜

红苋菜

蕹菜

8. 叶用莴苣

（1）别名：生菜、莴菜、鹅仔菜等。

（2）物种概述：叶用莴苣为菊科一年生或二年生草本植物莴苣（*Lactuca sativa*）的叶用种类，其脆嫩叶片可食用。优质叶用莴苣抱心、不抽薹、不破肚，整修洁净不带根和泥土，无黄叶、烂叶，无病虫害。叶用莴苣原产于地中海沿岸，我国各地广泛栽培。叶用莴苣品种较多，依据叶片颜色分为绿莴苣和紫莴苣；依据叶片生长形态分为结球莴苣和散叶莴苣两大类。所有品种都质地脆嫩，味道清新，适合生吃或火锅。

（3）营养价值：叶用莴苣除含蛋白质、脂肪和糖外，还含有乳酸、苹果酸、琥珀酸及多种维生素，其中膳食纤维和维生素 C 较白菜多。因其茎叶中含有莴苣素，故味微苦，但具有镇痛催眠、降低胆固醇、辅助治疗神经衰弱等功效。另外，叶用莴苣中还含有甘露醇。

（4）烹饪应用：叶用莴苣可以生吃、炒食或制作汤菜，是西餐常用的凉拌蔬菜，也是中餐火锅的必备食材。

9. 菠菜

（1）别名：飞龙、菠薐、波斯草、鹦鹉菜等。

（2）物种概述：菠菜（*Spinacia oleracea*）为藜科一年生或二年生草本植物。菠菜以叶片和嫩茎供食，其主根发达，肉质呈红色，味甜，亦可食用。优质菠菜色泽浓绿、根为红色、不着水、茎叶不老、无抽薹开花、不带烂叶。菠菜原产于波斯。菠菜品种繁多，依据上市季节的不同，分为越冬菠菜、夏菠菜、秋菠菜、冻藏菠菜等，还可依据其叶片形态分为尖叶有刺菠菜、圆叶无刺菠菜、尖圆叶杂交菠菜等品种。

（3）营养价值：菠菜营养价值高，含丰富的蛋白质、维生素及铁、钙、磷等矿物质。值得注意的是，菠菜的胡萝卜素含量远远高于一般叶菜类，维生素 C 含量高于西红柿，维生素 K 是叶菜类中含量最高的。

（4）烹饪应用：菠菜入馔，适合用清炒、汆烫、炒拌等烹饪方式成菜。还可榨取绿色的汁液为面团、蓉胶等上色，天然健康。因为菠菜含有较多的草酸，宜在食用前先用热水汆烫一下再使用。

叶用莴苣

菠菜

10. 莙荙菜

（1）别名：叶用甜菜、牛皮菜、甜菜等，潮汕人称"厚合菜"。

（2）物种概述：莙荙菜（*Beta vulgaris*）为藜科一年生或二年生草本植物，以其幼苗或叶片作蔬食。优质莙荙菜叶片较大、肥厚多肉，且质嫩、有光泽、叶形完整无虫咬。莙荙菜原产于欧洲南部，我国南方、西南地区常见栽培。依叶柄颜色不同，莙荙菜可分白梗、青梗和红梗三类。

（3）营养价值：莙荙菜含一定量的粗蛋白、纤维素、胡萝卜素、钙、钾，还含有丰富的维生素 B_1、维生素 B_2、维生素 C、铁、锌、硒等。

（4）烹饪应用：莙荙菜可煮、炒制作热菜，如清炒莙荙菜、莙荙菜烧豆腐、肉炒牛皮菜，也可凉拌。还可以用它代替番薯叶制作潮菜名肴"护国菜"。

11. 落葵

（1）别名：木耳菜、藤菜、胭脂菜、豆腐菜等。

（2）物种概述：落葵（*Basella alba*）为落葵科落葵属一年生蔓生缠绕性植物。优质落葵叶片光滑肥厚、青绿色，以嫩叶嫩梢供食，柔嫩爽滑，清香多汁，无病斑、无花枝，节间距离短。落葵原产于中国和印度，中国南方各省区均有栽培或野生。落葵的种类很多，根据花的颜色，可分为红花落葵、白花落葵、黑花落葵。作为蔬菜栽培的品种主要为红花落葵、白花落葵。

（3）营养价值：落葵的营养素含量极其丰富，水分含量高，含一定量的糖、蛋白质、胡萝卜素、维生素 C、烟酸、钙、铁、磷等。其中钙、铁等元素含量极高。

（4）烹饪应用：落葵可用于炒食、制汤、火锅和凉拌等。

莙荙菜 落葵

12. 西洋菜

（1）别名：豆瓣菜、水芫菜。

（2）物种概述：西洋菜（*Nasturtium officinale*）为十字花科一年或二年生水生草本植物。优质西洋菜株型完整、茎叶无折断或少折断、无腐烂。西洋菜原产于地中海东部。栽培品种主要为开花种和不开花种，春夏季节是西洋菜盛产的季节。此外，还有一个品种叫"泰国西洋菜"，又称"旱地西洋菜"。它与一般西洋菜最大的区别在于不是种植在水田里而是种植在旱地里，茎与叶柄均为红色。

（3）营养价值：西洋菜的营养物质比较全面，含丰富的水分、维生素 C、蛋白质及矿物质，且超氧化物歧化酶（SOD）的含量也很高。

（4）烹饪应用：西洋菜可用于清炒、制汤等，尤以制作汤菜为佳，如粤菜老火汤西洋菜煲陈肾、潮菜滚汤西洋菜猪血汤等。

13. 观音菜

（1）别名：红凤菜、紫背菜、红背菜、紫背天葵、补血菜、两色三七草等。

（2）物种概述：观音菜（*Gynura bicolor*）为菊科三七草属宿根多年生草本植物，可以嫩茎叶作为蔬菜食用。优质观音菜有光泽、先端茎娇嫩、口感柔嫩、有独特清凉风味、断面皮部色白。观音菜原产于中国，在广东、海南、福建、台湾等省区有栽培。因其嫩茎叶富含钙、铁等，营养价值较高，又有止血抗病毒等药用价值，故有较长的作为蔬菜栽培的历史。

（3）营养价值：观音菜含有一定量的蛋白质、脂肪、粗纤维、钙、磷、铁、钾、锰，还富含黄酮苷。

（4）烹饪应用：观音菜可用于清炒、制汤和凉拌等。

| 西洋菜 | 旱地西洋菜 | 观音菜 |

14. 树菜

（1）别名：守宫木、天绿香、树仔菜、越南菜、泰国枸杞菜等。

（2）物种概述：树菜（*Sauropus androgynus*）为大戟科灌木守宫木的稚嫩枝条，是近年来发展较快的野菜新品种。优质树菜茎端脆嫩、叶片翠绿完整、无虫咬。树菜较嫩者容易折断，不易折断者证明质地较老，不宜食用。树菜原产于东南亚，我国海南、广东、四川等省有栽种。在潮汕地区，树菜有着悠久的种植和食用历史，在揭西河婆镇，几乎家家户户门前都种有树菜，因其隔天即可采收一次，口感独特清新，深受人们喜爱。

（3）营养价值：树菜含一定量的胡萝卜素、维生素 C、维生素 B 以及丰富的矿物质。

（4）烹饪应用：树菜炒、煮均可，口感脆嫩，且有一股清香味。但也有研究认为树菜有毒，有毒成分不明，建议不要食用。

15. 番薯叶

（1）别名：地瓜叶、红薯叶、甘薯叶等。

（2）物种概述：番薯叶为旋花科多年生蔓性草本植物番薯（*Ipomoea batatas*）的叶。叶片呈心形、绿色，与蕹菜相似，以茎尖及叶片为食用部位。优质番薯叶质嫩，叶片形态完整且表面不皱缩、无烂叶和黄叶。番薯原产于热带美洲，现在我国各地普遍栽培。几乎所有番薯叶均可食用，但作蔬菜食用的番薯叶以叶用番薯最佳。

（3）营养价值：番薯叶含有丰富的纤维素、脂肪、蛋白质、碳水化合物、维生素 A、黏液蛋白以及钙、磷、铁等微量元素。将它与常见蔬菜比较，其矿物质与维生素的含量均属上乘，胡萝卜素含量甚至超过胡萝卜，因此有"蔬菜皇后"的美称。

（4）烹饪应用：番薯叶除适合各式炒菜外，还可剁蓉制羹，做成潮菜名馔"护国菜"。

16. 豌豆苗

（1）别名：豌豆尖、豆苗等。

（2）物种概述：豌豆苗为蝶形花科一年生或二年生攀缘草本植物豌豆（*Pisum sativum*）的嫩梢或幼苗部分。嫩梢及叶卷须可作为蔬菜食用。此外，通过无土栽培，豌豆种子萌芽成苗，茎身细长，叶小呈卵圆形，也可供蔬食。优质豌豆苗茎细多枝、无烂叶、无黄叶、无虫咬。豌豆苗原产于亚洲西部、地中海地区和埃塞俄比亚、小亚细亚西部，在我国主要分布于四川、河南、湖北、江苏、青海等十多个省区。

（3）营养价值：豌豆苗含蛋白质、碳水化合物、钙、B族维生素、维生素C和胡萝卜素等营养成分，富含人体所需的多种氨基酸，味清香、质柔嫩。

（4）烹饪应用：豌豆苗可以炒制热菜，也可制作汤品或凉拌菜。

卵叶番薯叶　　　　　　　　裂叶番薯叶

树菜　　　　　　　　　　　豌豆苗

17. 人参菜

（1）别名：土人参、土洋参、土高丽参等。

（2）物种概述：人参菜为马齿苋科多年生草本植物土人参（*Talinum pan-*

iculatum）的嫩茎叶。土人参的嫩茎叶和地下膨大肉质根可供食用，尤以食用嫩茎更为普遍。优质人参菜叶片绿而厚，茎叶脆嫩，汁液饱满。以手掰易折或无花蕾者品质为佳。人参菜原产于热带美洲。我国南方省区有野生或种植，常见于村寨周边或屋顶上。近年来，一些北方城市也已引种栽培。

（3）营养价值：人参菜的茎叶含有丰富的蛋白质、氨基酸、维生素 C、铁、钙和锌等各类营养成分。

（4）烹饪应用：人参菜可炒食、做汤、涮火锅，肉质根还可凉拌或与肉类一起炖汤。

18. 野苋菜

（1）别名：猪母刺、刺苋菜。

（2）物种概述：野苋菜是苋属（*Amaranthus*）尾穗苋（*A. caudatus*）、刺苋（*A. spinosus*）、皱果苋（*A. viridis*），浆果苋属（*Cladostachy*）浆果苋（*C. frutescens*）的统称。野苋菜为苋科一年生草本植物，以嫩茎叶供食用。茎直立或伏卧，叶互生、全缘、有柄，有的种类叶柄旁边有刺，如刺苋。优质野苋菜质嫩叶绿、叶片形态完整、无烂叶和黄叶。野苋菜常见于园地或荒地。

（3）营养价值：野苋菜的嫩茎叶含一定量的蛋白质、脂肪、碳水化合物、钙、磷、胡萝卜素、维生素 B_2、维生素 C。此外，野苋菜含多种饱和及不饱和脂肪酸。野苋菜是一类具有保健作用的野菜，性味甘凉，具有清热解毒、利尿、止痛、明目的功效。

（4）烹饪应用：野苋菜可以清炒或制作菜煲，烹制后入口质感滑嫩，尝之清香，有些许酸味。

人参菜　　　　　　　　野苋菜（皱果苋）

（二）结球叶类蔬菜

常用的结球叶类蔬菜为甘蓝。

（1）别名：卷心菜、莲花白、球芽甘蓝等。

（2）物种概述：结球甘蓝（*Brassica oleracea var. capitata*）为十字花科二年生草本植物甘蓝的变种。优质结球甘蓝新鲜清洁、叶球坚实、形状端正、无烂叶、无泥土、无机械伤、无病虫害、不带大根。结球甘蓝原产于地中海沿岸，是中国春、夏、秋季的主要蔬菜之一。按其形态不同可分为尖头形、圆头形和平头形三种，而按个体颜色不同又可分为白球甘蓝和紫球甘蓝。

抱子甘蓝（*B. oleracea var. germmifera*）也是十字花科甘蓝种中腋芽能形成小叶球的变种。优质抱子甘蓝新鲜清洁、大小均匀、外形整齐、无病虫害。抱子甘蓝是近年来欧美国家主要的蔬菜品种之一，我国台湾有种植。根据其球体直径是否大于4厘米，将抱子甘蓝分为大抱子甘蓝和小抱子甘蓝，后者质地较前者脆嫩。

（3）营养价值：结球甘蓝含丰富的水分、维生素C、磷和钙，此外，还含有糖、胡萝卜素和铁，纤维素含量也高。抱子甘蓝含一定量的蛋白质、碳水化合物、脂肪、钙、磷、铁、维生素 B_1、维生素 B_2、胡萝卜素及维生素C。

（4）烹饪应用：结球甘蓝质地脆嫩，味清甜，多以炒、炝、熘的方式成菜。人们也将其剁碎后与其他原料混合制成饺子或包子的馅心。同时它也是可以用于制作泡菜的一类原料。

结球甘蓝　　　　　　　　　　　抱子甘蓝

（三）香辛叶类蔬菜

香辛叶类蔬菜是指其叶片或叶柄中含有挥发油成分，具有香辛味，可供蔬食或作为调味料的一类蔬菜。它们的叶片多为绿色，形态多样，除了做菜还可用于菜肴装饰。选择时以新鲜质嫩、香味浓郁、无腐烂枯黄者为佳。

潮菜烹饪过程应用的香辛叶类蔬菜种类较多，主要有芹菜、芫荽、葱、蒜、茼蒿、韭菜、薄荷、罗勒等。

1. 芹菜

（1）别名：芹、旱芹、香芹等。

（2）物种概述：芹菜（*Celery coriandrum sativum linn*）为伞形科一年或二

年生草本植物，以茎叶做蔬食或调味。根据产地的不同，把芹菜分为本芹（中国芹菜）和洋芹（西芹）两种。优质本芹大小整齐、叶柄发达无锈斑、不带老梗和黄叶、色泽深绿或黄白、清香味浓。洋芹以色正鲜嫩、叶柄完整肥嫩无锈斑、不抽薹、无黄烂叶、软化后叶柄白嫩者为上品。

本芹原产于地中海沿岸。本芹根部大，叶柄细长，香味浓烈。本芹又根据叶柄颜色、生长环境而分为青芹和白芹，水芹和旱芹。烹饪应用上常采用香气较浓的旱芹（又称"香芹"）。洋芹是欧洲所产的芹菜类型，植株高、根小、叶柄宽厚、实心、纤维较少、口感脆嫩，但香辛味较淡。

（3）营养价值：芹菜营养价值高，含蛋白质、碳水化合物、钙、磷、铁、胡萝卜素、维生素 C、维生素 D、挥发油、甘露醇以及肌醇等营养成分，特别是钙、铁含量，居新鲜蔬菜之首。另外，芹菜中所含芹菜油，具有芳香气味，有降低血压、健脑和清肠利便的作用。

（4）烹饪应用：芹菜可生食或烹调做菜，适合多种烹饪方式，既可单炒成菜，也可与其他原料搭配作料头之用，增香添色。洋芹还是西餐中常用到的炖煮蔬菜原料之一。

2. 芫荽

（1）别名：香菜、胡荽、盐荽、香荽等。

（2）物种概述：芫荽（*Coriandrum sativum*）为伞形科一年生草本植物，是中餐常用的香辛味蔬菜。优质芫荽色泽青绿、质地脆嫩、香气浓郁、无黄叶、无烂叶。芫荽原产于地中海沿岸及中亚地区，现在我国各地普遍栽培。芫荽有大叶品种和小叶品种。小叶品种虽产量不及大叶品种高，但香味浓。因此，烹饪应用时多选用小叶品种。

（3）营养价值：芫荽富含胡萝卜素、维生素 C、钙、磷、铁等营养素。另外，芫荽所含醇类及烯类等组成的挥发油使其具有浓郁芳香，并有促进消化吸收的作用。

（4）烹饪应用：芫荽嫩茎和鲜叶常用于菜肴的提味和装饰。

旱芹　　　　　　　　　　　西芹　　　　　　　　　芫荽

3. 葱

（1）别名：青葱、叶葱等。

（2）物种概述：葱（*Allium fistulosum*）为百合科多年生宿根草本植物。以叶鞘和叶片供食用。优质葱植株大小均匀、葱白肥厚、葱叶青翠、气味芳香、无烂叶、无黄叶。葱原产于我国，南北均有栽种。葱品种较多，大体上分为以下四类：

①普通大葱：植株较高，假茎长且粗，可作蔬菜食用或者调味料使用；

②分葱：又叫"小葱"，假茎短细，主要作调味用；

③香葱：又称"细香葱"，植株较小，叶极细，质地细嫩，味清香微辣，主要用于调味；

④楼葱：又称"观音葱"，叶片短小，质量较差。

我国栽培的主要品种为大葱，以山东章丘大葱最为出名。

（3）营养价值：葱含水量高，含有糖类、蛋白质、胡萝卜素、维生素 B_1、维生素 B_2、钾、钠、钙、磷、铁、锌、硒。葱所含的硫化丙烯使其具有辛辣味，且有杀菌作用。

（4）烹饪应用：葱与姜、蒜、辣椒合称"四辣"，烹饪上主要用于调味，其中大葱还可用于生吃或炒成热菜食用。

4．蒜苗

（1）别名：蒜、大蒜、蒜毫、青蒜。

（2）物种概述：蒜苗（*Garlic bolt*）为百合科一年生或二年生草本植物的叶和叶鞘。优质蒜苗叶片新鲜青翠、质脆嫩、条长、基部嫩白、上部浓绿、尾端不黄、不枯萎、无烂叶、辛辣味较浓。另外，大蒜的花苔，包括花茎（苔茎）和总苞（苔苞）两部分，具有蒜的香辣味道，也是重要的香辛蔬菜。

（3）营养价值：蒜苗含一定量的水分、蛋白质、糖类及少量的矿物质和维生素。此外，蒜苗中所含的大蒜素使其具有特殊辛辣味，且具有较强的杀菌作用。

（4）烹饪应用：蒜苗、蒜薹可作为香辛料使用，也可作为主菜与肉类同炒，如湘菜中的蒜苗炒肉等。

分葱　　　　　　　　　大葱　　　　　　　　　蒜苗

5. 茼蒿

（1）别名：同蒿、蓬蒿、蒿菜、菊花菜、塘蒿、桐花菜、鹅菜、义菜等。

（2）物种概述：茼蒿（*Chrysanthemum coronarium*）为菊科一年生或二年生草本植物，以嫩茎叶供蔬食。其茎直，叶互生，叶片末端有长形羽状分裂，颜色青绿。优质茼蒿叶片嫩绿、嫩茎叶质地柔软、有菊之香气，鲜香嫩脆。茼蒿原产于地中海沿岸地区。我国南北各省区均有栽种。栽培种类有大叶茼蒿（味香质佳）、小叶茼蒿（耐寒性强）和花叶茼蒿三类。

（3）营养价值：茼蒿富含水分，含一定量的蛋白质、脂肪、碳水化合物、钾、钠、钙、磷、铁、锌、硒、胡萝卜素、烟酸、维生素 B_1、维生素 C。

（4）烹饪应用：茼蒿常用作火锅的蔬菜原料及制作汤菜，如茼蒿牡蛎汤。小叶茼蒿因有较长的嫩茎，故常用于热菜或凉拌菜的制作。

6. 韭菜

（1）别名：扁菜、起阳草。

（2）物种概述：韭菜（*Allium tuberosum*）为百合科多年生草本植物。优质韭菜植株鲜嫩粗壮、叶肉肥厚、无黄叶及烂叶、中心不抽花薹。韭菜原产于我国。韭菜根据其食用部位不同可分为叶韭和花韭。此外还有一种韭菜，栽培时进行遮光处理，叶片黄白色、纤维少、质嫩味甜，被称为"韭黄"，也是名贵蔬菜。

（3）营养价值：韭菜富含水分，含一定量的蛋白质、脂肪、碳水化合物，以及多种维生素和矿物质。此外，韭菜还含有硫化物、苷类、苦味质等多种成分。

（4）烹饪应用：韭菜和韭黄多以炒食为主，可用于熘、爆炒之类的菜式。因其特殊的香气，还经常被用于面点或是饺子等馅心的制作。代表菜品有韭菜饺子、韭黄炒蛋等。

大叶茼蒿

小叶茼蒿

| 韭菜 | 韭黄 | 韭菜花 |

7. 薄荷

（1）别名：野薄荷、草仔、狗肉香、水益母等。

（2）物种概述：薄荷（*Mentha haplocalyx*）为唇形科多年生宿根性草本植物。全草芳香，嫩茎叶可作调味蔬菜食用。优质薄荷叶多、色绿、气味浓香。薄荷原产于地中海及西亚，在我国南北各地均有分布，多生长于水旁潮湿地。我国也是薄荷油等制品的输出大国。薄荷有 500 多个品种，比较著名的有黑胡椒薄荷、绿薄荷、苹果薄荷、橘子薄荷、香水薄荷等，大多是以其独有的香气命名。

（3）营养价值：薄荷含左旋薄荷醇等挥发油、薄荷异黄酮苷等黄酮类成分、迷迭香酸等有机酸、天冬氨酸等十种氨基酸。中医典籍记载，薄荷有疏散风热，清利头目，利咽透疹，疏肝行气的功效。

（4）烹饪应用：薄荷在中西烹饪中常作为香辛料使用，可用于食材的前期腌制，有消除杂味、增香提鲜的功效。多在西餐中以伴碟的形式出现，也常见于鸡尾酒等西式酒品的调制。潮菜中有一道名菜凤凰炸豆干，其食法就是以薄荷佐食。

8. 罗勒

（1）别名：金不换、九层塔、兰香草等。

（2）物种概述：罗勒（*Ocimum basilicum*）为唇形科一年生草本植物，有强烈的香味，嫩茎叶可作调味蔬菜食用。优质罗勒叶多呈椭圆尖状、色绿、气味浓香。广泛分布于亚洲、欧洲、太平洋群岛、北非。罗勒变种及品种较多。目前常开发应用的品种大多从国外引进，如斑叶罗勒、丁香罗勒、捷克罗勒、德国甜罗勒，我国常见栽培的是甜罗勒。

（3）营养价值：罗勒含罗勒烯、柠檬烯、丁香油酚、丁香油酚甲醚、茴香脑、桂皮酸甲酯等挥发油成分。罗勒性温味辛，有疏风行气、化湿消食、解毒活血之功效。

（4）烹饪应用：罗勒是潮菜中常使用的调味蔬菜，可以用于贝壳类菜品的去腥增香。代表菜品有罗勒炒薄壳、罗勒石螺汤等。

薄荷　　　　　　　　　　　罗勒

四、花类蔬菜

花类蔬菜，简称"花菜类"，是以植物的花冠、花柄、花茎等作为主要食用部分的蔬菜，质地或脆爽或柔嫩，具有独特的风味，是人们十分喜爱的一类蔬菜，也具有较高的观赏价值。花类蔬菜主要由花椰菜、球花甘蓝及其他可食用性花卉如玫瑰花、荷花等组成。

人们主要食用花菜类的幼嫩花序，如花椰菜。有些花菜类蔬菜色净无味，可被用于菜肴配形或者配色等。一些特殊的花菜类品种还可被用于制作腌菜和泡菜等。

1. 花椰菜

（1）别名：白色花椰菜又称"菜花、花菜、洋花菜"等；绿色花椰菜又称"西兰花、绿菜花"等。

（2）物种概述：花椰菜（*Brassica oleracea var. botrytis*）是十字花科植物甘蓝的变种。花球通体为白色或绿色，包括花茎、花柄和花蕾三部分，均可食用，以花蕾作为主要食用部位。优质花椰菜花冠整齐、质地紧密、肉质肥厚细腻、茎部无空心、无虫蚀糜烂。花椰菜原产于欧洲，19 世纪传入中国。主要栽培品种有白色花椰菜和绿色花椰菜两类。

（3）营养价值：花椰菜的营养物质非常丰富，含有蛋白质、脂肪、碳水化合物、膳食纤维、维生素 A、维生素 B、维生素 C、钙、磷、铁等物质。其中维生素 C 的含量非常高，比一般的蔬菜高很多；钙的利用价值也很高，可以与牛奶媲美。另外，花椰菜中的类黄酮的含量是所有食物中含量最高，所含吲哚类衍生物具有提高肝脏的芳烃羟化酶的活性的作用。

（4）烹饪应用：可将花椰菜的花球切成小块，洗净之后用于炒食或者用沸水余烫之后用于拌、烩类菜式。此外，绿色花椰菜还常用于菜肴装饰。

白色花椰菜　　　　　　　　　　　　绿色花椰菜

2. 黄花菜

（1）别名：萱草、金针菜、忘忧草、萱草花、健脑菜、安神菜等。

（2）物种概述：黄花菜（*Hemerocallis citrina*）为百合科多年生草本植物。优质鲜黄花菜花苞整齐并未开放，色黄洁净，新鲜有清香味，不蔫、不干；优质干黄花菜色泽黄褐，干燥柔软，表面完整，新鲜有清香味，无腐烂、无异味。黄花菜原产于我国，以山西大同所产品质最好。

（3）营养价值：黄花菜营养丰富，含有丰富的花粉、糖、蛋白质、脂肪、维生素 C、钙、磷、铁、胡萝卜素、氨基酸等人体所必需的营养成分，其所含的胡萝卜素甚至超过西红柿几倍。

新鲜采收的黄花菜的花蕊中含有较多的秋水仙碱，有毒，但在 60℃ 高温时可减弱或分解，所以在食用之前必须经摘除花蕊、用开水焯过或彻底熟制之后才能入馔。食用干品时，最好在食用前用清水或温水进行多次浸泡后再食用。干制后的黄花菜，失去了毒性并得到了柔软的口感，还有一股类似于柠檬的清香气味。

（4）烹饪应用：黄花菜可以采用炒、煲等方法成菜。

3. 霸王花

（1）别名：剑花、霸王鞭、七星剑花等。

（2）物种概述：霸王花为仙人掌科蔓茎类植物量天尺（*Hylocereus undatus*）的花，可经干制后入馔。优质霸王花新鲜、色正、朵形完整、无虫蛀、无损伤。霸王花原产于墨西哥、南美热带雨林，主要分布在我国广东、广西，以广州、肇庆、佛山等为主产区。目前，各地栽培的霸王花有只开花不结果（或结果不良）和既开花又结果两大类。

（3）营养价值：霸王花含水分、蛋白质、粗纤维、钙、磷等营养成分，且含有亮氨酸等至少 13 种氨基酸。中医认为，霸王花性味甘凉，有清心润肺、清暑解热、除痰止咳的作用，故常用来煲汤。

（4）烹饪应用：霸王花常作为清补汤料。广东人好用霸王花熬制老火靓汤，其味清香、甜滑。

黄花菜　　　　　　　　霸王花（鲜品）　　　　　　　霸王花（干品）

五、果类蔬菜

原料学上将以植物的果实或幼嫩种子作为食用部位的蔬菜统称为"果类蔬菜"，它是蔬菜中的一大类别。从植物学上看，根据果实的发育和结构不同可将与烹饪有关的果类蔬菜分为四大类，分别是豆类蔬菜、瓜类蔬菜、茄果类蔬菜和其他果类蔬菜。

烹饪应用上常采用炒、焖、煮等方式烹制常见的果类蔬菜，菜式如冬瓜汤、茄子煲、炒荷兰豆等。果类蔬菜尤其适合与肉类同烹，如番茄牛腩，番茄既吸收了牛肉浓重的油腻味，还为这道菜肴增添了番茄独有的酸甜味。

（一）豆类蔬菜

豆类蔬菜，又叫"荚果类蔬菜"，是指以嫩豆荚、嫩豆粒作为食用部位的蝶形花科植物蔬菜。这类蔬菜富含蛋白质，同时还含有碳水化合物、脂肪、钙、磷和多种维生素等，营养丰富，味道甜爽可口。豆类蔬菜作为较大宗的一类蔬菜，在蔬菜的周年均衡供应之中起着举足轻重的作用。下面具体介绍潮菜中常用的豆类蔬菜种类。

1. 豇豆

（1）别名：长豆角、长豆、长豇豆。

（2）物种概述：豇豆（*Vigna unguiculata*）为蝶形花亚科一年生缠绕草本植物，以稚嫩豆荚或豆粒供食用。优质豇豆鲜嫩、豆荚充实饱满、外皮保护完整、不卷曲、不显籽粒。豇豆原产于非洲和亚洲中南部，可以食用的主要有两个品种，即长豇豆和饭豇豆。

（3）营养价值：豇豆营养价值比较高，含丰富的淀粉、蛋白质、粗纤维、维生素 B_1、维生素 B_2、维生素 C、钙、磷、铁等。

（4）烹饪应用：豇豆适于炒制菜肴，也可以凉拌、制成馅心或腌菜等。

2. 菜豆

（1）别名：四季豆、豆角、芸扁豆、龙爪豆、龙骨豆、芸豆、白肾豆、二生豆等。

（2）物种概述：菜豆（*Phaseolus vulgaris*）为蝶形花科一年生草本植物，以其稚嫩豆荚或豆粒供食用。优质菜豆色正、色泽鲜艳光泽、无茸毛、肉质肥厚、鲜嫩饱满、种子不显露、无折断且易折断、无虫咬、无斑点。菜豆原产于南美洲。菜豆分为荚用种和粒用种。

（3）营养价值：菜豆含水分、蛋白质、糖类、氨基酸、膳食纤维、多种矿物质和 B 族维生素、维生素 C、烟酸等多种营养物质。

（4）烹饪应用：菜豆适于炒制菜肴，也可以凉拌、制成馅心或制成罐头等。

3. 荷兰豆

（1）别名：青豆、青豌豆、嫩荚豌豆、甜荚豌豆等。

（2）物种概述：荷兰豆为蝶形花科一年生或二年生攀缘性草本植物豌豆（*Pisum sativum*）的软荚品种，以嫩荚果供食用。优质荷兰豆的豆荚稚嫩完整青翠、豆粒饱满、无虫咬、无杂质。荷兰豆原产于地中海沿岸及亚洲西部。现在软荚豌豆出现了新品种"甜脆豌豆"，即蜜豆，原产于欧洲，以其嫩豆荚和嫩梢作蔬菜食用，外形较荷兰豆稍饱满，果皮肉质化，甜脆爽口。

（3）营养价值：荷兰豆含有碳水化合物、蛋白质、脂肪、胡萝卜素、维生素 C、铜、铬、胆碱及多种人体必需氨基酸。所含的维生素 C，在所有鲜豆中名列榜首，且含有较多的可溶性纤维。

（4）烹饪应用：荷兰豆适于炒制菜肴，如蒜茸炒荷兰豆、腊肠炒荷兰豆等。

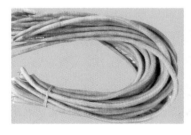  

豇豆　　　　　　　　　　菜豆　　　　　　　　　　荷兰豆

（二）瓜类蔬菜

1. 丝瓜

（1）别名：天罗瓜、锦瓜。

（2）物种概述：丝瓜（*Luffa cylindrica*）为葫芦科攀缘性植物，以嫩果供食，是夏季常见蔬菜。优质丝瓜表皮青绿有光泽、没有刮伤或变黑痕迹、手感柔软、果肉柔软、不带老实籽粒。按照有棱与否，可以将丝瓜分为普通丝瓜和棱角丝瓜。棱角丝瓜（*Luffa acutangula*）又称"粤丝瓜""胜瓜"，呈短或长圆柱形，有 8 ~ 10 条纵向的棱和沟分布于表面，表皮较硬，肉质娇嫩，味道清香。

（3）营养价值：丝瓜含水量高，含有蛋白质、碳水化合物、脂肪、钙、铁、磷、B 族维生素、维生素 C。

（4）烹饪应用：丝瓜适合用炒、烩、烧、蒸、煲等技法制作菜肴、汤品、小吃等。代表菜品有丝瓜炒冬菜、丝瓜烙等。

普通丝瓜　　　　　棱角丝瓜　　　　　苦瓜

2. 苦瓜

（1）别名：凉瓜、癞瓜、癞葡萄、锦荔枝、菩提瓜等。

（2）物种概述：苦瓜（*Momordica charantia*）为葫芦科一年生攀缘性植物，以嫩果供食。优质苦瓜外皮完整水润，表皮光亮，瓜体硬实、鲜嫩、无机械伤。瓜身表面疣状物越大，苦味越轻。若瓜体内侧呈现红色，则表明苦瓜过熟，口感不佳。苦瓜原产于热带地区，我国南北均有栽种。按照其果形分为长圆锥形和短圆锥形两种；按照果实外皮颜色可分为浓绿、绿、绿白三种。通常颜色越深苦味越重，但也有例外。广东饶平苦瓜颜色为白绿色，果瘤小，味较其他苦瓜品种更苦，甘而清香，是苦瓜之上品。

（3）营养价值：苦瓜含有蛋白质、脂肪、纤维素、糖类、胡萝卜素、维生素 B_1、维生素 B_2、维生素 C、苦瓜苷、钙、铁、磷等成分。其中维生素 C 含量非常丰富。

（4）烹饪应用：苦瓜食用之前经盐渍、水浸、汆烫等处理后可减轻其苦味。常作为烹饪的主料或是配料，可生食榨汁，也可熟食。适用于烧、炒、煎、酿、炖等多种烹饪方法。代表菜品有苦瓜排骨汤、苦瓜炒蛋、苦瓜酿肉等。

3. 瓠瓜

（1）别名：瓠子、葫芦瓜等。

（2）物种概述：瓠瓜（*Lagenaria siceraria*）为葫芦科一年生蔓性草本，以幼嫩果实供食用。优质瓠瓜形态完整、新鲜、质地柔嫩、肉质洁白、无苦味、无损伤。瓠瓜原产于印度和热带非洲。按照果形可分为瓠子、大葫芦瓜、长颈葫芦和细腰葫芦四类。

（3）营养价值：瓠瓜含水量丰富，含一定量的蛋白质、脂肪、碳水化合物、膳食纤维、钙、磷、钾、钠、铁、锌、硒、胡萝卜素、维生素 B_1、烟酸、葫芦素等。

（4）烹饪应用：瓠瓜可炒食或煨汤，也可以用于制作馅心、小吃等。

4. 冬瓜

（1）别名：白瓜、枕瓜等。

（2）物种概述：冬瓜（*Benincasaa hispida*）为葫芦科一年生草本植物，以果实供食用，是盛夏时节的主要蔬菜品种之一。优质冬瓜发育充分、形态端正、表皮覆层白色粉末、瓜身手感沉重、肉质厚实、水分含量高、味道清淡、瓜皮呈深绿色且无斑点、无损伤。冬瓜原产于我国南部及印度，我国南北各地均有栽培。我国除了主栽冬瓜外，也栽培冬瓜的变种——节瓜（又名"毛瓜"），其果实小、无白霜、皮有扎手细毛。

（3）营养价值：冬瓜含水量丰富，含蛋白质、碳水化合物、膳食纤维、维生素 B_1、维生素 B_2、维生素 C、胡萝卜素、烟酸、钙、铁、磷、锌、硒等。冬瓜属低脂、低钠食物。

（4）烹饪应用：冬瓜可用炒、蒸、炖的方式成菜，尤其适合与肉类同烹。此外，还可用于食品雕刻、制作蜜饯等。代表菜品如冬瓜干贝竹笙汤、冬瓜排骨、冬瓜盅等。

5. 佛手瓜

（1）别名：隼人瓜、安南瓜、寿瓜等。

（2）物种概述：佛手瓜（*Sechium edule*）为葫芦科多年生宿根草质藤本植物，以嫩果供食。优质佛手瓜表面粗糙有小瘤，果皮呈绿色或白绿色且有光泽，绒毛软，肉质呈白色且纤维少、有香味。若瓜皮上留有少量的刺且已经发硬，佛手处有种子突出表面，则表示瓜已老熟。佛手瓜原产于墨西哥、中美洲和西印度群岛。按皮颜色划分，佛手瓜可分为绿皮和白皮两个类型，绿皮味道清淡，白皮风味较佳。

（3）营养价值：佛手瓜蛋白质和钙的含量是黄瓜的 2~3 倍，维生素和矿物质的含量也相当高，例如维生素 C、锌、硒等。并且佛手瓜的热量很低，钠含量也低。

（4）烹饪应用：佛手瓜可以炒、烧、焖等方法制作菜肴，也可以用于煲汤、凉拌等。

瓠瓜　　　　　　　　　冬瓜　　　　　　　　　佛手瓜

6. 南瓜

（1）别名：番瓜、金瓜、饭瓜、倭瓜、北瓜等。

（2）物种概述：南瓜（*Cucurbita moschata*）为葫芦科一年生攀缘性植物，以果实供食用。优质南瓜瓜形整齐，瓜皮坚硬不破裂，带瓜梗，梗部坚硬，瓜肉肥厚、断面果胶丰富、有重量感。表面呈现黑点则表明内部品质有问题。南瓜原产于亚洲南部，现在世界各地均有栽培。我国广泛栽种，既可当菜又可代粮。

（3）营养价值：南瓜富含水分，含多种维生素及矿物质，且含一定量的葫芦巴碱、腺嘌呤、甘露醇、戊聚糖、果胶等。

（4）烹饪应用：南瓜个形完整者可用于做南瓜盅，其瓜肉可切片、切块以适合炒、炖、焖等不同的烹调方式。南瓜含有丰富的食用纤维，尤其适合与牛肉等高脂肪的肉类一起炖煮，可以增添一种瓜果的甜味，同时吸收肉类的油腻。此外，南瓜子也是一种食用干果。

南瓜

（三）茄果类蔬菜

茄果类蔬菜又叫"浆果类蔬菜"，指以浆果供食的茄科植物。此类果实的中果皮、内果皮或胎座呈浆状，以其为主要的食用对象。茄果类蔬菜含有人体所需的维生素、矿物质、碳水化合物、有机酸和蛋白质等营养素，食用种类多样，产量高，供应期长，在果菜市场供应中占有很大份额。

1. 茄子

（1）别名：茄瓜、矮瓜、落苏等。

（2）物种概述：茄子（*Solanum melongena*）为茄科一年生草本植物，以其果实作蔬菜食用。茄子形状有圆形、椭圆、梨形、长条形等，颜色多为紫色、紫黑色、淡绿色或白色，果肉均为白色的海绵状胎座组织。优质茄子果形均匀周正、外皮颜色光亮、皮薄、子少、肉厚、质地鲜嫩、老嫩适度、萼片新鲜、无裂口、无腐烂、无枯黄、无黑斑和锈皮。

（3）营养价值：茄子含有蛋白质、脂肪、碳水化合物、维生素以及钙、磷、铁等多种营养成分，特别是维生素P的含量很高。此外，茄子还含有少量的苦味物质茄碱苷。

（4）烹饪应用：茄子适用于炒、烧、蒸、煮、油炸、凉拌、做汤等烹饪方法。代表菜式有铁板烧茄子、鱼香茄子等。

2. 番茄

（1）别名：西红柿、番柿、臭柿、六月柿、洋柿子等。

（2）物种概述：番茄（*Lycopersicon esculentum*）为茄科半蔓性草本植物，果实作蔬菜或水果食用。果形多样，有球形、茄形、梨形和樱桃形等，颜色有红色、粉红、黄色和白色等。优质番茄果形周正、大小均匀、色正、成熟适度、酸甜适口、肉肥厚、心室小、无破裂、无虫咬、熟度均匀。番茄原产于南美洲，现今是世界上栽种范围最广的植物之一。其品种繁多，不同品种差异巨大，按果形大小分为大果形番茄、中果形番茄、樱桃番茄等，按用途分为鲜食番茄、罐装番茄和加工番茄等。

（3）营养价值：番茄含丰富的水分，并含一定量的蛋白质、脂肪、糖类、膳食纤维、钙、磷、铁、钾、钠、锌、硒、维生素 B_1、胡萝卜素、烟酸、维生素C等。此外，番茄还含有谷胱甘肽、番茄碱及番茄红素。

（4）烹饪应用：番茄是一种介于水果与蔬菜之间的植物，可以生食、煮食，加工制成番茄酱、汁或整果罐藏。在中西餐中，有很多用到番茄的菜式，如番茄炒鸡蛋、番茄炖牛肉等。

茄子　　　　　　　　　　　　　　　　　番茄

（四）其他果类蔬菜

1. 玉米笋

玉米笋是指晚春玉米（*Zea mays*）苞叶和花丝未授粉的果穗，形状如嫩竹笋尖，故称"玉米笋"。玉米笋是一种新兴的高档蔬菜，它在植物学上与普通的玉米没有区别，只不过植株更小，叶片较多。与食用玉米不同的是，玉米笋是连籽带穗一同食用，而玉米只食嫩籽，不食其穗。

2. 黄秋葵

黄秋葵（*Abelmoschus esculentus*）亦称"咖啡黄葵、羊角豆、毛茄"，为锦葵科一年生草本植物，以稚嫩果实入馔。黄秋葵形似辣椒，呈青绿色或紫红色，表面有细小绒毛，脆嫩多汁，含有特殊黏液（果胶、牛乳聚糖等），滑润不腻，香味独特，深受百姓青睐。黄秋葵原产于非洲埃塞俄比亚附近以及亚洲热带地区，是近年来才出现在中国老百姓餐桌上的一类美味蔬菜。

玉米笋　　　　　　　　　　　　　　　　黄秋葵

第三节　孢子植物类蔬菜

一、食用藻类

食用藻类是可以供人类食用的藻类植物。藻类植物的植物体无真正的根茎叶分化，整个植物体实质上相当于高等植物的"叶片"，因此，作为食用的藻类是其植物体的全部。食用藻类主要是一些大型藻类，它们的大小差别很大，大的长可达6～7米，如褐藻类的海带，而小的只有几厘米，如蓝藻类的地木耳。

食用藻类约有48种，大多数为海藻。除海带、紫菜等少数种类人工养殖外，多数食用藻类仍为自然生长状态。随着工业建设和旅游业的迅速发展，许多海区被不同程度污染，藻类种群的多样性受到严重影响，也威胁着食用藻类的生存。

食用藻类口感滑润爽脆，常搭配荤素材料，以炒、炸、蒸、煮等方法成菜。下面介绍一些常见的食用藻类。

1. 紫菜

（1）别名：紫英、子菜、索菜等。

（2）物种概述：紫菜（*Porphyra*）为红藻门紫菜属海藻。紫菜植物体呈叶状体，藻体薄，形态变化很大，有卵形、条形、不规则圆形等，边缘多皱褶。紫菜颜色有紫红色、紫色或紫蓝色，但干燥后均呈紫色。紫菜干鲜美味，干品由鲜品经清洗压制而成。挑选干品紫菜时可以仔细分辨光泽度、粗细等。优质紫菜颜色紫红、明亮有光泽、表面光滑滋润、片薄质嫩、大小均匀、干燥味香、无泥沙、无杂质、无虫蛀。

紫菜分布于世界各地，常固着于浅海滩的岩石上。紫菜属约有25种，在我国沿海常见的有8种。我国于20世纪70年代开始对紫菜进行人工养殖，主要养殖的品种为条斑紫菜和坛紫菜。

（3）营养价值：紫菜营养丰富，含有高达29%～35%的蛋白质以及碘，此外还含有多糖、胆碱、甘露醇、多种维生素和钙、铁等矿物质。

（4）烹饪应用：紫菜用于制汤，也可以作为其他食物及肉类的佐料。

2. 海带

（1）别名：昆布。

（2）物种概述：海带（*Laminaria japonica*）是一种在低温海水中生长的大型海藻，属褐藻门海带属。优质海带色泽绿褐油润、肉质厚实、条长体宽、干燥、尖端及边缘无白烂和黄化。海带在世界冷温带海域有分布，在我国辽东和山东两个半岛的肥沃海区可自然生长。人工养殖已推广到浙江、福建、广东等沿海地区。海带产品目前主要有三种：干海带、盐渍海带和速食海带。

（3）营养价值：海带是一种营养价值很高的蔬菜，含有粗蛋白、脂肪、糖、粗纤维、碘、钙、铁以及胡萝卜素、维生素 B_1、核黄素、烟酸等营养成分。此外，还含有甘露醇、海藻酸、脯氨酸等物质，可用于提取碘和褐藻酸。

（4）烹饪应用：海带可以干品或鲜品两种形式入馔，干品表面有干制过程所析出的甘露醇，呈白色粉末状，表面碘的含量也较高，所以干品在食用之前不宜入水久浸。

3. 石花菜

（1）别名：海冻菜、红丝、凤尾等。

（2）物种概述：石花菜（*Gelidium amansii*）是红藻门石花菜属的一种食用藻类。石花菜藻体是提炼琼脂的主要原料。优质石花菜呈乳白或乳黄色，手感干燥，无砂石杂物。

石花菜为世界性的红藻，生长在水深 10 米以内的海底岩石上。生长于我国的石花菜有十几种。常见的有以下五种：多年生石花菜（*G. amansii*）、小石花菜（*G. divaricatum*）、大石花菜（*G. pacificum*）、中肋石花菜（*G. jaonicum*）、细毛石花菜（*G. crinale*）。

（3）营养价值：石花菜含有维生素 A、维生素 C、纤维素以及碳水化合物等营养成分。此外，石花菜还富含琼脂、海藻酸盐类物质。

（4）烹饪应用：石花菜可制作凉拌菜、酱菜等，还可熬制成胶状，加入果汁制成果冻。

紫菜

海带

4. 龙须菜

（1）别名：江蓠、海面线、纱尾菜等。

（2）物种概述：龙须菜（*Gracilaria lemaneiformis*）为红藻门杉藻目江蓠科海藻，是一种新兴的海洋蔬菜。优质龙须菜呈紫褐色或绿色、黄色，条长，无砂石杂物。龙须菜原产于日本冲绳岛和我国台湾、胶东沿海海域，生长在潮间带下部沙沼中到潮下带，半埋于有沙覆盖的岩石上，在我国沿海地区均有养殖。汕头南澳岛近年来有较大规模的养殖，全岛养殖龙须菜近万亩。

（3）营养价值：龙须菜含有蛋白质、碳水化合物、维生素、矿物质以及脂肪等多种营养成分，还含有胶质和较多的胡萝卜素。

（4）烹饪应用：龙须菜可以炒食、凉拌或制作汤菜，也可充当鲍鱼饲料，用于提炼工业用琼胶。

5. 发菜

（1）别名：发状念珠藻、地毛菜等。

（2）物种概述：发菜（*Nostoc flagelliforme*）为蓝藻门念珠藻属的一种陆生藻类。优质发菜干制品色泽乌黑、质轻细长如丝、蜷曲蓬松、无污泥杂质、有清香气味。优质发菜用手捏略有弹性，用清水浸泡后膨胀 3 倍左右，浸后用手拉尚有伸缩性。广东人最爱食发菜，取谐音"发财"之意。

发菜广泛分布于世界各地的沙漠和贫瘠土壤中，在我国主要分布于内蒙古、新疆、宁夏、青海、甘肃等地。发菜具有极强的抗恶劣自然条件的特性，是国家重点保护的野生固沙植物，在保护草场资源、防止沙漠化方面具有重要作用。近年由于乱采滥挖，不仅使发菜资源濒临枯竭，还造成草原大面积退化、沙化，致使沙尘暴频发。我国政府于 2000 年开始严禁采售发菜，目前，我国已经实现了发菜的人工培养。

（3）营养价值：发菜富含蛋白质和钙、铁、磷等，含量均高于牛、猪、羊肉及蛋类，还含有糖类、碘、藻胶、藻红元等营养成分，脂肪含量极少，故有"山珍瘦物"之称。此外，还含有藻蓝叶黄素、藻蓝素、海胆酮等物质。

（4）烹饪应用：发菜常用于制作汤菜、发菜丸，或用作高档菜的辅料。代表菜品有发菜银丝豆腐羹、发菜鱼丸汤等。

龙须菜

发菜

二、食用菌类

食用菌类又称"菌类蔬菜"，人们通常称之为"菇"或"菌"，是指以肥大子实体作为蔬菜食用的某些大型真菌类，目前广泛用于食用的菌类大概有30余种。虽然各种菌类形状各不相同，但大体上都是由两部分组成的：一是吸收营养的菌丝体；二是繁殖后代的子实体。子实体通常呈伞状，还有耳状、花状和头状等。通常子实体由菌盖、菌柄组成，有的种类还有菌膜和菌环两个部分。菌类种类繁多，质地多样，有如胶质、皮革质、肉质、海绵质、软骨质和木栓质等。

食用菌类按其生长方式可分为寄生、共生、腐生三大类；按照商品来源方式可分为野生和栽培两大类；按照加工程度和方法可分为干品、鲜品、腌渍和罐头四类。尽管菌类拥有如此多的种类，但在挑选时的标准都是一致的，即菇形整齐、质地鲜嫩；干品无虫蛀、无霉烂者为佳。人们在食用菌类时，要非常谨慎，避免误食毒菌。有毒的菌类多色泽鲜艳，菌盖和菌柄上多有斑点，附着有黏液状物质，表皮容易脱落，破损处有乳液流出，且很快变色。可食用菇类大多颜色暗淡，为白色或棕色，肉质软厚，表面光滑。

食用菌类中子实体的蛋白质含量为 20%~40%，使其形成了特殊的香气。有鲜香如鸡味的鸡枞、鲍鱼风味的侧耳和清香爽口的竹荪等，更有某些菌种如香菇、猴头菇等含有特殊的多糖物质，具有增强人机体免疫力、防癌抗癌的作用。

食用菌类是一类营养丰富、味道鲜美，且兼具食疗价值的食材。其风味介于蔬菜和肉类两者之间，享有"植物肉"之称。菌类通常不用于生食，多用于炒、煮、烤、炖等烹调方式。香菇、木耳等品种则多被制成干品后使用。菌类是素菜制作中具有较高地位的一类食材。大部分的菌类的烹调味型都为咸，但银耳是一类特殊的菌类，它更多被用于甜品的制作。

1. 木耳

（1）别名：樨等。

（2）物种概述：木耳（*Auricularia auricula*）为担子菌纲木耳科食用菌。优质木耳耳片乌黑光润，背面呈灰白色，片大均匀、耳瓣舒展、体轻干燥、半透明、涨性好、无杂质、有清香气味。木耳生长于栎、杨、榕、槐等120多种阔叶树的腐木上，单生或群生。我国各地均有出产。其中，房县是驰名中外的"木耳之乡"。主要品种有黑木耳、毛木耳、燕耳、皱木耳、秋木耳等。

（3）营养价值：木耳含有碳水化合物、脂肪、蛋白质和钙、铁、磷、胡萝卜素、维生素 B_1 以及磷脂、固醇等。需注意的是，鲜木耳中含有光感物质，人食用后会引起日光性皮炎、皮疹和皮肤溃烂等症，故最好食用干木耳。

（4）烹饪应用：木耳常用于炒肉、凉拌等。

2. 银耳

（1）别名：白木耳、雪耳、银耳子等。

（2）物种概述：银耳（*Tremella fuciformis*）为担子菌纲银耳科食用菌。优质干品银耳朵形完整、朵大肉厚、色泽黄白、气味清香且无硫黄熏蒸过的气味、涨发率高、胶质重、无虫蛀、无破损。银耳夏秋季生于阔叶树腐木上，我国多省份有出产，以福建所产的漳州银耳最负盛名，鲜品色白质胶。

（3）营养价值：银耳含丰富的胶质、碳水化合物、膳食纤维、多种维生素、肝糖及 17 种氨基酸。因其含有丰富的胶质，故被称为"穷人的燕窝"。此外，银耳还含有一种重要的有机磷，能消除肌肉的疲劳。

（4）烹饪应用：银耳常用于制作汤羹或甜品，如银耳红枣汤、木瓜银耳汤、银耳莲子羹等。

3. 香菇

（1）别名：香蕈、椎茸等。干香菇即由鲜香菇脱水干制而成，便于运输保存，是一宗重要的南北货。

（2）物种概述：香菇（*Lentinus edodes*）为担子菌纲银侧耳科食用菌，以子实体入馔。香菇子实体单生、丛生或群生。优质香菇子实体完整、色正味纯、伞背呈黄色或白色、无杂质、无霉烂、无异味。香菇生于阔叶树倒木上，我国南北各地均有分布。按照其出产的季节可将香菇分为冬菇和春菇两种，冬菇以隆冬雪厚时出产的最佳，表面有花纹的称为"花菇"，否则便叫作"厚菇"；春菇是在春天气候回暖之时出产的，菇伞大而质薄，品质较差。

（3）营养价值：香菇具有高蛋白、低脂肪的特点，且含有多糖、多种氨基酸和多种维生素。

（4）烹饪应用：干鲜香菇在中国菜中广泛使用，无论荤素，香菇都是一味重要的烹饪原材料。鲜菇可以单独作菜炒食，干菇香味浓郁，可作香味配料应用，如香菇炖鸡等。

木耳　　　　　　　　　　　　　　　银耳

香菇（鲜品）　　　　　　　　　　香菇（干品）

4. 平菇

（1）别名：侧耳、北风菌等。

（2）物种概述：平菇（*Pleurotus ostreatus*）为担子菌纲侧耳科的一种食用菌，以其子实体供食用。优质平菇菇体较干燥、菇形整齐不坏、边缘整齐且略微向下卷、颜色正常、菌盖肉厚、气味纯正清香、新鲜半开、无虫蛀、无腐烂。

平菇生于阔叶树倒木上，在我国分布很广，南北各地均有栽培。按子实体的色泽，平菇可分为深色种、浅色种、乳白色种和白色种四大品种类型。平菇家族里的另外两个种——秀珍菇（*P. geesteranus*）和杏鲍菇（*P. eryngi*）也常见于餐桌。杏鲍菇菌体硕大，菌肉肥厚，菌柄结实，质地脆嫩爽口，被称为"平菇王""干贝菇"，兼有杏仁香味和鲍鱼的口感。

（3）营养价值：平菇蛋白质含量达 20% ~ 30%，且氨基酸成分种类齐全，含 18 种氨基酸；矿物质含量丰富，含钙、铁、磷等。

（4）烹饪应用：秀珍菇适合与肉类同烹，可以采用炒、焖、煮、煲等方法成菜，也可以做汤、制作凉拌菜等。代表菜品有平菇肉片汤、杂菇煲等。

平菇　　　　　　　　　　秀珍菇　　　　　　　　　　杏鲍菇

5. 蘑菇

（1）别名：双孢蘑菇、白蘑菇、洋蘑菇等。

（2）物种概述：蘑菇（*Agaricus campestris*）为担子菌纲黑伞科食用菌。优质蘑菇菇形完整、菌伞不开张、色泽洁白、质地肥厚致密且干爽、有菇香、无霉烂、无虫蛀病斑和机械损伤。

（3）营养价值：蘑菇含丰富的蛋白质、多糖、不饱和脂肪酸、核苷酸、多种维生素和鲜味物质，营养丰富，味道鲜美，且热量低。

（4）烹饪应用：蘑菇适合与肉类同烹，采用的方法有烧、炒、焖、煲等，可以制作热菜、汤羹、凉拌菜或腌菜和罐头等。蘑菇肉质紧实，口感鲜嫩，但因其容易在空气中褐变，所以应该在烹调之前进行切配。

6. 金针菇

（1）别名：毛柄小火菇、构菌、智力菇等。

（2）物种概述：金针菇（*Flammulina velutipes*）为担子菌纲伞白蘑科食用菌。优质金针菇菌盖未开，直径小于 1~1.5 厘米，通体洁白或淡黄，无霉烂变质。金针菇主要生长在柳、榆、白杨树等阔叶树的枯树干及树桩上，亚洲、欧洲、北美洲、大洋洲等地均有分布。

（3）营养价值：金针菇含蛋白质、脂肪、膳食纤维、碳水化合物、维生素 A、胡萝卜素、维生素 B_1、维生素 B_2、烟酸、维生素 C、维生素 E 以及多种矿物质。金针菇含必需氨基酸全面，精氨酸和赖氨酸含量特别高，有利于儿童脑细胞发育，故被称为"增智菇"。

（4）烹饪应用：金针菇适合多种烹饪方法，可炒、蒸、炸、煮、煲制作菜肴，也可以用于火锅配菜、制作凉拌菜等。代表菜品有金针菇肥牛卷、金针菇炒肉丝、杂菇煲、凉拌金针菇等。

7. 草菇

（1）别名：美味草菇、兰花菇、麻菇。

（2）物种概述：草菇（*Volvariella volvacea*）为担子菌纲光柄菇科的一种食用菌。草菇子实体呈伞形，由灰色菌盖、白色菌托、白色菌柄三个部分组成，在菌蕾期菌托会将菌盖和菌柄包围起来。色泽有鼠灰、淡灰、灰白等，颜色因菌株而不同。优质草菇菇体新鲜完整、幼嫩、质硬、不发黄、不开伞、无霉烂、无机械伤、无异味。食用新鲜草菇时要先焯水去除草酸。

草菇起源于广东韶关的南华寺。草菇菌株按个体大小分大、中、小三个类型，单个重在 30 克以上为大型，20～30 克属中型，20 克以下属小型。鲜食和罐藏适宜采用中、小型，干制适宜选用大、中型。

（3）营养价值：草菇营养丰富，含蛋白质、糖类、脂肪、维生素 B_1、维生素 C、烟酸、钙、磷、钾等。此外，草菇中的蛋白质含 18 种氨基酸，其中必需氨基酸占 40.47%～44.47%。

（4）烹饪应用：草菇可与肉或蔬合烹成热菜，也可以制作汤羹。干制草菇可以用于为菜肴提香辅味。

蘑菇　　　　　　　金针菇　　　　　　　草菇

8. 竹荪

（1）别名：竹笙、长裙竹荪，笋菌，竹菌、竹笋菌等。

（2）物种概述：竹荪（*Dictyophora indusiata*）为担子菌纲鬼笔科的一种食用菌。菌盖呈网格伞状，菌盖下有白色网状菌幕、雪白色圆柱状菌柄及粉红色蛋形菌托。优质竹荪色泽白或浅黄、体大、肉厚而柔软、味香、朵形完整、无虫蛀、无霉变和枯焦。新鲜竹荪食用时必须切去有臭味的菌盖和菌托部分。竹荪干品烹制前应先用淡盐水泡发 10 分钟。

竹荪产于中国、日本、印度、菲律宾等国家，通常于秋季生长在潮湿的竹林地。我国以西南各省出产的最为名贵。依据菌裙的长短，可以分为长裙竹荪和短裙竹荪两种。

（3）营养价值：竹荪是高蛋白、低脂肪的菌类，氨基酸特别是谷氨酸含量高，含有异多糖的多糖体，有半乳糖、葡萄糖、甘露糖。

（4）烹饪应用：竹荪可以烧、煲、制作汤品等，代表菜品有竹荪酿虾胶、干贝竹荪汤、竹荪鸡汤等。

9. 猴头菇

（1）别名：猴头菌、阴阳菇、刺猬菌等。

（2）物种概述：猴头菇（*Hericium erinaceus*）为担子菌纲齿菌科的一种食用菌。其子实体肉质块状，干燥后的菌体呈淡褐色，除了基部外通体遍布针状肉质的刺。优质猴头菇形体完整、大小均匀、体大量重、无伤痕、无残缺、茸毛齐全、色泽金黄、肉厚质嫩、身干、无霉烂。

猴头菇常生长于阔叶树干断面或树洞中。我国华北、东北、中南、西南等地均有分布，夏秋季采收。以我国东北大、小兴安岭所产的猴头菇最负盛名。

（3）营养价值：猴头菇蛋白质及碳水化合物含量高，并含有磷、钙、铁、维生素 B_1、维生素 B_2、胡萝卜素、烟酸及17种氨基酸。另外，猴头菇特有的猴头菇多糖对人体胃肠道疾病有很好的疗效，并有防癌抗癌之功效。

（4）烹饪应用：猴头菇肉质柔软，口感滑嫩，味道鲜美，在我国有"山珍猴头、海味燕窝"之称。猴头菇常采用烧、炖、焖、煲等方法制作菜肴。代表菜品有鲍汁猴头菇、猴头菇鸡煲、猴头菇炖鸡汤等。

竹荪（鲜品）

竹荪（干品）

猴头菇（鲜品）

猴头菇（干品）

10. 松茸

（1）别名：松口蘑、松蕈、合菌、台菌等。

（2）物种概述：松茸（*Tricholoma matsutake*）为担子菌纲口蘑科的一种

食用菌。优质松茸子实体完整、菌肉呈白色、质地肥厚细嫩、菌香浓郁、口感滑嫩、无杂质、无霉烂。

松茸是亚洲特产，主要分布在日本、朝鲜半岛和我国香格里拉、楚雄、延边、台湾等地区。松茸通常寄生于赤松、偃松、铁杉、日本铁杉等松杉的根部，在秋季长成。松茸是世界上珍稀名贵的野生食用菌和药用菌，被列为我国二级濒危保护物种，目前尚无法人工栽培。

（3）营养价值：松茸富含粗蛋白、脂肪、粗纤维和维生素 B_1、维生素 B_2、烟酸、人体必需的氨基酸 8 种、不饱和脂肪酸、核酸衍生物、肽类物质等营养物质。

（4）烹饪应用：松茸无论在中餐或者西餐烹饪之中都享有极高的地位，被视为食用菌中的珍品，但其最适于鲜食，干品的风味会大打折扣。松茸适应于炒、烧、煎、烤、炖等多种烹调技法，可以采用清汤、酥炸、焗鲍汁等做法。代表菜品有松茸炖鸡、松茸焗海参等。

11. 茶树菇

（1）别名：茶薪菇。

（2）物种概述：茶树菇（*Agrocybe aegirit*）为担子菌纲粪锈伞科的一种食用菌。菌盖呈褐色。边缘颜色较淡。菌肉白色、肥厚。菌褶褐色。菌柄长 4 ～ 12 厘米，淡黄褐色。优质茶树菇表皮完整光滑干燥、颜色黄褐色、具有特殊香味、无异味、无杂质。

（3）营养价值：茶树菇是高蛋白、低脂肪、低糖分的食用菌。茶树菇含有人体所需的 18 种氨基酸、葡聚糖、菌蛋白、碳水化合物以及丰富的 B 族维生素和多种矿物质元素等。

（4）烹饪应用：茶树菇有干、鲜品两种食用形式，皆风味独特。鲜品可与肉一同以炒、煲等方式制作热菜，干品经常用于炖汤。

松茸

茶树菇

第四节　蔬菜制品

　　蔬菜制品是以蔬菜为原料经过一定加工而成的制品。蔬菜制品是调节蔬菜淡旺季供应的重要烹饪原料，既保持了蔬菜的品质，也为蔬菜增添了另一番风味，延长了其保质期，且便于运送和储存。

　　蔬菜制品中的酱菜、腌菜和泡菜等多作佐粥、佐面的小菜或者宴席的味碟使用；一些品种如梅干菜可作菜肴的配菜，如粤菜中的梅菜蒸肉饼；速冻蔬菜和罐头蔬菜的烹饪应用则与新鲜蔬菜基本相同。

一、蔬菜制品的分类

　　按照加工方法的不同，蔬菜制品可分为酱腌菜、干菜、速冻菜、蔬菜蜜饯、蔬菜罐头和菜汁六大类。

　　1. 酱腌菜

　　酱腌菜是用食盐或者酱油、糖、醋等调味料腌渍而成的蔬菜制品，在烹饪中起提鲜增香的作用。酱腌菜可分为酱菜和腌菜两大类。

　　（1）酱菜。酱菜又被称为"酱渍菜"，即蔬菜经过盐渍、酱渍后得到的制品，属于非发酵性腌制品。酱制时使用的原料为黄酱或甜面酱，有的还用酱油浸渍。代表产品有酱黄瓜、酱藠头、酱萝卜、酱莴苣、酱芥菜、乳黄瓜、玫瑰大头菜、八宝菜、糖蒜等。

酱黄瓜　　　　　　　　　酱藠头　　　　　　　　糖蒜

　　（2）腌菜。腌菜是以食盐腌渍后不经发酵或经发酵而得到的蔬菜制品。一般可分为咸菜和发酵性咸菜两类。

①咸菜。咸菜是蔬菜经食盐腌渍后的制品，在腌制过程中，有的经过了轻微发酵。按照成品中水分含量的高低，可分为湿态、干态和半干态三种。如雪菜、潮汕咸菜是湿态腌菜，梅干菜为干态腌菜，而榨菜、冬菜、贡菜、菜脯等则是半干态腌菜。

雪菜。雪菜是用叶用芥菜中的新鲜雪里蕻配以食盐和花椒腌制而成的一类腌菜。味道咸香，口感微酸。

梅干菜。梅干菜是用茎用芥菜、叶用芥菜腌制发酵后，再经晒干的成品。这是浙、粤两省主要出产的一类客家乡土菜。成品皆质地柔嫩，有特殊的鲜香味，与肉类同烹，肉赋予了梅干菜油香味，梅干菜又化解了肉类的油腻。

榨菜。榨菜是一种半干态非发酵性咸菜，以茎用芥菜为原料腌制而成，中国涪陵榨菜、法国酸黄瓜、德国甜酸甘蓝是世界闻名的三大腌菜。四川是我国榨菜最知名的产区，榨菜在浙江、江西等地也有出产。

榨菜

②发酵性咸菜。发酵性咸菜是指在腌制过程中经过比较旺盛而成的乳酸发酵而成的蔬菜腌制品。发酵的作用是赋予原料以酸味和爽口的脆感，具有防腐抑菌、保护维生素 C 的作用。代表产品有老坛酸菜、潮汕酸咸菜等。

2. 干菜

干菜是经人工方法或自然方法脱去水分而制成的蔬菜制品。一般分为自然干制和人工干制两类。干菜在食用前均需用清水浸发，用温水可加快浸发速度。烹饪中，干菜可于烧、烩、炖、煮后凉拌及做汤菜。除了叶类干菜外，干菜一般不适于快速烹调。代表产品有玉兰片、霸王花等。

玉兰片。玉兰片是以冬笋或春笋为原料，经蒸煮、熏璜、烘干等工序加工制成的干制品。因其泡发后，色玉白、状似玉兰花瓣而得名。依照笋生长和加工季节的不同，可分为"宝尖""冬片""桃片""春花"四个种类，以宝尖的品质最佳。好的玉兰片色泽黄白、肉质较厚、无硫黄熏蒸的味道、没有霉点和黑斑。玉兰片经泡发、去除硫黄味后，切成块、条、片、丝等，使用烧、炖、煮、烩、拌等方法，可制作成多种荤素菜肴，具有提鲜、配色、配型的作用，常为高档菜的配料。

3. 速冻菜

速冻菜是指菜用制冷机械设备于 -18℃以下温度迅速冻结的蔬菜。蔬菜在冻结时中心温度必须在 30 分钟以内，从 -1℃降到 -5℃，再降到 -15℃以下，凡能达到或超过此速度的冻菜才能被称为"速冻蔬菜"。通过速冻可抑制微生物的活动和酶的活性，阻止蔬菜品质和风味的变化以及营养成分的损失。速冻菜在运输和销售过程中，都需保持冷藏的低温条件。食用前一般需先作解冻处理，再进行烹调。烹调加热时间以短为好，不宜过分热煮。

速冻菜只能经受一次速冻，已经解冻的速冻菜不能长时间放置，应该尽快食用。代表产品有速冻菠菜、速冻马蹄、速冻荷兰豆、速冻花椰菜、速冻板栗、速冻蘑菇、速冻芦笋等。

4. 蔬菜蜜饯

蔬菜蜜饯是以蔬菜为原料，利用食糖腌制而成的制品，绝大部分可以直接食用，或者作为面点的馅心使用。代表产品有棉湖瓜丁（冬瓜糖）等。

5. 蔬菜罐头

蔬菜罐头是将或完整或切配好的新鲜蔬菜经高温处理后制成的罐头制品，便于运输，味道丰富，形态各异。代表产品有芦笋罐头、蘑菇罐头等。

6. 菜汁

菜汁，又称"菜酱""菜泥"等，是将水分、淀粉含量较多的蔬菜经一系列加工后得到的液态或酱状的制品，可以直接食用，也可以作为烹调用料。代表产品有菠菜汁、番茄汁、胡萝卜汁、苦瓜汁等。

二、潮汕著名蔬菜制品

（1）咸菜。潮汕咸菜属于粤菜系的一类酸菜类食品，以包心大芥菜为原料加盐腌渍而成，色泽金黄，味道咸酸爽脆。它是潮汕地区家家都有的一种腌制品，深受海内外潮汕人的欢迎，也成了潮汕的象征。潮汕咸菜根据腌制方法的不同分为咸菜和酸咸菜两种风味。咸菜的保存要忌水，得当的保存方法可以使咸菜的保存时间长达一年。咸菜不仅是潮汕人日常佐粥送饭的小菜，也可作为许多菜肴的重要配料。如可切片炒肉，切碎煎蛋，或者作为多种汤品的原料使用，代表菜式有苦瓜咸菜猪骨汤、咸菜猪肚汤等。

（2）菜脯。菜脯即萝卜干，也就是加盐晒干的萝卜。它与潮汕咸菜、鱼露合称"潮汕三宝"。因萝卜在潮汕俗称"菜头"，故称"菜脯"。萝卜干在潮汕地区是最不起眼、最便宜但是最好的养生食物，它的铁质含量仅次于金针菜。菜脯以潮州高堂镇所产的"高堂菜脯"最为有名。刚晒制的菜脯鲜嫩爽脆，保存很久的菜脯虽然外表黢黑、口感较韧，但是有极高的药用价值。

菜脯的烹饪应用也十分广泛，除了简单生食之外，还可经刀工处理制作"菜脯蛋"，也可与鲶鱼等脂肪含量较高的鱼肉焖煮，味道鲜美，口感也不至油腻。

（3）橄榄菜。橄榄菜是潮汕地区所特有的风味小菜，是取橄榄甘醇之味、芥菜丰腴之叶反复煎制后再熬制而成的一类小菜。色泽乌艳、油香浓郁、口感柔嫩、回味无穷，是潮汕人餐桌之上必不可少的一类小菜。

（4）贡菜。潮汕贡菜也是潮汕特产风味小菜之一。用大芥菜切成丝（条），稍晒干，加入食盐、南姜末、少许白砂糖、适量白酒经腌制而成，色泽金黄，湿润稚嫩，酥脆爽口，微咸而略带甜香。

潮汕咸菜

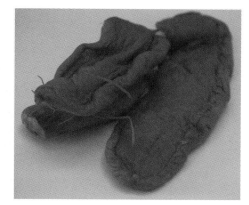
高堂菜脯

橄榄菜

潮汕贡菜

思考题
1. 试述蔬菜的概念。蔬菜按照食用部位可分为哪几类？举例说明。
2. 简述蔬菜的营养特点及其在烹饪中的作用。

3. 怎样检验蔬菜的品质以及如何贮藏蔬菜？

4. 地下茎类蔬菜分为哪几类？各类特点如何？

5. 叶类蔬菜可分为哪几类？举例说明。

6. 果类蔬菜可分为哪几类？举例说明。

7. 试述食用藻类的概念并列举常见的食用藻类。

8. 什么是食用菌类？如何鉴别食用菌类有无毒性？其子实体的形态、色泽和质地各有哪些特点？

9. 按加工方法来分，蔬菜制品可分为哪几类？各有什么特点？列举潮汕著名的蔬菜制品。

第四章 果品

教学要求

1. 了解果品分类、结构特点、营养价值、品质标准、贮藏保鲜及其烹饪应用。

2. 掌握常用鲜果、干果、果品制品的品质特点及其烹饪应用。

重点难点

1. 果品的生物学分类。

2. 果品的营养价值、品质检验及贮藏保鲜。

第一节 果品概述

一、果品的概念

果品一般指木本果树和部分草本植物所产的可以直接生食的果实（如苹果、草莓、西瓜等），也常包括种子植物所产的种仁（如裸子植物所产的银杏、香榧子、松子，被子植物产的莲子、花生等）。现在作为商品出现于人类日常生活之中的果品有 100 多种，可根据其自身特点分为核果、浆果、梨果、瓠果、柑果、复果和坚果等。而在商品经营中，人们则通常将果品分为鲜果、干果和果品制品三大类。

果品种类繁多，风味各异，是人们日常生活中最主要的副食品。果品及其制品大量出现在餐饮之中，除了鲜食以外，也是制作甜点和各种小吃的配料，同时，像草莓、蓝莓等也常作为装饰用料。

二、果品的组织结构

果品属于高等植物，其总体组织结构与蔬菜相似。果实由植物的花衍生而来，具有一定的形态结构，是植物的繁殖器官。植物的花受精后，雌蕊的

93

子房发育成果皮，子房中的胚珠发育成种子。果实通常由外果皮、中果皮、内果皮和种子构成。完全由子房发育而成的果实称为"真果"；有些植物的果实除由子房发育形成外，还有一部分是由花托、花筒或花序参与发育形成的，这类果实称为"假果"。多数植物一朵花只有一个雌蕊，发育形成一个果实，称为"单果"；也有些植物一朵花中具有许多聚生在花托上的离生雌蕊，每一个雌蕊发育形成一个小果，这些小果都聚生在一个花托上，这类果实称为"聚合果"；而由整个花序发育而成的果实则称为"聚花果"（复果）。果品按组织结构主要分为以下几种：

（1）梨果。梨果的果实不是单纯由子房发育而来，而是由子房连同外面的花托共同发育而成的，食用部分是花托。典型代表是苹果和梨。

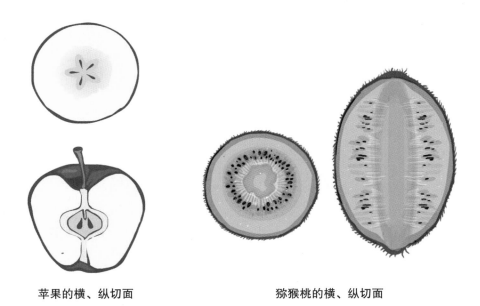

苹果的横、纵切面　　　　　　　　猕猴桃的横、纵切面

（2）浆果。浆果类果实的外果皮薄，中、内果皮分界不明显，肉质多汁。典型代表是草莓、葡萄、番茄、猕猴桃等。

（3）核果。核果的果实有明显的外、中、内三层果皮，外果皮较薄，中果皮是肉质，内果皮则木质化形成果核。可食部分由大型的薄壁细胞组成，汁较多。典型代表是桃、杏、李、梅、樱桃等。

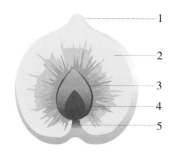
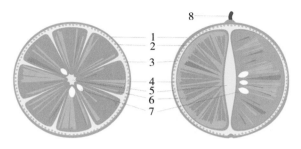

桃的纵切面
1：外果皮　2：中果皮
（果肉）　3：内果皮（核）
4：种子　5：缝合线

柑橘的横、纵切面
1：外果皮　2：油胞　3：中果皮（白皮层）
4：内果皮（囊瓣）　5：中轴　6：汁囊（砂囊）
7：种子　8：果柄

（4）柑果。柑果类的果实皮厚，果皮由外果皮、中果皮组成。外果皮含色粒和油胞，是果实色泽和香气的主要来源；中果皮是一层白色海绵状组织，富含果胶、纤维素、苦味物质及橙皮苷等糖苷，厚度因种类而不同，柚子和葡萄柚等最厚，柠檬和橙中等，宽皮橘类较薄。内果皮形成果肉，被称为"肉瓢"，一般瓢囊为 8～15 个，每一个瓢囊由囊皮、种子和汁囊组成，汁囊呈大头棍状，内含果汁。

三、果品的营养价值

（一）鲜果的营养价值

鲜果富含水分，可食用部分含有丰富的碳水化合物、维生素和矿物质，以及少量的含氮物质和脂肪。鲜果一般呈甜味，含有大量的葡萄糖、果糖、蔗糖。此外，还含有丰富的有机酸、多酚物质、天然色素、芳香物质等成分。

1. 水分

鲜果中水分含量约 70%～90%，含量的多少与鲜果的特征关系相当密切；干果中水分含量较低。

2. 碳水化合物

鲜果中的碳水化合物主要包括糖类、果胶、纤维素和半纤维素等。

（1）糖类。大多数鲜果的含糖量在 7%～15%，有的可达 20%，主要以葡萄糖、果糖、蔗糖等形式存在。糖是鲜果呈现甜味的主要来源，其甜度与所含糖的种类有密切关系，不同种类的鲜果含糖种类也不同，例如梨果类以果糖为主，蔗糖和葡萄糖次之；浆果类以葡萄糖和果糖为主；核果类以蔗糖为主，葡萄糖和果糖次之；柑果类以蔗糖为主。

（2）果胶。鲜果中含有丰富的果胶，一般鲜果果胶含量为 0.2% ~ 6.4%。山楂、柑橘、番石榴、苹果等均含较多果胶，是制作果酱、果冻的理想原料。

（3）纤维素和半纤维素。鲜果含丰富的纤维素和半纤维素。一般鲜果纤维素含量为 0.2% ~ 4.1%，其中桃、柿子等含量较高，橘子、西瓜等含量较低；半纤维素含量为 0.3% ~ 2.7%。

3. 蛋白质

鲜果中的蛋白质含量极少，有的鲜果中含有酶蛋白，是这些鲜果中最主要的蛋白质，因此，鲜果不能作为膳食中蛋白质来源的重要食品。

4. 脂肪

鲜果中的脂肪含量也比较低，一般脂肪都含在鲜果的种仁里，只有少量的鲜果中含有少量的脂肪，如榴梿、鳄梨等。

5. 维生素

鲜果中的维生素含量非常广泛，其中以维生素 C 和维生素 A 含量较多，并含有维生素 B_1、维生素 B_2 及维生素 P 等类维生素。

不同果品的维生素 C 含量差异较大，含量较高的有鲜枣、山楂、刺梨、猕猴桃、草莓、番茄和柑橘类等。另外，维生素 C 的含量与其生长的光照、热量、水分、生长部位、采摘的成熟度等有关。低纬度地区的热量比较充足，水分比较多，生产的果品的维生素 C 含量就比较高；有的鲜果靠近外皮的果肉的维生素 C 含量比较高，如苹果；有的鲜果靠近种子部分的果肉维生素 C 含量比较高，如哈密瓜。这些外界条件都是影响鲜果中维生素 C 含量的重要条件。

鲜果中的胡萝卜素含量也非常丰富，大多数表皮呈黄色、橙色的鲜果中都含有类胡萝卜素，如柑橘、桃子、成熟的木瓜、哈密瓜、芒果等鲜果。另外，还有大多数的鲜果含有番茄红素、玉米黄素、β 类胡萝卜素等。一些颜色较浅的鲜果中所含有的类胡萝卜素比较少。

6. 矿物质

鲜果中的矿物质含量比较全面，主要是钙、磷、钾、镁、铁等，钠的含量比较低。在膳食中，鲜果中的钾是重要的矿物质来源。多数鲜果中镁和铁的含量比较丰富。由于种植土壤的肥沃程度不同，鲜果中的矿物质含量也有所差别。

7. 有机酸

鲜果中含较多的有机酸，主要是苹果酸、柠檬酸、酒石酸等，鲜果中的有机酸种类及含量跟鲜果的种类和品种有关。例如，葡萄中主要的有机酸是酒石酸，柑果类主要的有机酸是柠檬酸，含量为 6% ~ 7%；除柑果类仅含柠檬酸外，绝大多数鲜果是苹果酸与柠檬酸共存。梨果类中的苹果、梨及核果类中的樱桃、梅、桃、杏等苹果酸含量高。

8. 色素物质

鲜果主要含叶绿素类色素、类胡萝卜素、花青素和黄酮类色素等。

（1）叶绿素类色素：一般情况下鲜果在成熟后其叶绿素含量大多已经降解。但部分水果成熟后仍含较多的叶绿素类色素物质，如青苹果及热带地区的柑橘，这是此类水果的品质特征。

（2）类胡萝卜素：杏、黄桃中胡萝卜素含量较高；葡萄、柚子、柑橘、西瓜等番茄红素含量较高。

（3）花青素：鲜果中花青素含量较高，是很多鲜果呈色的主要内在原因。有一些花青素以苷类的形式存在于鲜果中，呈现白色或者透明。

（4）黄酮类色素：柑橘及杏等含大量橙皮苷、芦丁及圣草苷。

9. 单宁物质

鲜果中单宁物质含量随其成熟度而变化，越成熟，其单宁物质含量越低。

10. 芳香物质

水果的芳香物质以酯类、酸类及醇类物质为主，它们是使鲜果呈现特有芳香风味的主要物质，多在成熟时开始合成，进入完熟阶段大量形成，此时，风味达到最佳状态。

（二）干果的营养价值

干果是指果实成熟后果皮干燥的果实，一般以木本植物、草本植物为主，木本植物的果实包括核桃、栗子、杏仁等，草本植物的果实包括向日葵、花生、莲子等。这些干果油脂类和淀粉的含量都很高。

（1）蛋白质。干果的蛋白质的含量各有不同，蛋白质中的氨基酸组成部分也各有不同。例如栗子的蛋白质含量比较低，但是栗子的蛋白质质量却很高；葵花籽中含硫氨基酸丰富，但赖氨酸含量较低；芝麻中的限制氨基酸是赖氨酸；花生和杏仁中缺乏硫氨基酸。

（2）脂类。脂肪在干果中含量极高，多数的干果食物常常被用来榨油，例如花生、葵花籽的脂肪含量都非常的高，是市场中最重要的油料种子。但一般情况下淀粉含量高的干果其油脂含量就普遍比较低。

干果中的脂类多以不饱和脂肪酸为主。由于种植地区的自然条件不同，不饱和脂肪酸的含量也不一样。例如高纬度地区的干果不饱和脂肪酸含量明显高于低纬度地区。

（3）碳水化合物。干果中的碳水化合物含量较高，主要以淀粉的形式存在，例如板栗、莲子和白果等。另外，干果中的膳食纤维含量都比较高。

（4）维生素。干果中富含维生素 E 和 B 族维生素，维生素 E 主要存在于富含油脂的干果中，干果中所含 B 族维生素包括维生素 B_1、维生素 B_2、烟酸和叶酸等物质。部分的干果中还含有胡萝卜素、维生素 C 等元素，是膳食中维生素 C 的补充来源。

（5）矿物质。一般情况下干果中富含各种钙、磷、钾、镁、钠、铁等矿物质。某些干果还含有较多的锌、铜等矿物质。

四、果品的品质检验与贮藏保鲜

（一）果品的品质检验

在饮食业中，果品原料除可用于制作某些甜菜和汤菜外，主要用于制作馅心或直接上席。因此，对果品的品质要求较高。检验果品品质的项目主要有：

（1）果形和大小。果品形状是品质的重要特征。每种果品都有其典型形状，根据形状即可判定果品的品质。凡是具有各类品种的典型形状的，说明其生长情况正常，质量较好；因缺乏某些肥料而造成的缩果和病虫害引起的畸形果实（如苹果木栓化的一边果皮开裂，即形成"猴头果"），质量就较差。

果品的大小在一定程度上也反映了果品的成熟度和质量。同一品种中，个形大的一般要比个形小的发育充分，可食部分多，质量优良。

（2）色泽和花纹。由不同色素所形成的果品具有不同的色泽，它能反映果实的成熟度和新鲜度。新鲜水果具有鲜艳的色泽，当色泽改变时，新鲜度就降低，品质也随之下降。

花纹主要反映在果皮上，凡是表皮有花纹的果品应以花纹清晰者为佳；如果花纹模糊不清，颜色浅淡，其品质一般较差。

（3）成熟度。成熟度是果品的重要品质指标。果品成熟的过程，也是其化学成分和生理活动不断变化的过程。因此，成熟度对于果品的风味质量和耐贮性有重大影响。一般成熟度好的果品，不仅食用价值高，而且耐贮藏；未成熟或过于成熟的果品则质量及耐贮性均较差。

（4）糖酸度。糖酸度反映出果品固有的口味。一般情况下，纯甜或酸甜可口的水果品质优良；如果出现过酸或带有涩味，则说明品质较差，或成熟度不够。

（5）损伤与病虫害。果品在采收、运输、销售过程中，都可能造成摔、碰、压伤以及各种刺伤，这些损伤都会破坏果品的完整性并容易滋生微生物，从而降低果品的质量。果品在生长期间也易遭到虫害和病害的侵染（如苹果和梨受食心虫的危害；柑橘受介壳虫、柑蛆的危害），影响果品的外观和耐贮性，降低品质。

（二）果品的贮藏保鲜

新鲜水果是具有生命的有机体。在贮藏过程中，一系列生理、生化变化，会影响其风味、重量、质地及营养价值等；另外，微生物的侵染也有可能引起水果的变质腐烂。因此，新鲜水果的贮存非常重要。贮存鲜果的总原则是：创造最佳的外界环境条件，以保持它们正常而最低的生理活动，从而达到保证质量、减少损耗以及延长贮存期限的目的。

合适的低温是贮藏水果主要的且适宜的外界条件。贮藏水果的适宜温度因品种而异。如果温度过低，便会冻伤果品，因此贮藏温度不可低于适宜温度。

贮存水果的最基本的方法是窖藏和冷库贮藏。此外，还可采用地沟贮藏、屋库贮藏、气调贮藏、辐射贮藏、涂膜贮藏及硫处理等方法进行鲜果保鲜。无论是采用哪种贮藏方法，都应掌握按类分别存放、严格挑选、合理堆码等原则，并应加强检查，发现问题，及时处理，以确保果品安全贮藏。

果品中的干果脱水较充分，或者经过了日晒、烘干、熏制等流程，故其本身比较干燥，容易贮藏，保管过程中应注意防潮、防尘、防鼠咬及虫蛀。糖制果品由于经过糖熬煮，应注意防潮、防尘、防虫蛀，如此，短时间内不会出现问题；如果时间过久，出现干缩、返潮等情况，可重新用糖熬煮，冷却返砂后继续存放。

五、果品的烹饪应用

果品的主要烹饪应用方式有如下几种：

（1）菜肴主料。此类菜品多为甜点，烹饪方式有拔丝、蜜汁、挂霜、酿蒸等，菜式如拔丝香蕉、琥珀桃仁等。

（2）菜肴配料。在此类菜品中，果品多和动物性原料搭配成菜，如火龙果虾球、木瓜炖雪蛤、板栗焖鸡等。

（3）面点配料。在糕点或者小吃的制作中，常将干果、果脯和蜜饯等作为其馅心使用，如五仁月饼、枣泥糕、花生汤圆等。

（4）盘饰、食品雕刻和盛装用具。果品常被用作装饰，用于花色冷盘造型和各式热菜的围边装饰中。也可作为盛器，例如西瓜盅、菠萝船等。

（5）水果拼盘。将各式水果配合精巧的刀工而成的水果拼盘是近年来各大宴席之中必不可少的一道风景。其造型多姿多彩，营养丰富。

（6）调味料。由鲜果提炼的果汁、果酱等常用于菜肴的调味，如柠檬汁、柑橘汁、椰浆等都是烹饪中常用到的果味调料。

　　果品在入馔烹制时，要采用适当的烹调方法，注意保持水果鲜甜的本味。可用快速成菜的方法，保持水果的水分、色泽和维生素。干果多数含水量较少，本味并不突出，因此可被用于各种味型的菜式之中。像花生、核桃、松子、腰果等可用快速加热的方法以突出其香酥的质感，而像板栗、莲子、白果等则可用长时间加热的方式体现其软糯的口感。

第二节　果品种类

一、鲜果

　　鲜果通常指新鲜的、可食部分鲜嫩多汁或者爽口的植物果实。通常包含核果、浆果、梨果、瓠果、柑果、复果和坚果等几个品类。

　　鲜果的挑选标准都是通用的，只要果皮细嫩有光泽，果肉鲜嫩，汁多味甜，香气浓郁，果形完整，无虫蛀、无腐烂者皆为质优。

　　1. 苹果

　　（1）别名：滔婆、频婆、超凡子、天然子。

　　（2）物种概述：苹果（*Malus domestica*）为蔷薇科落叶乔木，果实球形，味甜，是最普通、最为常见的水果。苹果原产于欧洲东南部和中亚以及我国新疆一带，位居"世界四大水果"（苹果、梨、柑橘、香蕉）之首。苹果品种繁多，颜色有红、黄、绿三种，可分为红富士、黄元帅、红星、澳大利亚青苹果等。优质苹果个大、色泽光亮、表面光滑、果形端正规则不畸形、质地紧实、香气浓郁、风味适口、无机械损伤、无病虫害。

　　（3）营养价值：苹果主要含有碳水化合物、胡萝卜素、维生素 B_1、维生素 C、烟酸、钙、磷、铁、有机酸及芳香物质等成分，总糖含量 $9\% \sim 15\%$。另外，苹果含丰富的膳食纤维及抗氧化物质。

　　（4）烹饪应用：苹果多以生食为主，亦可做沙拉，中餐则有制作拔丝苹果的传统。除了可单一食用之外，苹果还是用于制取苹果汁、苹果果酱的原料。

　　2. 梨

　　（1）别名：快果、玉乳、果宗。

　　（2）物种概述：水果中的梨（*Pyrus spp.*）是蔷薇科梨属植物果实的统称，为"世界四大水果"之一。梨的外皮常呈金黄色或暖黄色，果肉通亮呈白色、鲜嫩多汁、口味甘甜。

　　我国是梨属植物中心发源地之一。亚洲梨属的梨大都源于亚洲东部，日本和朝鲜也是亚洲梨的原始产地。国内栽培的白梨、砂梨、秋子梨都原产于我国。我国的特产中国梨采摘之后可以直接食用，如青皮梨、鸭梨、雪花梨、新疆香梨等。而外国出产的西洋梨在采摘之后则需要经过 7～10 天的后熟期才能食用。优质梨果形端正、坚实而不大、新鲜饱满、果皮细薄有光泽、果肉脆嫩多汁、味甜且香气浓、无疤痕、无虫害。

　　（3）营养价值：梨的水分含量较高，矿物质种类齐全，总糖含量 9%～14%，并含有胡萝卜素、硫黄素、烟酸、抗坏血酸等维生素。

　　（4）烹饪应用：梨多以鲜食为主，也可用于制作川贝雪梨糖水一类的甜品。

苹果　　　　　　　　　　　　　　　　　　梨

　　3. 荔枝

　　（1）别名：丹荔、丽枝、勒荔。

　　（2）物种概述：荔枝（*Litchi chinensis*）为无患子科热带水果，与龙眼、香蕉、菠萝一同号称"南国四大果品"。荔枝果皮粗糙，呈球形，色鲜红或紫红。荔枝果肉洁白，新鲜时呈半透明状，酸甜可口，于盛夏时成熟。优质荔枝个大均匀、色泽鲜艳、肉厚质嫩多汁、味甘甜、富有香气、核小、无虫害。

　　中国的荔枝品种很多，据解放初期调查，仅广东就有 82 个品种。有学者把荔枝分为桂味类、笑枝类、进奉类、三月红类、黑叶类、糯米糍类、淮枝类七大类。常见品种有：三月红、圆枝、黑叶、淮枝、桂味、糯米糍、元红、兰竹、陈紫、挂绿、水晶球、妃子笑、白糖罂。其中，萝岗桂味、毕村糯米糍和增城挂绿素有"荔枝三杰"之称。

　　荔枝原产于中国南部、西南部和东南部，以广东、广西和福建南部（厦门、漳州、泉州地区）栽培最盛。

　　（3）营养价值：荔枝含有丰富的水分及糖分，还含有一定量的钙、磷、铁、多种维生素、柠檬酸、果胶。

（4）烹饪应用：除了鲜食之外，荔枝还用于炮制荔枝酒、制作荔枝罐头等。荔枝经晒干后就成为荔枝干。

4. 龙眼

（1）别名：桂圆、益智、圆眼、福圆、骊珠、荔枝奴、亚荔枝、燕卵等。

（2）物种概述：龙眼（*Dimocarpus longan*）为无患子科常绿乔木，以透明清甜的假种皮为食用部位。优质龙眼颗粒较大、壳色黄褐、壳薄而脆且光洁、果肉软嫩且有弹性、肉质洁白并呈半透明状、味甜、肉离核、核小、无虫害。

龙眼原产于中国，据不完全统计，我国龙眼品种有 320 个，《中国果树志·龙眼卷》汇编了主栽品种、稀有品种 128 个，著名品种有储良、石硖、草铺、大乌圆、福眼、乌龙岭、水南 1 号、凤梨穗、油潭本、泉州、普明庵、红核子、赤壳、水涨等。

（3）营养价值：龙眼中富含水分及碳水化合物，含一定量的钙、磷、铁、B 族维生素及维生素 C 等营养成分。碳水化合物主要以葡萄糖、蔗糖的形式存在。

（4）烹饪应用：可鲜食，也可晒成桂圆干食用，有温中补益之功效。

荔枝

龙眼

5. 柑橘

（1）别名：大吉、芦柑等。

（2）物种概述：柑橘（*Citrus reticulata*）为芸香科常绿果树。柑橘是"世界四大水果"之一。柑与橘的区别在于柑的果蒂处隆起，橘的果蒂处凹陷。优质柑橘果形端正、无畸形、果色鲜红或橙红、表面光洁明亮、果梗新鲜、气芳香、味酸甜、鲜嫩多汁、无虫害。

世界上的柑橘主要分布在北纬35°以南的区域，性喜温暖湿润。全世界有135个国家生产柑橘，产量第一位的是巴西，其次是美国，我国排第三。我国的著名品种有砂糖橘、贡柑、潮州柑等。此外，甜橙（*Citrus sinensis*）、柚子（*Citrus maxima*）等也是常见的柑橘类水果。

（3）营养价值：柑橘含有丰富的胡萝卜素、维生素 C、维生素 B_1、维生素 B_2、烟酸、钙、膳食纤维以及葡萄糖、果糖、蔗糖、苹果酸、柠檬酸等。其中以维生素 C 含量最为丰富。

（4）烹饪应用：主要鲜食，也可制作水果盘、橙汁和果酱等副食品。有些柑橘品种还专门用于剥皮以制作陈皮，以广东新会和四会的陈皮最为出名。

6. 柠檬

（1）别名：洋柠檬、柠果、益母果等。

（2）物种概述：柠檬（*Citrus limon*）为芸香科常绿果树，果实表面呈黄色且有光泽，呈椭圆形或倒卵形，顶部有乳头状突起。皮不易剥离，有清新香气，挥发性极强。味极酸，有 8~12 瓣瓤，不易分离，种子卵呈圆形。

柠檬原产于马来西亚，在地中海沿岸、东南亚和美洲等地都有分布，美国和意大利是柠檬的著名产地。中国台湾、福建、广东、广西、四川等地也有栽培。法国则是世界上食用柠檬最多的国家。黎檬（*Citrus limonia*），又叫"广东柠檬"，原产于我国广东地区，烹饪应用方式与柠檬相似。

（3）营养价值：柠檬含有维生素 C、柠檬酸、碳水化合物、维生素 B_1、维生素 B_2、钙、铁、磷、芳香物质等成分。

（4）烹饪应用：柠檬是天然的酸味调味品，具有调和滋味、去腥增香的作用，是西餐必备调料之一。潮菜常用其制作汤品，代表菜品有柠檬鸭等。

潮州柑（蕉柑）　　　　　　　潮州柑（椪柑）

甜橙　　　　　　　　　　沙田柚

7. 番石榴

（1）别名：拔子、那拔、芭乐等。

（2）物种概述：番石榴（*Psidium guajava*）为桃金娘科常绿果树。果实有球形、椭圆形、卵圆形及洋梨形，果皮通常为绿色、红色、黄色，果肉有白色、红色、黄色等。肉质细嫩、清脆香甜、爽口。优质番石榴质地较硬，表面无伤痕、有棱，皮光亮，呈黄色或黄绿色，肉白而细嫩，味甜。

番石榴是热带、亚热带水果，原产于美洲，我国华南地区及四川盆地均有栽培。番石榴的品种很多，按用途主要为鲜食和加工两大类，我国种植的番石榴主要供鲜食，如广东的珍珠番石榴、胭脂红番石榴，福建的白蜜番石榴、青皮番石榴，广西的无核番石榴，中国台湾的水晶番石榴等，都是鲜食的优良品种。

（3）营养价值：番石榴含丰富的水分、碳水化合物、维生素 C、膳食纤维及钾等营养成分。

（4）烹饪应用：番石榴外层果肉口感爽甜，越接近中间番石榴种子处的果肉口感越柔软。番石榴的籽粒也是可以食用的，但口感较硬，人体难以消化，但有通便润肠的功效。

8. 番荔枝

（1）别名：佛头果、释迦、亚大果子、乌梨仔（台湾）、林檎（潮汕）等。

（2）物种概述：番荔枝（*Annona squamosa*）为番荔枝科落叶果树，聚合浆果呈球形或心形，表皮有多角形软疣凸起（果鳞），呈黄绿色，有白色粉霜，因其外形酷似荔枝而得名。番荔枝果实通常在八九成熟度时采摘，1~2天后软熟即可食用。番荔枝以其内部果肉作为可食部位，成熟后质地粉沙，味道香甜。优质番荔枝个大鳞粗、果形端正、外皮呈淡绿黄色、口感清甜、香味独特、果肉为乳白色、口感绵密、无虫害。番荔枝原产于热带美洲，中国云南南部、海南、广东、广西、福建、台湾有栽培。广东澄海为中国番荔枝的分布中心，出产的名优品种有"樟林林檎"。

（3）营养价值：番荔枝含丰富的糖及维生素 C，含一定量的膳食纤维、钙、磷、铁及有机酸，所含 16 种氨基酸中包含 7 种必需氨基酸。另外，其种子含丰富的脂肪、蛋白质及多种活性物质，有研究发现其种子油含有一种抗癌的有效成分。

（4）烹饪应用：番荔枝主要供鲜食，也可以制作甜品。番荔枝不耐贮运，通常购买时尚未软熟，不可食用，软熟后很快开裂，必须及时食用。若一时无法吃完，可以用保鲜膜（或保鲜袋）包装，放冰箱冷藏。注意果实必须软熟才能置于冰箱，否则会发生冷害，不可食用。

番石榴

番荔枝

9. 西瓜

（1）别名：寒瓜、夏瓜等。

（2）物种概述：西瓜（*Citrullus lanatus*）为葫芦科藤本植物。果实外皮光滑，呈绿色或黄色，表面有花纹，其发达的胎座（果瓤）为主要的食用部分，多汁，呈红色或黄色，有黑色种子分布其间（有的品种果瓤无籽）。西瓜盛产于夏季，是夏季主要的消暑水果之一。优质西瓜个大质重、表皮光滑、形态完整、敲击时声音沉闷、皮薄瓤多、肉质呈红或黄色、多汁、味甜、无虫害。

西瓜原产于非洲。中国是世界上最大的西瓜产地。西瓜依据用途不同，可分为普通西瓜、瓜子瓜、小西瓜和无籽瓜四大类。山东省东明县为全国重要的商品西瓜生产基地，有"中国西瓜之乡"之称。

（3）营养价值：西瓜含糖、蛋白质、维生素 B_1、维生素 B_2、维生素 C、有机酸、果胶以及钙、磷、铁等矿物质。

（4）烹饪应用：主要供鲜食，制作水果盘。也可榨取西瓜汁加工成其他食品。

10. 番木瓜

（1）别名：木瓜、乳瓜、万寿果等。

（2）物种概述：番木瓜（*Carica papaya*）为番木瓜科常绿软木质小乔木，具乳汁。果实长于树上，外形像瓜，故名"木瓜"。花果期全年。果实呈长椭圆形，肉质较厚，成熟后原本青绿的外表变成黄色。成熟的优质番木瓜果皮呈金黄色，且用手掐瓜力度适宜时能感觉发软，瓜身无损伤，瓜皮表面均匀光滑，瓜肉为黄红色，肉质细嫩绵滑，有淡香味。

番木瓜原产于南美洲，现分布于世界热带和亚热带地区，主产国为巴西、墨西哥、尼日利亚和印度等。我国广东、广西、海南、福建和台湾等省区均有栽培。优良品种有穗中红、岭南种、中山种、红妃、朱玉、苏罗、泰国红肉、墨西哥黄肉等。

（3）营养价值：番木瓜果实富含糖类、果胶、维生素 C、木瓜蛋白酶，含有一定量的维生素 B_1、维生素 B_2、烟酸、类胡萝卜素、钙、铁。此外，还含有酒石酸和苹果酸、番木瓜碱、凝乳酶。淡黄色的果实含胡萝卜素、隐黄素、隐黄素环氧化物等色素；红色的果实含有番茄烃。果实的乳汁及种子含微量番木瓜碱。由于其营养丰富，也常被称为"百益之果""水果之皇""万寿瓜""万寿果"。

（4）烹饪应用：番木瓜可作为水果食用，也可作为蔬菜入馔。番木瓜的乳汁是制作松肉粉的主要原料。

西瓜

番木瓜

11. 黄皮

（1）别名：油皮、油梅、鸡皮果、黄弹（潮汕）等。

（2）物种概述：黄皮（*Clausena lansium*）为芸香科常绿果树。果实小，浆果，呈长鸡心形、椭圆形，果皮为淡黄至暗黄色，果肉为乳白色，半透明、嫩滑多汁，酸甜可口，有特殊香气。黄皮原产于我国南方，已有一千五百多年的种植历史，主产区为我国台湾、福建、广东、海南、广西、贵州南部、云南及四川金沙江河谷等。世界热带及亚热带地区均有引种。

根据果实口感可分为甜黄皮和苦黄皮两种，甜黄皮鲜食口感最佳，以鸡心种最为著名；苦黄皮虽苦涩难以入口，却是极好的一味中药，具有健脾开胃、消痰化气、润肺止咳等功效。

（3）营养价值：黄皮具有较高的营养价值，果实含丰富的糖分、有机酸、维生素 C、果胶、挥发油、黄酮苷等。

（4）烹饪应用：黄皮可供鲜食，也可加工成果脯、果冻和饮料。

12. 橄榄

（1）别名：青果、白榄、谏果。

（2）物种概述：橄榄（*Canarium album*）为橄榄科常绿果树。果形较小，呈纺锤形、果皮为深绿色、肉带黄色、质脆、清香可口、入口酸涩、回味甘甜。橄榄原产于中国，已有两千多年的栽培历史，是我国南方特有的水果之一。福建省是中国橄榄分布最多的省份，广东、广西、台湾、四川、浙江等省亦有栽培。潮汕人对橄榄的喜爱根深蒂固，潮州的归湖橄榄更是远近闻名。橄榄品种很多，深受食客欢迎的橄榄品种有榄之香、三棱、红心榄、香甜榄、三捻等。

与橄榄同属的乌榄，果形像橄榄，只是颜色为黑色，通常不可鲜食，多以腌渍方法加工成早餐小菜。

（3）营养价值：橄榄含有蛋白质、脂肪、碳水化合物、膳食纤维、维生素 B_1、维生素 B_2、维生素 C、烟酸、钙、钾、镁、铁、锌、硒、锰等元素。

（4）烹饪应用：橄榄多为鲜食，可用盐腌渍成潮汕小吃橄榄糁，也可制作凉果。尚未成熟的青橄榄还是制作著名小菜橄榄菜的重要原料之一。

黄皮

橄榄

13. 樱桃

（1）别名：莺桃、荆桃、含桃、樱珠、朱樱、朱果等。

（2）物种概述：樱桃（*Cerasus pseudocerasus*）为蔷薇科梅属落叶果树。果近球形，五六月成熟，红色。优质樱桃大小均匀、果形饱满、果身硬挺、果皮老结、色泽鲜艳、肉质软糯、汁多味甜、柄短、核小、无裂皮、无烂枝。我国栽培的樱桃可分为四大类，即中国樱桃、甜樱桃、酸樱桃和毛樱桃，以中国樱桃和甜樱桃为主要栽培对象。

中国樱桃在我国已有三千多年的栽培历史，分布很广，北起辽宁，南至云南、贵州、四川，西至甘肃、新疆均有种植，但以江苏、浙江、山东、北京、河北为多。中国樱桃有五十多个品种，主要优良品种有浙江诸暨的短柄樱桃、山东龙口的黄玉樱桃、安徽太和的金红樱桃、江苏南京的垂丝樱桃、四川的汉源樱桃等。

甜樱桃又称"大樱桃""西洋樱桃"，比中国樱桃大，原产于亚洲西部和欧洲东南部。16 世纪末欧洲各国开始广泛进行经济栽培，18 世纪初叶引至美国，19 世纪 70 年代传入中国。如今俄罗斯、德国、美国和意大利等国樱桃产量较多，几乎占领了整个国际市场。

（3）营养价值：樱桃含蛋白质、脂肪、钙、磷、铁等矿物质及维生素 C 等维生素。其中铁含量高，居水果之首。

（4）烹饪应用：樱桃可鲜食、作菜品装饰、制作水果拼盘等。

14. 香蕉

（1）别名：甘蕉、芎蕉、香牙蕉、蕉子、蕉果等。

（2）物种概述：香蕉（*Musa nana*）为芭蕉科热带水果。香蕉长而有棱，果皮为黄色，果肉为白色，质地粉糯，味道香甜。香蕉原产于亚洲东南部热带、亚热带地区。现分布在全球纬度 30° 以内的热带、亚热带地区。世界上有 130 个国家栽培香蕉，以中美洲产量最多，其次是亚洲。国外主栽的香蕉品种大多是从中国引进的。中国香蕉主要分布在广东、广西、福建、台湾、云南和海南，贵州、四川、重庆也有少量栽培。

香蕉品种可分为矮脚蕉、甘蕉和大蕉三大类。矮脚蕉果形较小，但是香味浓郁，品质最佳；甘蕉是世界栽培最广的品种，品质优良；大蕉生食味道不佳，可代替粮食食用。

（3）营养价值：香蕉含糖量高，含一定量的钾、钙、磷等矿物质及维生素 A、B 族维生素、维生素 C、维生素 E 等多种维生素。此外，香蕉还含有一定量的果胶。果实未成熟前含单宁。

（4）烹饪应用：香蕉除鲜食外，还可制作香蕉干等副食品。

樱桃

牙蕉

米蕉

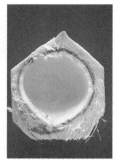

椰子

火龙果

15. 椰子

（1）别名：越王头、胥余、椰瓢、大椰等。

（2）物种概述：椰子（*Cocos nucifera*）为棕榈科热带果树，树干挺直，不分枝，大型叶丛生于树干顶部。坚果呈倒卵形或近球形，表皮青色，顶端微具三棱，内果皮呈骨质，近基部有三个萌发孔，胚乳内有一空腔，其中富含液汁，该液汁便是可以饮用的椰汁。优质椰子果实新鲜、壳不破裂、不干枯、肉质厚且富含油脂、颜色纯白、质地脆滑、味清香、液汁清白。

椰子分布于热带和亚热带，以热带美洲和热带亚洲为分布中心。我国种植椰子已有两千多年的历史，现主要集中分布于海南各地，尤以文昌最多，产量占全国的52%。此外，台湾南部，广东雷州半岛，云南西双版纳、德宏、保山、河口等地也有少量分布。栽培品种可分为高种、矮种和杂交种。

（3）营养价值：椰子肉含油量高达35%，还含有蛋白质、多种维生素及矿物质。椰汁含有葡萄糖、蔗糖、蛋白质、脂肪、维生素B、维生素C以及钙、磷、铁等矿物质。

（4）烹饪应用：椰汁和椰肉不仅可以鲜食，也可加工成椰丝、椰蓉等，作为其他食品制作的用料使用。

16. 火龙果

（1）别名：红龙果、龙珠果等。

（2）物种概述：火龙果（*Hylocereus undulatus*）是仙人掌科蔓茎类植物量天尺的果实，是热带、亚热带的著名水果之一。果实呈橄榄形或者椭圆形，有鲜黄色或紫红色两种外皮，表面覆盖绿色三角形的叶状体。有白色、红色或黄色果肉，其中布满了类似芝麻的黑色种子。

火龙果原产于巴西、墨西哥等中美洲热带沙漠地区，后传入越南、泰国等东南亚国家和中国台湾，目前我国的海南、广西、广东、福建等省区也进行了引种试种。主要品种有红皮白肉、红皮红肉和黄皮系列，口感以红皮红肉和黄皮系列较佳。

（3）营养价值：火龙果富含水分、碳水化合物、蛋白质、多种维生素以及矿物质、花青素等营养成分。由于火龙果含有的植物性白蛋白是具黏性、胶质性的物质，对重金属中毒有解毒功效，所以对胃壁有保护作用。

（4）烹饪应用：火龙果可鲜食，也可用于制作水果拼盘。

17. 其他常见水果

其他常见的水果还有山竹、柿子、葡萄等。

葡萄　　　　　　　　柿子　　　　　　　　杨梅

山竹　　　　　　　　猕猴桃　　　　　　　杨桃

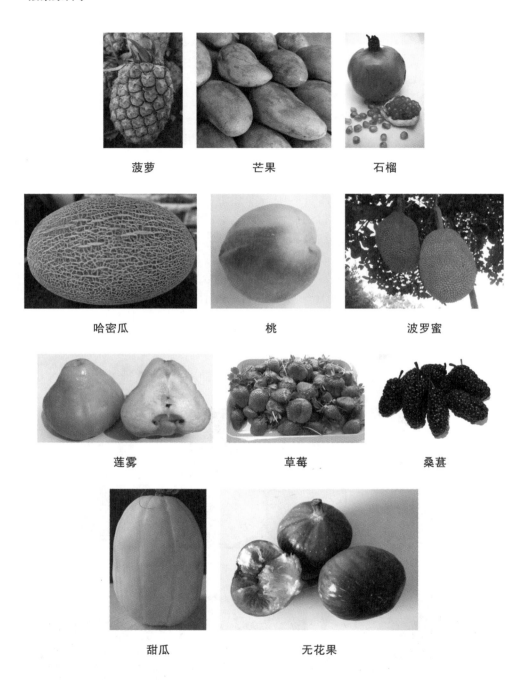

菠萝　　　　　　芒果　　　　　　石榴

哈密瓜　　　　　　桃　　　　　　波罗蜜

莲雾　　　　　　草莓　　　　　　桑葚

甜瓜　　　　　　无花果

二、干果

干果，在植物学上指果实成熟后果皮呈干燥状态的果实。果品中也将干果称为果仁，是各种可食干果种子的总称。干果主要以种子的子叶部分供食，该部位含有较丰富的蛋白质和脂肪。有些干果含油量较高，脂肪含量可高达70%，其他的维生素和矿物质含量也较高，具有较好的营养价值。

1. 栗子

栗子（*Castanea mollissima*）为壳斗科落叶乔木板栗的果实，原产于我国，分为南方栗子和北方栗子两种。南方栗子个头较大，种仁含糖量低，淀粉含量多；而北方栗子粒形较小，种皮容易剥离，糖分与蛋白质含量较高。栗子可用于烧、炒、煮等多种烹饪方法，咸甜都可口。

2. 白果

白果（*Ginkgo biloba*）为裸子植物银杏的种子。银杏是原产于我国的孑遗植物，其种子呈椭圆形、长倒卵形、卵圆形或近圆球形，熟时为黄色或橙黄色，表面有白粉。外种皮厚，肉质；中种皮呈骨质，色白，表面有2~3条纵棱；内种皮红色，纸质，胚乳肉质，为可食用部位。白果煮熟后口感香糯有嚼劲，但味微苦。种仁中含有毒素，不能生食，食用过多也会中毒。

白果

板栗

3. 腰果

腰果（*Anacardium occidentalie*）为漆树科常绿乔木的果实，为世界四大干果之一。腰果原产于热带。果实由两部分组成：果蒂之上膨大的肉质花托称"假果"，色红黄，质软多汁，味酸甜，可作水果食用；果蒂上方还有肾形的腰果，由果壳、种皮、种仁三部分组成，含有丰富的脂肪和蛋白质。腰果可经炒制后食用，油香四溢，也可作各类糕点的馅心，还可以压榨饮料，用途广泛。

4. 开心果

开心果（*Pistachio*），又叫"阿月浑子"，为漆树科落叶小乔木的果实。开心果原产于伊朗，现多分布于地中海沿岸地带。其果实呈长圆形，外形略似白果，但成熟后种皮开裂；果仁为绿色，可提供有益脂肪和膳食纤维。

开心果是所有坚果之中油脂含量最低的，由于富含蛋白质这一特性，食用开心果很容易让人体产生饱腹感，也有助于减肥和通便润肠，保持肠道健康。同时对保护心脏健康和视力也有很好的作用。

5. 夏威夷果

夏威夷果（*Macadamia ternifolia*），又叫"澳大利亚坚果"，为山龙眼科常绿乔木的果实，是世界上众多坚果中经济价值最高的一种，被誉为"坚果之王"。其果实呈球形，外表皮木质化，质地坚硬；果仁为白色，脂肪和蛋白质含量很高，入口尝之油香四溢，回味奇香。夏威夷果可以直接食用，也可作为烹饪原料入馔。

腰果   开心果   夏威夷果

6. 莲子

莲子（*Semen nelumbinis*）是睡莲科水生草本植物莲的种子，原产于我国，以湖南湘潭所产最佳，故名"湘莲"。莲子呈球形，由白色的两瓣子叶合抱而成，中间是绿色的莲心，味苦。湘莲颜色淡红，大而饱满，口感清甜。可以生食，也可煮熟后食用，还可制成莲蓉，用作糕点的馅心。

7. 花生

花生（*Arachis hypogaea*），又名"落花生""长寿果"，为蝶形花科一年生草本植物，结荚果，种子可供食用。花生原产于巴西，因其高营养价值和黄豆一样被誉为"植物肉""素中之荤"。花生荚果通常分为大、中、小三种，形状有蚕茧形、串珠形和曲棍形。果壳的颜色多为黄白色，也有黄褐色、褐色或黄色的，根据花生的品种和生长的土质不同而异。

花生果壳内的种子通称为"花生米"或"花生仁"，由种皮、子叶和胚三部分组成。种皮的颜色为淡褐色或浅红色。种皮内为两片子叶，呈乳白色或象牙色，富含蛋白质和脂肪。可生食，制成各种炒货，也可在煲汤时加入或者制成花生酱和其他饮品。

8. 芝麻

芝麻（*Sesamum indicum*）为胡麻科一年生直立草本植物，是我国主要油料作物之一。种子含油量高达61%，可用于压榨芝麻油，也叫"香油""麻油"。种子扁圆，有白、黄、棕红、黑色四种颜色。白色的种子含油量较高；黑色的种子可入药，味甘性平，有补肝益肾、润燥通便之效。

芝麻经炒制后可加入任何烹饪应用方式中。芝麻油含有人体必需的脂肪酸，香气扑鼻，只需几滴便可大大增加菜肴香味。此外，芝麻还可制成芝麻酱，口感浓香绵软，也是烹饪中常用到的调味品。

9. 松子

松子（*Pine nat*）是裸子植物松树的种子，也叫"海松子"。松子呈卵状三角形，红褐色，具有独特的松香味，油脂含量也较高。在我国，以东北出产的红松子口味最佳。

松子除了油脂含量高之外，蛋白质和铁的含量也很高。松子性平味甘，具有补肾益气、养血润肠的作用，但是不适合脾胃肠虚的人多食。

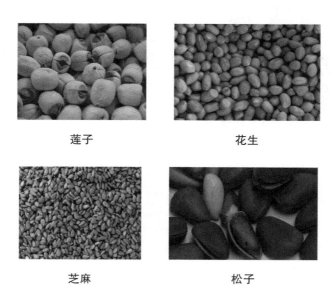

莲子　　　　　　　　　　花生

芝麻　　　　　　　　　　松子

10. 杏仁

杏仁为蔷薇科落叶乔木杏（*Prunus armeniaca*）的果仁。杏果为扁平卵形，一端圆，另一端尖，覆有褐色的薄皮。

按照味感的不同可将其分为甜杏仁和苦杏仁，也叫"南杏仁"和"北杏仁"。南杏仁即甜杏仁，味浓香，回味甘甜，可供鲜食或加工制品；北杏仁即苦杏仁，因含有毒物质苦杏仁苷，在焙炒之后剥去褐色外衣，只用作中药，具有止咳、平喘的功效，但也不可多食，只食二三十粒就可令人中毒，甚至致命，摄入量应控制在 10 克以内。

杏仁还有一同属品种，叫作"巴丹杏"，也叫"巴旦木"，是维吾尔语的音译。巴丹杏是桃属植物扁桃的果仁，不是杏。巴丹杏个头较小，扁圆，果肉干涩无汁不能食，主要食用其果仁。果仁有特殊的甜香，胜过核桃和一般杏仁的风味，是我国新疆地区名贵的干果。

11. 核桃

核桃（*Juglans regia*），又称"胡桃""羌桃"，为胡桃科植物，其种仁可供食用。与扁桃、腰果、榛子并称为世界著名的"四大干果"，被誉为"万岁子""长寿果"。核桃仁含有丰富的营养素，并含有人体必需的钙、磷、铁等多种微量元素和矿物质，以及核黄素等多种维生素，是人们喜爱的坚果类食品之一。核桃的药用价值也很高，有健胃、补血、润肺、养神、延年益寿等功效。

在烹饪应用方面，核桃仁可以生吃，也可以煮食、炒食、蜜炙、油炸等。

杏仁

核桃

思考题

1. 果品的主要烹饪应用方式有哪些？
2. 素有"荔枝三杰"之称的是哪几个品种？
3. 如何区分柑、橘、橙？

4. 黄皮果实根据口感可分为几种，区别是什么？
5. 橄榄的烹饪应用有哪些？
6. 香蕉可分为哪几类，区别是什么？
7. 试述杏仁的分类和区别。

第五章　畜禽

教学要求

1. 掌握肉的概念，以及畜禽肉的组织结构、营养价值、品质检验、贮藏保鲜及其烹饪应用。

2. 掌握畜禽原料的组织结构和理化性状对原料质地、风味等的影响。

3. 了解畜禽类副产品的组织结构、营养价值、品质检验、贮藏保鲜及其烹饪应用。

4. 了解常见畜禽类原料及其制品的分类、物种概述、品种特点、分布区域、营养价值、品质标准和烹饪应用规律。

重点难点

1. 畜禽肉的结构特点和理化性状。

2. 各类畜禽原料的品质检验方法和常见加工制品的加工方法。

3. 各类畜禽原料肉、常用副产品和加工制品的肉质和风味特点以及在烹饪中的应用规律。

第一节　畜禽原料概述

一、畜禽的概念

在本书中畜禽指可供发展畜牧业的牲畜与家禽。畜禽食物包括畜类食物和禽类食物，它是人体摄取脂肪与蛋白质的主要来源。在食品学中，肉一般是指动物躯体中可供食用的部分。而在肉类工业中，肉往往是指动物经屠宰去皮（大牲畜）、毛、头、蹄及内脏后的胴体。动物性食物有很高的营养价值，在各种类型的宴席上和我们日常的膳食中，都占有非常重要的地位。

二、畜禽肉的组织结构

（一）畜禽肉的组织

在生物学的形态研究中，畜禽肉的组织有上皮组织、结缔组织及神经组织。在烹饪应用中可将畜禽肉的利用部位粗略分为肌肉组织、结缔组织、脂肪组织、骨组织等部分。各组成部分的比例与其种类、性别、饲养情况、宰杀前状况等因素有关，这些因素对肉的品质也有较大的影响。

1. 肌肉组织

肌肉组织是动物性原料肉的主要构成部分，它由具有收缩能力的肌细胞构成。肌细胞是肌肉组织的基本组成单位，因其两头尖、中间粗、细长，呈纤维状，又常被称为"肌纤维"。肌纤维由肌原纤维、肌浆、肌核和肌膜构成，肌原纤维是肌纤维的主要组成部分，呈长丝状。肌肉的收缩和伸长就是由于肌原纤维的收缩和伸长所致。肌浆即肌纤维的细胞质，是充满于肌原纤维之间的胶体溶液，呈红色，俗称"肉汁"。肌浆中含大量水溶性蛋白质、肌红蛋白、糖原、各种糖代谢的酶类以及各种必需氨基酸，是肉类中最有营养价值的也最容易流失的部分。

由于肌肉的功能不同，肌红蛋白的含量也不同，这就使不同部位肌肉的颜色深浅不一。肌浆的含量决定了肉色的深浅。因此，肌肉组织可分为"白肌"和"红肌"。白肌的肌纤维粗且含肌浆较少，肌原纤维粗而较多，故呈白色，质地较粗老。红肌的肌纤维细且含肌浆较多，肌原纤维较少，故呈红色，质地较细嫩。对同一种动物体仅就肌肉组织而言，分布在四肢、颈部、翅膀等运动部位的肌肉多为红肌，即"活肉"，呈现出细嫩的质感；对畜禽而言，分布于腹部的肌肉多为白肌，质地相对粗老。

根据形态和功能的不同，可把肌肉组织分为骨骼肌、平滑肌和心肌三大类。

（1）骨骼肌。骨骼肌细胞为长圆柱形，它是动物胴体主要的肌肉组织，也是烹饪应用得最多的肌肉，因主要附着于骨骼上而得名，也有附着于皮肤上的。它可随动物的意志完成运动，因此又被称为"随意肌"。在显微镜下可以看到骨骼肌纤维沿纵轴平行的、有规则排列的明暗条纹，因此它也被称为"横纹肌"。

从组织学上看，骨骼肌由丝状的肌纤维集合而成，每 50～150 根肌纤维由一层薄膜包围形成初级肌束，再由数十个初级肌束集结并被稍厚的膜包围形成次级肌束，最后由数个次级肌束集结，外表包着较厚的膜构成了肌肉。初级肌膜和次级肌膜外包围的膜被称为"内肌周膜"，也叫"肌束膜"，肌肉最外面包围的膜叫"外肌周膜"，这两种膜都是结缔组织。在每一根肌纤维之间有微细纤维网状组织连接，这个纤维网叫"肌内膜"。在内外肌周膜中分布着微细血管、神经、淋巴管，通常还有脂肪细胞沉积，而肌内膜沿着肌纤维的方向在两端集合成腱，紧密连接在骨骼上。

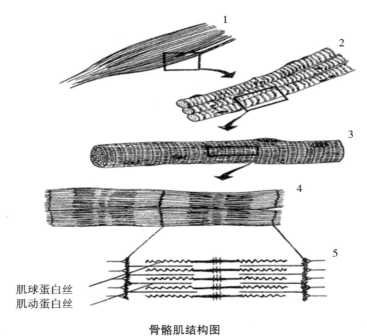

骨骼肌结构图
1：肌肉　2：肌束　3：肌纤维　4：肌原纤维　5：肌丝

　　在肌肉内，脂肪组织容易沉积在外肌周膜间，而难以沉积到内肌周膜和肌内膜处，只有在良好的饲养管理条件下，脂肪才会沉积在内肌周膜和肌内膜间。结缔组织内的脂肪沉积较多时，会使肉呈大理石纹状，能提高肉的多汁性。

　　肌束的粗细及肌束膜的厚薄与肉的质量有很大的关系，若肌束细、肌束膜薄，则肌肉的嫩度高。老龄的、役用的动物通常来说肌束粗、肌束膜厚，肉的纹理也粗，则质地相对粗老。

　　骨骼肌肌肉分成白肌和红肌两种。白肌有瞬间的爆发力，但是难以持久，专门控制不动时，比如睡觉时的能量消耗，因此是基础代谢率的主体；而红肌含有较多的肌红蛋白和肌浆，爆发力和持久性都很优异，且能储存氧气，专门供运动，血糖85%以上被骨骼肌利用，骨骼肌将血糖转化为能量，是力量的源泉。红肌是用糖的主要场所，而白肌对血糖几乎无利用。

　　（2）平滑肌。平滑肌是构成胃、肠、膀胱等内脏器官肌肉层的肌肉，平滑肌细胞呈长梭形。由于它有结缔组织的伸入而不能形成大块肌肉，但结缔组织较多会使肉质具有脆韧性，特别是肠、膀胱等处的平滑肌的韧性和坚实度较强，使得肠、膀胱成为灌制品的重要原料。

（3）心肌。心肌是构成内脏器官心脏的肌肉，心肌细胞呈短圆柱形。其肌纤维细，结缔组织含量少，肌间脂肪少，使得肉质细嫩。

2. 结缔组织

结缔组织是构成肌腱、筋膜、韧带及肌肉内外膜、血管、淋巴结的主要成分，分布于体内各部，起到支持、连接和保护各器官组织的作用，使肌肉保持一定硬度，具有弹性。不同动物的结缔组织含量不同，一般牛肉高于猪肉，猪肉高于鸡肉。结缔组织的含量取决于年龄、性别、营养状况及运动等因素。一般情况下，老的、公的、瘦的、役用的含较多结缔组织，而且同一动物不同部位结缔组织的含量也不同，一般前部多于后部，下部多于上部。结缔组织较多的肉，质地相对粗老，但当结缔组织集中或单独存在时，可利用其特性加工成具有特色的菜肴，如蹄筋、猪皮、鱼肚都是常用的特色食材。

结缔组织由细胞、纤维和无定型的基质组成，它的主要纤维有胶原纤维、弹性纤维和网状纤维三种，但以前两种为主。

（1）胶原纤维。胶原纤维呈白色，故又称"白纤维"。胶原蛋白在白色结缔组织中含量多，是构成胶原纤维的主要成分。它质地坚韧，不溶于一般溶剂，在酸或碱的环境中可膨胀，但在80℃的水中长时间加热可形成明胶。

（2）弹性纤维。弹性纤维呈黄色，故又称"黄纤维"。弹性蛋白在黄色结缔组织中含量多，是构成弹性纤维的主要成分。弹性纤维在很多组织中与胶原蛋白共存，在皮、腱、肌内膜、脂肪等组织中含量很少，但在韧带、血管特别是大动脉管壁中含量最多。它弹性较强，但强度不及胶原蛋白，在化学性质上很稳定，不溶于水，即使在水中煮沸以后也不能水解成明胶。

（3）网状纤维。网状纤维是一种较细的纤维，分支多且互相连接成网。网状蛋白为网状纤维疏松结缔组织的主要成分，属于糖蛋白类，性质稳定，耐酸、碱、酶的作用。

3. 脂肪组织

脂肪组织由退化了的疏松结缔组织和大量脂肪细胞积聚而成，脂肪细胞中充满了脂肪滴，在细胞之间有网状的结缔组织相连，因此炼油的原理就是结缔组织在加热时受热收缩，从而压迫脂肪细胞膜，使得脂肪溢出细胞。

脂肪组织可根据其在动物体内的存在部位和作用被分为贮备脂肪和肌间脂肪。贮备脂肪就是指蓄积在皮下、肾脏周围和腹腔内的脂肪，比较容易被剥离。肌间脂肪指夹杂在肌纤维、肌束之间的脂肪，不易被剥离。如肉的断面呈淡红色并带有淡白色的大理石花纹，说明肉肌间脂肪多，肉质柔嫩，食用价值高。

4. 骨组织

骨组织是动物机体的支持组织，它包括硬骨和软骨。

硬骨又分为管状骨、板状骨。管状骨内有骨髓。骨骼的构造一般包括密质的表面层，海绵状的骨松质内层和充满骨松质及骨腔的髓，其中红骨髓是造血组织，幼龄动物含量多；黄骨髓是脂肪组织，成年动物含量多。因此，管状骨可用于吊制奶汤，板状骨可用于吊制清汤。

软骨坚韧且具有弹性，有比较强的支持作用。鳐鱼、鲨鱼等软骨鱼系的鱼类全身骨骼均由软骨构成，硬骨鱼系中的鲟鱼等也有软骨性质的头骨。

（二）猪肉和牛肉的结构

1. 猪肉常见部位名称与特点

（1）颈肉：肉色发红，肥瘦不分，肉质差，一般用来做馅和叉烧肉。

（2）夹心肉：半肥半瘦，肉老筋多，吸收水分能力较强，适于做馅和肉丸子。

（3）外脊：位于大排骨与背部肥膘之间。

（4）里脊：是脊骨下面一条与大排骨相连的瘦肉。肉中无筋，是猪肉中最嫩的一部分。水分含量多，脂肪含量低，肌肉纤维细小，炸、熘、炒、爆等烹调方法都适合。

（5）五花肉：位于猪身中间，上连大排骨，下连奶脯肉，一层瘦一层肥，适于红烧、白炖和做粉蒸肉。

（6）臀尖：位于臀部的凸面，都是瘦肉，肉质鲜嫩，烹调时可用来代替里脊肉。

（7）坐臀：位于后腿上方、臀尖肉下方。全为瘦肉，但肉质较老，纤维较长，一般多在做白切肉或回锅肉时使用。

（8）奶脯肉：位于肋骨下面的腹部，结缔组织多，均为泡泡状，肉质差，一般做腊肉或炼猪油，也可烧、炖或用于做酥肉。

（9）蹄膀：位于前后腿下部，后蹄膀比前蹄膀好，红烧和清炖均可。

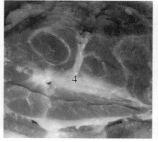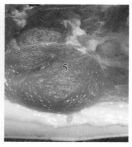

猪肉常见部位
1：外脊　2：里脊　3：五花肉　4：肩肉　5：腿肉

2. 牛肉常见部位名称与特点

（1）颈肉：脂肪少、红肉多、带些筋，其硬度仅次于牛的小腿肉，为牛身上肉质第二硬的肉，适合做碎肉或是拿来炖、煮，此外也适合做牛肉丸。

（2）肩肉：油脂分布适中，但有点硬，肉也有一定厚度，所以能吃出牛肉特有的风味，可做涮牛肉或切成小方块拿来炖，适合炖、烤、焖。

（3）牛脊背的前半段：筋少，肉质极为纤细，是口感最嫩的肉之一，是上等的牛排肉及烧烤肉。

（4）牛脊背的后半段：肉质柔细，肉形良好，故初加工时可切成较为大块的肉用于做牛排，或者切成薄片用于涮牛肉。

（5）腓力、里脊肉：牛肉中肉质最柔软的部分，而且几乎没有油脂，属于高蛋白、低脂肪肉。

（6）臀肉、后臀尖：即牛屁股上的红肉，肉质柔软，口味也佳，适合各式烹煮法，其中做牛排最佳。

（7）肩肉：脂少肉红，肉质硬，但肉味甘甜，胶质含量也高，适合煮汤。

（8）前胸肉：肉虽细，但又厚又硬，可用于烧烤。

（9）后胸肉：即五花肉及牛腩的部分，此部分肉质厚，硬一点，但含油脂多，是牛身上容易形成霜降之处。其前半段部分，肥肉和瘦肉可呈现层层排列状，即"五花肉""三层肉"，后半段则为牛腩。

（10）头刀肉：后腿肉之一，脂肪少，肉粗糙，但容易吸收香辛料的味道，适合经调味烹煮做成冷盘。

（11）和尚头：后腿肉之一，脂肪少，肉柔软，可切薄片烹煮。节食者亦可放心品尝。

（12）银边三叉：后腿肉之一，脂肪少，为牛肉里肉质最粗糙的部分。最好用小火慢慢卤或炖，煮久一点后，再切成薄肉吃。

（13）步腱子：油脂虽少，但经小火慢炖后，能呈现出柔细的口感，很适合拿来炖、煮或入汤。

（三）家畜肉与野畜肉的对比

野畜的组织结构与家畜相同，但因生活方式和行为活动与家畜不同而产生独特的肉质特点。由于易受惊、到处觅食、善奔跑、跳跃和行走，所以野畜肌肉组织发达结实，且肌肉纤维较粗，结缔组织多而硬，脂肪组织特别是肌间脂肪含量少。

（四）家禽肉与野禽肉的对比

由于大多数野禽主要做飞翔运动，且活动能力强，所以野禽一般体形较小，胸肌较丰满，为肌肉的主要来源部分，肌纤维细，红肌含量较多，肌肉颜色较深，脂肪含量低，肌间脂肪也少，皮肤与肉连接疏松，易剥离。

（五）畜禽类副产品的组织结构

畜禽类副产品主要包括畜禽的肝、肾、心、胃、肠、舌、脑、蛋等。这些副产品具有自身的营养价值及特殊的风味，可制作成不同菜肴。由于这些副产品的结构特点不同，因此在烹饪中要根据其自身特点采取不同的烹调方法。

（1）肝。肝的最基本构成和功能单位为肝小叶，无数肝小叶组成了肝实质，其表面覆盖着结缔组织形成的浆膜。肝细胞胞质丰富，含水量很高，而连接肝细胞的结缔组织少而弱，因此其质感多汁柔嫩，软塌不易成形。畜类和禽类的肝结构相似，但是禽类的肝脏质地更细嫩。

（2）肾。畜类的肾表面有纤维质的被膜，加工时应首先去除。肾实质由皮质和髓质两部分构成。肾皮质位于表层，呈浅红色至红褐色，由排列紧密的实质细胞构成，为主要食用部分。肾髓质位于皮层深部，呈白色，致密有条纹，是由结缔组织形成的大小管道系统，是尿液形成的地方，加工时要去净。

（3）心。畜类的心脏由心肌构成，心肌的肌膜薄而不明显，肌间脂肪少，所以肉质细嫩而柔软。

（4）胃。胃俗称肚子，畜类的胃一般分为单室胃和复室胃。

猪、马、狗、兔等大多数哺乳动物只有一个胃囊，称为"单室胃"，它呈扁平囊状，分贲门、胃体和幽门三个部分。胃壁从内到外分别由黏膜、黏膜下层、肌层、浆膜等构成。肌层分为三层：内层肌肉斜行，分布于胃的前后壁；中间层肌肉围绕胃的纵轴成环形排列，遍布胃；外层肌肉纵行排列，分布在胃的大弯和小弯处。

牛、羊等反刍动物具有多室胃，包括瘤胃、网胃、瓣胃和皱胃。前三个胃是食道的变形体，皱胃是胃本体。胃壁结构与单室胃相似，只是肌肉分环形和纵行两层。

禽类的胃一般分为腺胃和肌胃两部分，肌胃的主要结构有两层，外层为强大的肌肉层，由环形排列的平滑肌构成，肌肉坚实发达；内层为肫皮，是由肌胃黏膜上皮的分泌物与脱落的上皮细胞硬化而成的一层厚而韧的革质层。

（5）肠。畜类肠壁的结构与胃相似，分四层：黏膜、黏膜下层、肌层和浆膜。肌肉分内环形和外纵行两层。肠分大肠和小肠。大肠分结肠、盲肠和直肠，管径较粗，内表面光滑无绒毛。其中结肠肌肉厚实，结缔组织较多，内外两面有大量脂肪，是烹饪应用的主要部位。小肠细长，黏膜内表面有许多丝状突起，脂肪较少，结缔组织多，有较强的韧性。

禽类的肠与畜类的一样分小肠和大肠，其组织结构也与畜类相似，但一般较短，肌肉层较薄，特别脆嫩。

（6）舌。舌是一个肌肉质的器官，其肌肉属于骨骼肌，它分为舌尖、舌体和舌根三个部分。舌肉质坚实、无骨、无筋膜、韧带与结缔组织少、肉质细嫩。

（7）脑。脑分为左右两个半球，外层为大脑皮质，里层为髓质，由各种神经细胞和神经纤维构成。

（8）蛋。蛋由壳外膜、蛋壳，蛋白膜、壳内膜、气室、蛋黄和蛋清构成。

①壳外膜：壳外膜是蛋壳表面的一层无定形可溶性胶体，可以保护蛋不受微生物入侵，防止蛋内水分蒸发和二氧化碳逸出而起保护的作用。蛋壳外膜的成分为黏蛋白质，易脱落，特别是在水洗的情况下更易消失，故可据此判断蛋的新鲜度。

②蛋壳：蛋壳是包裹在蛋内容物外面的一层硬壳，具有固定禽蛋形状并保护蛋白、蛋黄的作用。蛋壳的纵轴较横轴耐压，因此在储存或运输时应以竖放为宜；蛋壳具有透视性，故在灯光下可以观察蛋的内部状况；蛋壳表面有许多肉眼看不见的小气孔且分布不均匀，大头的气孔比小头的多，这些气孔是蛋本身进行蛋内气体代谢的通道，故为了保持蛋的新鲜，存放时应小头在下，大头在上。但若壳外膜脱落，细菌、霉菌均可通过气孔侵入蛋内，造成鲜蛋腐败或质量下降。

③蛋白膜、壳内膜：刚生下的蛋的蛋白膜和壳内膜紧密结合，合称为"壳下膜"，是一种能透水和空气的紧密而有弹性的薄膜，两层膜在蛋的钝端分离形成气室。

④气室：蛋的气室总在蛋的大头，这与蛋壳的结构有关，由于大头的蛋壳比较薄，空气容易进行流通。同时，刚生下来的蛋是热乎乎的，慢慢才会降温，在这个从热到凉的过程中，蛋热胀冷缩，形成了气室。一般情况下，蛋气室的大小是判断蛋新鲜与否的标准：没有气室说明这个蛋很新鲜或者说明是刚下的蛋；气室越大，说明蛋放置的时间越长，越不新鲜。一般蛋放置30天左右，气室的体积占蛋的1/3。

⑤蛋黄和蛋清：蛋黄是蛋中最有营养的部分，禽蛋孵化时，蛋清中的营养成分可通过蛋黄膜透入蛋黄内，以供胚胎发育。蛋黄一侧表面的中心有一个 2～3 毫米的白点，即胚盘。

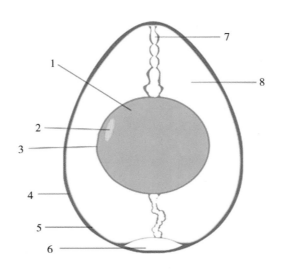

禽蛋的结构图

1：卵黄　2：胎盘　3：卵黄膜　4：卵壳
5：壳膜　6：气室　7：系带　8：卵白

三、畜禽的营养价值

（一）畜禽的营养价值

（1）碳水化合物。畜禽原料缺乏碳水化合物，只有少量的糖原以肝糖原和肌糖原的形式存在于肝脏和肌肉组织中。

（2）脂类。在畜肉中，常见畜类的脂肪含量对比为：猪肉 > 羊肉 > 兔肉 > 牛肉。在禽肉中，常见禽类的脂肪含量对比为：鸭肉、鹅肉 > 鸡肉、鸽肉 > 火鸡肉、鹌鹑肉。心、肾等内脏器官的脂肪含量比较低，而有些器官的脂肪含量却比较高，如猪舌。

一般情况下，畜类内脏器官中的胆固醇含量高于肌肉组织，特别是大脑组织中的胆固醇含量相当高；肝脏中的胆固醇含量也比较高；其他组织中的胆固醇含量都不高，特别是肌肉组织。

动物脂肪多为饱和脂肪酸，除猪油具有较高的营养价值外，牛、羊油脂的熔点较高，不利于人体吸收，其所含有的必需脂肪酸明显低于植物油脂，因此营养价值低于植物油脂。在动物脂肪中，禽类脂肪所含必需脂肪酸的量高于家畜脂肪；在家畜脂肪中，猪脂肪的必需脂肪酸含量又高于牛、羊等反刍动物的脂肪。总的来说，禽类脂肪的营养价值高于畜类脂肪。

（3）蛋白质。畜禽肉的蛋白质营养价值高，且大多属于完全蛋白质，是利用率很高的优良蛋白质。具体含量因动物的种类、年龄、肥瘦程度以及部位而异。在畜肉中，常见畜类的蛋白质含量对比为：牛肉＞兔肉、马肉、鹿肉、骆驼肉＞狗肉＞羊肉＞猪肉；在禽肉中，常见畜类的蛋白质含量对比为：鸡肉、鹌鹑肉＞鹅肉＞鸭肉。一般来说，心、肝、肾等内脏器官的蛋白质含量较高，而脂肪含量较低。

（4）维生素。畜禽肉可提供多种维生素，主要以 B 族维生素和维生素 A 为主。内脏含量比肌肉中多，其中肝脏的含量最为丰富，特别富含维生素 A 和维生素 B_2。牛肝和羊肝中维生素 A 的含量最高，维生素 B_2 含量则以猪肝中最丰富。在禽肉中还含有较多的维生素 E。

（5）矿物质。瘦肉中矿物质的含量高于肥肉，而内脏高于瘦肉。禽畜肉中的铁主要以血红素的形式存在，消化吸收率很高，铁含量以猪肝、鸭肝最为丰富。在内脏中还含有丰富的锌和硒，以猪肝、牛肝含量较高。此外，畜禽肉还含有较多的磷、硫、钾、钠、铜等。钙主要集中在骨骼中，含量虽然不高，但吸收利用率很高。

（6）含氮浸出物。含氮浸出物为非蛋白质的含氮物质，如游离氨基酸、磷酸肌酸、核苷酸类、肌苷及尿素等。禽肉中的含氮浸出物比畜类原料多，因而禽肉炖出的汤也更鲜。老年的肉比幼年的肉的含氮浸出物含量高；野生的肉比家养的肉的含氮浸出物的含量高，但有时反而会因此产生一种强烈的刺激味，失去了鲜美的滋味。

（二）畜禽副产品的营养价值

畜禽副产品有其自身特殊的营养价值，其中较为突出的是肝脏，维生素 A 含量相当丰富，例如羊肝、牛肝、猪肝是常见食物中维生素 A 含量最高的三种。另外，畜禽副产品的矿物质含量也很高，例如猪肝、牛肝、猪肺、牛心等钙、磷、铁含量均较高。有些畜禽副产品的蛋白质含量也很高，例如鸡蛋、猪腰等。

四、畜禽的品质检验与贮藏保鲜

（一）畜禽的品质检验

畜禽的新鲜度检验可以从感官性能、腐败分解产物的数量及特性、细菌污染的程度等几方面进行，在烹饪应用中最常用的是感官检验。

1. 畜类的品质检验

（1）畜肉的感官检验指标：包括颜色、持水性、弹性、嫩度、气味等。畜肉质量的感官指标，是确定畜肉品质的依据。

① 颜色。畜肉的肉色，是指人通过视觉判断的肌肉组织的颜色。畜肉的颜色均为红色，仅色调有所差异。它是由肌肉组织中的肌浆含有的肌红蛋白和毛细血管中红细胞内血红蛋白的多少决定的。牛、羊肉一般比猪肉颜色深，公畜肉比母畜肉颜色深，年老的肉比年幼的肉颜色深。

② 持水性。畜肉的持水性，是指在肉上施加任何外力时肉品对固有水分和添加水分的保持能力。它对肉品的嫩度有很大的影响，持水量的高低会直接影响肉的品质。不同动物的持水性不一样，如牛肉的持水性小于猪肉，羊肉的持水性小于牛肉，而兔肉的持水性最好。冷冻的肉解冻后持水性较低。肉的 pH 值等于 5.8 时，持水性较大；pH 值低于 5.5 时，持水性较低，发生滴水现象。

③ 弹性。畜肉的弹性，是指肉在施加压力时缩小，除去压力时恢复原有程度的能力。牛肉的结构结实，弹性高；羊肉的结构紧实，弹性中等；猪肉的结构柔软，弹性相对较低。

④嫩度。畜肉的嫩度，是指肉在被人咀嚼时对破碎的抵抗力。

⑤气味。畜肉的气味，是指通过味觉判断肉品中可挥发物质的个别属性。一般来说，牛肉、猪肉没有气味，羊肉有特殊的膻味，狗肉、性成熟的公牲畜肉有特殊的气味。肉腐败后产生臭味、酸败味。

（2）畜肉新鲜度的感官检验。

①新鲜肉。肌肉有光泽，红色均匀，脂肪洁白，外表微干或微湿润，不粘手，手指按压后凹陷立即恢复，具有鲜肉的正常气味，肉汤透明澄清，脂肪团聚于表面，具有香味。

②次鲜肉。肌肉色稍暗，脂肪缺乏光泽，外表略湿润，稍粘手，手指按压后凹陷恢复慢，且不能完全恢复，略有氨味或酸味，肉汤稍浑浊，脂肪滴浮于表面，无鲜味。

③变质肉。肌肉无光泽，脂肪呈灰绿色，外表湿润粘手，手指按压后凹陷不能恢复，且有明显痕迹，肉汤浑浊，有絮状物，并带臭味。

2. 禽类的品质检验

（1）活禽的感官检验指标。

①是否背毛松乱，动作迟缓，离群。

②抓住禽两翅根部，注意其叫声有无异常，挣扎时是否有力。

③眼球是饱满、平坦还是凹陷。

④眼睛、口腔、鼻孔有无异常分泌物。

⑤胸部和腿部肌肉是否丰满，羽毛是否清洁有光泽。

⑥肛门周围有无粪便污染。

（2）光禽的感官检验。新鲜的光禽眼球饱满，充满整个眼窝，有光泽，皮肤有光泽，表面微干，不粘手，肌肉结实有弹性，指压后凹陷立即恢复，脂肪色白略带黄色，无异味，具有禽类的正常气味，肉汤清澈透明，表面有大的脂肪聚集，气味芳香。

（二）畜禽的贮藏保鲜

畜禽肉贮藏的常用方法有加热保藏、低温保藏、腌制、脱水干制、加防腐剂、射线照射、气调保藏等，目前最常用的方法是低温保藏法。

低温保藏法主要包括冷却保藏及冻藏保藏。冷却主要是使肉的中心温度从宰杀后的37℃～39℃迅速冷却至0℃～4℃，这种方法使得肉的微生物增殖较少，干耗较少，因而质量相对较好，但这种方法容易引起肉质变硬，给烹调加工带来一定的影响。肉冷却后如果不能及时使用，应进行冷藏从而达到短期贮藏，温度应该保持在－1℃～1℃，冷却肉的冷藏只能是短期贮藏，如果贮藏时间过长，肉会发生腐败变质。如果要长期贮藏肉类，就需要对肉进行冻结，使肉中大部分水分形成冰结晶，然后在低温下冷藏。可将肉类先经过冷却再冻结，也可宰杀后直接冻结。冻结肉在冻藏期间会发生一系列的质量变化，为了尽量减少其变化，传统冻藏温度一般保持在－20℃～18℃，目前世界各国的冻藏温度普遍趋向低温化，基本保持在－30℃～28℃。

五、畜禽的烹饪应用

畜禽类原料在烹饪中应用十分广泛，可作为主料，独立成菜，凸显自身的风味特点；也可以作配料，并适合和多种蔬菜一起烹制。畜禽肉适应于潮菜的多种烹调技法。但由于畜禽肉的种类、品种、年龄及部位的不同，其肉质的老嫩有很大的差异，因此在菜品制作时，可以根据不同的肉质，采用不同的烹制手段，扬长避短，烹制出风味各异的菜肴。

第二节　畜禽原料种类

一、畜类原料

畜类原料是指可供烹饪应用的哺乳动物类及其制品的总称。畜类的肉多呈红色，肉质或细嫩或老韧，脂肪含量或高或低，或有膻味或有特殊香味，因品种的不同而各有特点，畜类制品和畜类副产品也因制作方法不同而各具特色。人类对畜类原料的认识和应用具有悠久的历史，能够根据各种畜类原料的特点采用不同的烹制手法，制作出来的菜肴往往具有地方特色。

畜类原料包括家畜类原料及畜类原料制品。在中餐烹饪中，应用最多的畜类原料是猪肉，其次是羊肉和牛肉等；而西餐烹饪中应用最多的则是牛肉，其次是羊肉和猪肉。

（一）常见的家畜种类

家畜是指为满足人类各种需求经过长期驯化而成的哺乳动物，主要种类有猪、牛、羊、兔等。家畜的肉是人们日常饮食中经常食用的肉类食品，其肉多呈红色，肉质细嫩、水分充足、含有一定量脂肪，因品种不同而各具风味。

1. 猪

（1）别名：豕、豚、豨等。

（2）物种概述：猪（*Sus scrofa*）为哺乳纲偶蹄目猪科动物。根据年龄不同，猪可分为成年猪和乳猪。成年猪即育龄为 1～2 年的猪，肉质细嫩，呈淡红色；乳猪即未断奶的小猪，以出生一个月左右为佳，肉质细嫩，水分充足，是高档的烹饪原料。优质猪肉外表微干或微湿润且不粘手，肌肉有光泽呈淡红色，脂肪洁白且分布均匀，煮熟后呈灰白色，肉质柔软，有鲜肉的正常气味，指压后凹陷恢复较快。

猪的品种繁多，全世界有 300 多种。我国特有的品种有浙江金华猪、广东梅花猪、四川荣昌猪、湖南宁乡猪、广东饶平乌猪等，国外的优良品种有美国的杜洛克猪、英国的大约克猪、俄罗斯的大白猪等。

（3）营养价值：猪肉营养价值较高，蛋白质、脂肪含量高。此外，猪肉还含有铁、维生素 B_1、维生素 B_2 等。

（4）烹饪应用：猪肉是潮菜烹饪中应用最多的畜类原料，适合于烧、炒、炖、焖等多种烹调方法，可用于烹制主菜、冷盘、汤羹、火锅、小菜，可作为制作包子、饺子等的馅料，可用于炒饭、炒面等，也可以制成粽子、春卷等小吃。此外，还可以用于制作腌制品，如中式火腿、腊肉、酒糟肉等。代表菜品有白灼黑猪肉、糖醋排骨、红烧肉、回锅肉等。

饶平乌猪

2. 牛

（1）别名：土畜、大武（古代）等。

（2）物种概述：牛（*Boviene*）为哺乳纲偶蹄目牛科牛属和水牛属动物的总称。牛肉颜色较深，蛋白质含量高，而脂肪含量低，味道鲜美，享有"肉中骄子"的美称。然而，牛肉有膻味，牛肉加工后肉质常会变得老韧，使得其使用受到一定限制。

牛的常见种类有黄牛、水牛、牦牛等。黄牛肉肌肉呈红色或暗红色、脂肪呈黄色、肌纤维细、口感细嫩有弹性、香味浓郁。水牛肉肌肉呈暗红色、脂肪呈白色、有水牛肉特有的香味，但具有一定的腥味。牦牛肉肌肉呈深鲜红色、肌纤维细致、质感细嫩、脂肪较少、味道鲜美且微带酸味。这三种牛肉中牦牛肉质量最好，水牛肉最差。

根据年龄的不同，牛可分为小奶牛、小牛和成年牛。小奶牛即出生两个月以内的牛犊，肉质极嫩，脂肪少，水分充足，在西餐烹饪中被认为是牛肉中的上品；小牛即年龄为 3 ~ 12 月的牛仔，肉质细嫩，瘦肉呈淡粉红色，脂肪少，水分充足，膻味小；成年牛以 3 岁左右的肉质为佳，其肉质紧实细嫩，脂肪含量低。

根据用途不同，牛可分为役用牛、肉用牛、乳用牛和兼用牛。肉用牛的品种较少，全世界仅有 40 多种，我国著名的品种有内蒙古牛、陕西秦川牛、山东鲁西牛等，外国的著名品种有英国的海福特牛和安格斯牛、法国的夏洛莱牛和利木赞牛、日本和牛等。

（3）营养价值：牛肉含有丰富的蛋白质、氨基酸等，比猪肉更接近人体需要，脂肪含量比猪肉少。此外，牛肉中还含有一定量的维生素 B_6、钾、卡尼汀和肌氨酸等物质。

（4）烹饪应用：潮菜烹饪中对牛的应用不及猪肉，但有许多特别用法，如手打牛肉丸、牛杂粿条等。由于牛肉有膻味，潮菜烹调时常加南姜等香辛料加以调味。代表菜品有牛肉丸、牛肉火锅等。

黄牛 水牛

3. 羊

（1）别名：胡髯郎、叱石、嵩山君等。

（2）物种概述：羊（*Caprinae*）为哺乳纲偶蹄目牛科羊属和山羊属动物的总称。羊肉肉质细嫩，有特殊风味。羊通常分为成年羊和羊羔，成年羊即育龄1年以上的羊，其肉质细嫩，肌间脂肪多，膻味小；羊羔即出生4～5个月的羔羊，其肉质极细嫩，风味独特，食用品质最佳。

羊常见的种类主要是绵羊和山羊。根据用途不同，羊可分为皮毛用羊、肉用羊、奶用羊和兼用羊。优质的肉用羊品种有原产于南非的波尔山羊、中国四川的南江黄羊和成都麻羊等。

（3）营养价值：羊肉蛋白质含量比猪肉多，脂肪含量比猪肉少。另外，羊肉中维生素 B_1、维生素 B_2、维生素 B_6、铁、锌、硒的含量较丰富。

（4）烹饪应用：羊肉是潮菜烹饪中的重要原料之一，既可以整形或分段分片烤制，制作烤全羊、炭烤羊排等菜式，又可以加工成块、条、粒、片等多种形态，适合炸、烤、扒、涮、烧、焖等烹调方法。代表菜品有涮羊肉、酱爆羊肉等。

4. 狗

（1）别名：犬。

（2）物种概述：狗（*Canis lupus familiaris*）是哺乳纲食肉目犬科犬属动物。狗肉呈暗红色，肌肉坚实，肌纤维细嫩，脂肪含量低，有膻味。

按使用途径，狗可分为牧羊犬、猎犬、观赏犬和皮肉用犬等类型，其中，皮肉用犬多作为烹饪原料使用，国内尤以广西和广东最多。由于饮食文化和法律法规等问题，欧美国家几乎不食用狗肉。

（3）营养价值：狗肉蛋白质含量高且球蛋白比例大，还含有钾、钙、磷、钠及多种维生素等。有研究发现狗肉中含有少量稀有元素，对治疗心脑缺血性疾病、调整高血压有一定益处。

（4）烹饪应用：由于狗肉具有浓厚的腥味，烹调前必须腌渍或在清水中浸泡数个小时，再加入姜、葱等香辛料和料酒煮制去腥后，才可以烹制菜肴。

狗肉为中餐烹饪中特有的肉类原料,以广东、广西、贵州和吉林等地区最为常见。狗肉可以运用卤、煮、焖等烹调方法制作成汤类,如狗肉汤,也可以运用烧、炒、爆等方法制成菜肴。代表菜品有五香狗肉、狗肉火锅等。

5. 兔

(1)别名:兔子。

(2)物种概述:兔(*Leporidae*)为哺乳纲兔形目兔科动物总称。兔肉呈淡红色,肉质细嫩,肌间脂肪少,有淡淡的草腥味。根据使用途径的不同,兔可分为肉用兔、皮用兔、毛用兔和皮肉兼用兔等。著名的肉用兔品种有中国白兔、比利时兔、新西兰兔和加利福尼亚兔等。优质兔肉肌纤维细软、结缔组织少、肉质柔软、风味清淡。

(3)营养价值:兔肉属于高蛋白质、低脂肪的肉类,且消化率高,可达85%,有"荤中之素"之称。

(4)烹饪应用:生长期一年以内的仔兔肉质细嫩,适合爆、炒、炸等快速成菜的烹调方法;生长期一年以上的成年兔肉质较老,适合炖、焖、煮等长时间加热的烹调方法。代表菜品有熘兔丝、茄汁兔丁、红烧兔等。

(二)畜类副产品

畜类副产品是指畜类除胴体外的一切可食用部分,包括肝、肾、胃、肠、肺、心、舌、皮、血、鞭、乳等。动物的内脏器官又俗称为"下水"。

畜类的副产品与畜肉相比风味独特,营养丰富。不同畜类动物的副产品的品质、大小和风味也各不相同。副产品的烹调,往往也因其不同的特点而采取不同的方法。

(1)肝。肝即畜类动物的消化腺,也是畜类动物体内主要的解毒器官,新鲜时呈红褐色,色泽光亮,柔软富有弹性。中餐烹调中应用最多的是猪肝。

(2)肾。肾即畜类动物的排泄器官,在动物的体内成对出现,呈腰果形,故俗称"腰子",新鲜时呈红褐色,质感柔软有弹性。中餐烹调中应用最多的是猪肾和兔肾。其中兔肾体积较小,膻味较轻。

(3)胃。胃即畜类动物的消化道的扩大部分,不同动物种类的胃在外形和结构上都有所差异。中餐烹饪中应用最多的是猪胃和牛胃。猪胃,俗称"猪肚",胃体大,呈椭圆形囊状,新鲜时呈红褐色。牛胃也称"牛肚",有四个胃室,前三个胃为牛食道的变异,即瘤胃(又称"毛肚")、网胃(又称"蜂巢、麻肚")、瓣胃(又称"重瓣、百叶"),最后一个为真胃(又称"皱胃")。瘤胃肉厚而韧,俗称"肚领、肚尖、肚头",瘤胃和网胃均可生切片涮吃。瓣胃又称为"牛百叶",新鲜的牛百叶呈深褐色,质感细腻,其黏膜呈突起的片状,并生有短小细腻的柔毛,故称"百叶肚"。瓣胃与真胃大都切丝用。牛肚中运用最广的为瘤胃和瓣胃。

（4）肠。肠是畜类动物体内的消化管，是消化管中最长的一段，包括小肠、大肠和直肠三部分。中餐烹饪中常用的是猪肠。新鲜的猪肠为淡红色，手感柔软，呈长条状但松软缺乏韧性。

（5）肺。肺即畜类动物的呼吸器官，在体内有左右两个。中餐烹饪中应用最多的是猪肺。猪肺呈海绵状，颜色粉红或者淡红，手感软滑富有弹性。

（6）心。心即畜类动物体内促进血液循环的器官。中餐烹饪中应用最多的是猪心。猪心呈梨状，深红色，表面有一环状沟。

（7）舌。舌即畜类动物的舌头，表面有灰白色包膜覆盖，平滑无光泽，质感柔软有弹性。中餐烹饪中常用猪舌，西餐烹饪中则常用牛舌。

（8）皮。皮即畜类动物的皮肤，包括表皮、真皮和皮下脂肪，烹饪中主要应用真皮部分。中餐烹饪中常用猪皮。新鲜的猪皮呈淡红色，色泽好，富有弹性。

（9）血。血即由畜类动物的血液凝结而成的块状物。形似豆腐，比豆腐坚硬，新鲜时呈暗红色或深红色。中餐烹饪中常用的有猪血。

（10）鞭。鞭即雄性畜类动物的外生殖器官，一般呈长条状，表面覆盖有很厚的白膜，手感坚韧，带有臊味。

（11）乳。乳是雌性畜类动物的乳腺分泌出的一种白色或带微黄色的液体。动物乳富含营养物质和独特的风味，是西餐制作中重要的原料之一，常用的有牛乳、羊乳和马乳等。较之西餐，中餐中对动物乳的应用较少，但在少数民族地区，人们擅长利用动物乳制作各种独具特色的副食品。

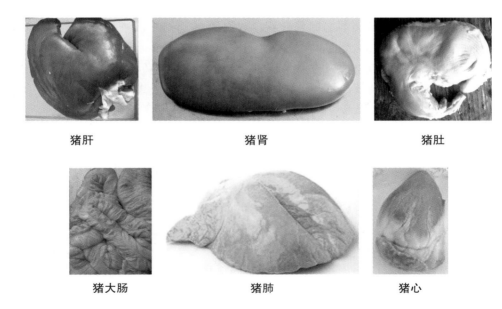

猪肝　　　　　　　　　猪肾　　　　　　　　　猪肚

猪大肠　　　　　　　　猪肺　　　　　　　　　猪心

| 猪舌 | 猪皮 | 猪血 |

二、禽类原料

禽类原料是指可供食用的人工饲养的家禽及其制品。禽类动物体形比畜类动物小，但由于多奔走或飞翔，胸肌和腿肌发达，肉质细嫩，为烹饪中应用最多的部位。禽类皮肤较薄，皮下和体腔内多脂肪，肉质比畜类原料的细嫩，没有膻味。

中餐烹饪中应用最多的禽类原料是鸡、鸭、鹅等，西餐烹饪中应用最多的是鸡、鹅、鸽、鹌鹑等。此外，中餐擅长根据不同禽类原料的特点采用不同的烹调方法，制作出颇具地方特色的菜肴，如广东潮汕地区利用当地特有狮头鹅制作的卤水鹅，北京、天津等地区的烤鸭等。

（一）常见的家禽种类

家禽是指为了满足人类各种需求经长期驯化而成的鸟类动物，主要品种有鸡、鸭、鹅、鸽和鹌鹑等。在漫长的驯化历史中，形成了许多新的优良品种。随着饲养业的不断发展，家禽占动物性原料的比例也不断增大。家禽肉呈红色，肉质细嫩鲜美，芳香，无膻味，是中餐和西餐烹饪中使用最多的原料之一。

1. 鸡

（1）别名：兑禽。

（2）物种概述：鸡（*Gallus domestiaus*）为鸟纲鸡形目雉科原鸡属动物。鸡肉硬度较低，味道鲜美。优质鸡的肌肉结实有弹性、肌纤维细软、结缔组织少、肉质细嫩、香气浓郁。

鸡可分为四类：肉用鸡，国外优良品种有美国白洛克鸡、英国白科尼什鸡，国内优良品种有山东九斤黄、江苏南通狼山鸡、广东清远鸡、海南文昌鸡；蛋用鸡，国外优良品种有意大利来航鸡和美国新汉夏鸡；肉蛋兼用鸡，国外优良品种有美国洛岛红鸡，国内优良品种有上海浦东鸡、辽宁大骨鸡、山东寿光鸡、浙江萧山鸡、河南桃源鸡与固始鸡；药食兼用鸡，优良品种有江西泰和乌骨鸡。

（3）营养价值：鸡肉蛋白质含量较高，且易被人体吸收利用。此外，鸡肉还含有脂肪、钙、磷、铁、镁、钾、钠、维生素 A、维生素 B_1、维生素 B_2、维生素 C、维生素 E 和烟酸等成分。

（4）烹饪应用：鸡在潮菜烹饪中应用广泛，可整只入菜，尤其是年龄在 1 年以下的仔鸡，常见菜肴如白切鸡、盐焗鸡、人参炖鸡等。烹饪时根据部位不同采用不同的烹调方法，鸡胸肉和里脊肉是整只鸡中最鲜嫩的部位，适合煎、扒、炸等烹调方法；鸡腿肉和鸡翅肉肉质较鸡胸肉老韧，可整只烤、炸、煎等，也可切块、片、粒作为鸡胸肉的替代品，或制作鸡肉卷等冷菜；鸡骨头在中式烹饪中可以与牛骨、羊骨一起熬制高汤。

大骨鸡

2. 鹅

（1）别名：农雁、家雁、舒雁等。

（2）物种概述：鹅（*Anser cygnoides*）为鸟纲雁形目鸭科鹅属动物。与鸡肉、鸭肉相比，鹅肉肉质较粗韧，且带有腥味，但仍比畜类原料细嫩。优质鹅的肌肉结实有弹性、呈红色且有光泽、肉质细嫩、香气浓郁。

鹅可分为肉用鹅、蛋用鹅和肉蛋兼用鹅，我国著名的肉用鹅有广东饶平狮头鹅和湖南溆浦鹅等，其中狮头鹅属于大型鹅类，体重最重能达 15 千克，以其为原料制作的卤水鹅是潮菜名品，也是卤水菜的精品。著名的蛋用鹅主要有烟台五龙鹅。著名的肉蛋兼用鹅有江苏太湖鹅、浙江奉化鹅、广东清远鹅和江西兴国灰鹅等。

（3）营养价值：鹅肉含一定的蛋白质和脂肪，富含人体必需的多种氨基酸、多种维生素及矿物质。

（4）烹饪应用：鹅可整只入菜，或剔骨后取肉，或直接取用鹅掌或鹅翅。中餐烹调中鹅多以整只烹制，代表菜式有脆皮鹅、卤鹅、烤鹅等，较嫩的仔鹅和鹅胸肉等较嫩的部位也可加工成块、片、丁、丝等形状，适合炒、炸、爆、烩、烤、煎等多种烹调方法。代表菜品有潮汕的卤鹅。

饶平狮头鹅

3. 鸭

（1）别名：鸭子、真鸭等。

（2）物种概述：鸭（*Anatinae*）为鸟纲雁形目鸭科鸭亚科动物的总称。优质鸭肉呈红色且有光泽，肌肉结实有弹性，肥而不腻，肉质细嫩，香气浓郁，脂香味浓。

根据生活方式不同，鸭可分为钻水鸭、潜水鸭和栖鸭三个主要类群。根据使用途径不同，鸭又可分为肉用鸭、蛋用鸭和肉蛋兼用鸭。比较著名的国外品种有作为肉用鸭的法国番鸭和奥白星鸭，其中番鸭更是因其具有野禽风味广受好评。我国最著名的肉用鸭是北京鸭，以其为原料制作的北京烤鸭名扬四海。此外还有作为蛋用鸭的福建龙溪金定鸭、浙江萧山绍兴鸭，作为肉蛋兼用鸭的苏州娄门鸭、江苏高邮麻鸭和湖南临武鸭等。

（3）营养价值：鸭肉中含有丰富的蛋白质，而且消化率较高，脂肪含量较为适中，含有不饱和脂肪酸和短链饱和脂肪酸，熔点低，消化吸收率也比较高。另外，鸭肉中含有较为丰富的烟酸等 B 族维生素和维生素 E。

（4）烹饪应用：鸭既可整只入菜，如广式烧鸭、白切鸭、北京烤鸭、柠檬鸭等，又可以切块或取最细嫩的鸭胸肉以炒、爆、烧等烹调方法制作菜肴，如姜爆鸭丝、山芹鸭丝等。西餐烹饪中尤其喜爱以鸭胸肉入菜，如橙汁鸭胸、红酒脆皮鸭胸。此外，老鸭也常用于熬制高汤。代表菜品有虫草老鸭汤、水鸭冬瓜汤、柠檬鸭等。

北京鸭

4. 鸽

（1）别名：粉鸟、鸽子等。

（2）物种概述：鸽（*Columba*）为鸟纲鸽形目鸠鸽科鸽属动物。根据使用途径的不同，鸽一般分为观赏鸽、信鸽和肉鸽（乳鸽）等。鸽肉脂肪少，肉质极其细嫩，滋味鲜而浓，香气重。肉鸽的品种繁多，国外主要有美国王鸽和法国地鸽。国内的肉鸽养殖已经形成规模，主要分布在广东、广西、江苏、浙江等地区。

（3）营养价值：肉鸽蛋白质含量高、脂肪含量低，且所含维生素和矿物质也较为均衡。

（4）烹饪应用：肉鸽是潮菜烹饪中的高档禽类原料，常出现于宴会和宴席中。肉鸽既可整只入菜，如脆皮乳鸽，又可切成块、片、丁、丝等形状，适合烤、煎、炒等烹调方法。此外，肉鸽还有较高的药用价值，也用于药膳的制作。肉鸽的代表菜品有烤乳鸽、清炖鸽子汤等。

乳鸽

5. 山鸡

（1）别名：野鸡、雉鸡等。

（2）物种概述：山鸡（*Lophura swinhoii*）跟家鸡一样同属鸡形目雉科。山鸡是最常见的野味之一，肉质细嫩，持水性强，冬季肉质最为肥嫩鲜美。山鸡的品种有很多，除野生外，我国山鸡的人工饲养也已经达到了一定规模。

在我国分布最广、数量最多的品种是环颈雉。我国是世界上山鸡的主要产区，欧美很多国家也从我国引种。

（3）营养价值：山鸡富含蛋白质，脂肪含量较家鸡低，钙、磷、铁含量在一般情况下较家鸡高，锶和钼的含量比家鸡高10%以上。

（4）烹饪应用：山鸡肉可以用于制作冷菜、热菜、汤羹，也可以用于制作小吃、粥类，适合炒、熘、爆、炸等烹调方法。代表菜品有爆炒野鸡肉等。

6. 孔雀

（1）别名：越鸟、南客等。

（2）物种概述：孔雀（Peafowl）为鸟纲鸡形目雉科动物孔雀属的蓝孔雀和绿孔雀的总称。世界上已定名的孔雀仅有蓝孔雀和绿孔雀两种，其他品种如白孔雀和黑孔雀等均为这两个种的变异种。

（3）营养价值：孔雀蛋白质含量高、脂肪及胆固醇含量低，还富含锌、铝、镁、磷、铁、铜、钙等矿物质及多种维生素，其氨基酸模式接近国际粮农组织及世界卫生组织推荐的理想模式。

（4）烹饪应用：孔雀肉质结实有弹性、味道香浓，野味浓烈，多取肉加工成块、片、丁、丝等形状，适合扒、炖、烤、煎、炒等烹调方法，但不宜长时间加热。此外，孔雀因营养价值丰富，也常用于药膳的制作。代表菜品有孔雀汤。

7. 鹌鹑

（1）别名：鹑鸟、宛鹑、奔鹑等。

（2）物种概述：鹌鹑（Coturnix coturnix）为鸟纲鸡形目雉科鹌鹑属动物，是鸡形目中最小的动物。鹌鹑肉质细嫩，比其他家禽更鲜美可口。鹌鹑主要分布在我国的草地和山区，目前我国各地广泛饲养。根据使用途径的不同，鹌鹑可分为蛋用鹌鹑和肉用鹌鹑，主要的肉用鹌鹑有法国巨型肉用鹌鹑、法国法拉安肉用鹌鹑、英国大不列颠肉用鹑、澳大利亚肉鹑等，主要的蛋用鹌鹑有日本鹌鹑、朝鲜鹌鹑和法国鹌鹑等。

（3）营养价值：鹌鹑营养价值高，有"动物人参"的美称。其肉富含蛋白质，一般情况下各种维生素含量均比鸡肉高，胆固醇含量比鸡肉低。

（4）烹饪应用：鹌鹑既适合整只烤制，又适合取肉炒、炸、煎，或作为馅料制作肉卷和馅饼。鹌鹑在潮菜的烹饪中使用较少。代表菜品有脆皮鹌鹑。

（二）禽类副产品

禽类副产品是指除禽类胴体外的一切可食用部分，包括蛋、肝、胃、肠、舌、爪等，其中，肝、肾、胃等内脏器官又称为"禽杂"。

禽类的副产品富含营养，独具风味，采用不同的烹制手法往往能够制作出各具特色的美食，深受人们的喜爱。

（1）蛋。蛋是指卵生动物为繁衍后代排出体外的卵。烹饪中应用最多的有鸡蛋、鸭蛋、鹅蛋、鸽子蛋和鹌鹑蛋。鹅蛋个体最大，可达100克；鹌鹑蛋最小，只有5克左右；鸽子蛋一般为15克，为高档烹饪原料。

（2）肝。禽类动物的肝类似于畜类动物的，质地细嫩。中餐烹饪中使用最多的是鸡肝和鸭肝；西餐烹饪中，尤其在法国等欧洲国家，主要是使用肥鹅肝和肥鸭肝。

（3）胃。禽类动物的胃与畜类动物的胃有所区别，禽类动物的胃由腺胃和肌胃组成，烹饪中主要使用的是肌胃。如鹅胗肉质紧密，有韧性。

（4）肠。禽类动物的肠与畜类的相似，由小肠和大肠组成，但一般较短，肌肉层较薄，韧性强。烹饪中使用最多的是鹅肠和鸭肠。

（5）舌（Tongue）。中餐烹饪中使用最多的是鸭舌，西餐烹饪对禽舌使用较少。

（6）爪。爪为禽类动物的足掌，可食用部分为其真皮层。烹饪中使用最多的是鸡爪和鸭爪，鸭爪还有蹼，为高档烹饪原料。

第三节　畜禽制品

畜禽制品是指以畜禽类动物的肉及副产品为主要原料，通过各种方法加工而成的制品。按加工方法不同可分为乳制品、糟制品、卤制品、肉糜制品、烤制品、腌腊制品、熏制品、干制品和灌肠制品等。中餐、西餐烹饪中大量使用畜禽类制品，中餐烹饪中使用的品种繁多，特点是风味各异，极具地方特色；西餐烹饪中多使用灌肠制品，特点是鲜嫩、香料独特。下面仅介绍潮菜烹饪常见的畜禽制品。

（1）肉丸。肉丸的品种主要有猪肉丸、牛肉丸和鱼肉丸，由于潮汕地区海鲜繁多，也常用虾、蟹等海鲜制作丸子。在潮菜中也有特色丸子制作的菜肴。其中，手锤牛肉丸最为出名，作为潮汕特产远销国内外。

肉丸为圆形，表面质地较粗糙，只有鱼丸表面比较圆润。大小不一，通常牛肉丸会比其他种类的丸子大。肉丸弹性极好，嚼劲十足，口感饱满。

肉丸在烹制前并无复杂的初加工过程，只要清洗干净即可下锅煮。肉丸常作为配料出现，如粿条汤中会加入牛肉丸或猪肉丸。特色丸子如狮子头和夹心丸子也可单独成菜。代表菜品有紫菜肉丸汤。

猪肉丸　　　　　　　　　　　牛肉丸

（2）风干牛肉。风干牛肉即牛肉干，可直接作为零食食用，在烹饪中多用于冷盘的制作和盘饰的点缀。

（3）卤肉。卤肉即潮州卤水中的一种。将猪肉放入调制好的卤水中，旺火烧开后小火熬煮，使卤水渗透到原料中，即成为香浓的肉制品。卤水为潮菜冷菜中首屈一指的代表菜肴，也在潮汕人的日常生活中和各种宴席中扮演着不可或缺的角色。

卤水的制作和食用遍布于整个潮汕地区，无论是家庭自制和小作坊生产，还是酒店制作销售和工厂流水线生产，均能制作出风味各异的卤肉。

制作卤肉多选用猪肉中的肥瘦肉，瘦肉因卤制过程中脱水而口感较差，需要搭配油腻的肥肉补充口感。卤肉可切成片、块等形状后直接作为一道冷菜食用，也可以作为配料起到调整口感和味道的作用。代表菜品有卤水拼盘等。

（4）酒糟肉。酒糟肉为糟制品，是利用红糟等发酵成酵母再将畜类原料放入其中腌制而成的肉类制品。酒糟肉色通红，具有肉香味和酒香味，味道浓郁，回味无穷。酒糟肉作为家常菜广泛分布于全国的客家地区，也包括潮汕地区的饶平北部。酒糟肉的制作方法类似于卤肉，酒糟肉也多被直接作为冷菜食用。

卤肉　　　　　　　　　　　酒糟肉

（5）腊肠。腊肠即灌肠，中式的灌肠是指将畜类的肥瘦肉腌制、切碎，加入调料后灌入猪小肠肠衣中，经进一步制作而得到的肉制品，是一类灌肠制品的总称。此外，将肉类灌入猪膀胱中制得的肉制品称为"香肚"。

腊肠肠衣薄，呈通透的淡黄色，肉馅坚实饱满，瘦肉色泽鲜红，肥肉色泽洁白。潮汕地区的腊肠通常较甜，香味十足，是潮菜中不可或缺的原料，也是潮汕人生活中常常食用的原料。腊肠既可切配后作为冷菜直接食用，又可以作为主料单独成菜，还可以作为配料起到点缀颜色和增加风味的作用。腊肠使用前常需要焯水。代表菜品有西芹炒腊肠。

（6）卤鹅（鸭）。卤鹅（鸭）也称"碌鹅（鸭）"，即潮州卤水中的一种，制作方法类似于卤肉，是把鹅（鸭）肉放入调制好的卤水中，旺火烧开后小火熬煮而成的肉制品。同卤肉相似，卤鹅（鸭）皮、肉色泽较深，皮层弹性十足，肥而不腻，肉质饱满，咸甜味复合，香味浓郁。

由于卤鹅具有油而不腻、口感顺滑、肉质饱满的特点，因而卤鹅比卤鸭更受欢迎。在卤鹅中，尤以潮汕地区特有的大型鹅类狮头鹅制作为佳。狮头鹅主要分布在饶平县浮滨镇和澄海地区。

卤鹅（鸭）肉可切成片、块等形状后直接作为一道冷菜食用，也可以作为配料起到调整口感的作用。代表菜品有卤水拼盘、卤鹅肝等。

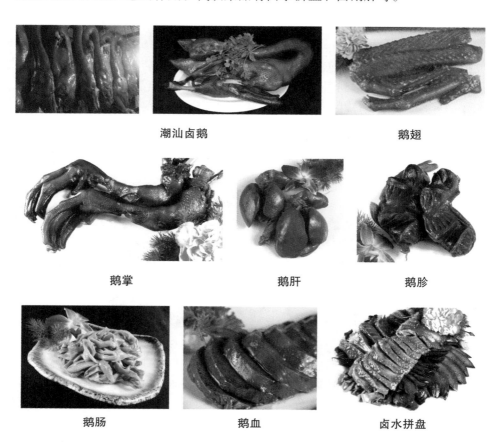

潮汕卤鹅　　　　　　　　鹅翅

鹅掌　　　　　　　鹅肝　　　　　　　鹅胗

鹅肠　　　　　　　鹅血　　　　　　　卤水拼盘

（7）皮蛋。皮蛋又名"松花蛋、变蛋、彩蛋"等，是我国特有的风味制品，已有数百年的生产制作历史。皮蛋是以鸭蛋、鹌鹑蛋为原料，加入盐、茶以及生石灰、草木灰、碳酸钠、氢氧化钠等碱性物质腌制、包泥而成的蛋制品。

根据制作工艺的不同，皮蛋可分为溏心皮蛋和硬心皮蛋，溏心皮蛋即蛋黄呈黏稠状，硬心皮蛋则蛋黄较硬。全国各地均有制作皮蛋，比较出名的品种有江苏的高邮皮蛋、贵州的草堂蛋、湖南的湖彩蛋、四川的永川松花皮蛋、山东的松花彩蛋等。

皮蛋除了直接食用外，主要用于冷盘的制作和菜肴的装饰。此外，皮蛋也用于制作风味粥和药膳。代表菜品有皮蛋瘦肉粥等。

（8）咸蛋。咸蛋又名"盐蛋、腌蛋、咸卵、味蛋"等，是我国特有的风味制品，是以鸡蛋、鸭蛋等为原料，经食盐腌制而成的一种蛋制品。咸蛋蛋白粉嫩雪白，蛋黄鲜红，还会渗出油液，味道极咸。产自江苏的高邮双黄咸蛋驰名海内外，此外，还有湖南益阳的朱砂咸蛋、浙江兰溪的黑桃蛋和河南郸城的唐桥咸蛋等。

咸蛋是潮菜杂咸中的一种，因为味道过咸，常与白粥一起食用。此外，咸蛋也能发挥类似于皮蛋的作用，作为冷盘和菜肴的装饰。

（9）燕窝。燕窝又称"燕菜、燕根"，是雨燕科金丝燕属的燕鸟用分泌出来的唾液和其他物质所筑成的巢穴，为中餐烹饪的珍贵原料。

燕窝呈不规则的半月形，附着于岩石的一面较平，外面稍微隆起，内部较粗糙；颜色多为淡黄色至白色，因燕窝品质不同而有差别。

根据燕窝表面色泽和品种的不同，燕窝可分为白燕、毛燕和血燕。白燕又称"官燕、贡燕、崖燕"，是金丝燕第一次筑的巢，完全由唾液制成，杂质少，外形整齐均匀，色泽洁白，涨发率高，质量最好；毛燕又称"乌燕、灰燕"，为金丝燕第二次筑的巢，唾液较少，夹有羽毛等其他杂质，外形不规则，颜色较灰暗，质量次于白燕；血燕是金丝燕第三次筑的巢，唾液少，杂质多，还带有血丝，整体较小，涨发率低，品质最差。燕窝主要产于我国南海的东沙、西沙和南沙群岛以及东部沿海的广东和福建等地，此外，印度尼西亚、泰国、缅甸和日本也有产出。

燕窝为干制品，需要经过泡发后才能使用，泡发后多以蒸、炖、煨等烹调方法制作汤、羹。燕窝口感软糯柔嫩，但无显味，需要其他配料赋味，咸甜皆可，但不可过重过浓。代表菜品有冰糖炖燕窝等。

白燕

毛燕

冰糖燕窝

思考题

1. 试述高等动物性原料肉的组织结构及理化特性。
2. 畜禽肉的组织有哪些？比较各自的特点。
3. 试述"白肌"和"红肌"的异同点。
4. 试述影响肉嫩度的因素。
5. 我国有哪些优良的鸡种？
6. 畜类有哪些副产品？简述其在潮菜中的应用。
7. 试述燕窝的种类、特点及其品质鉴定方法。

第六章　水产品

教学要求

1. 了解各类水产品原料的组织结构、营养价值、品质检验、贮藏保鲜及其烹饪应用。

2. 了解各类水产品原料加工制品的加工方法。

3. 掌握常用水产品的鲜品、加工制品的肉质和风味特点以及在烹饪中的应用规律。

重点难点

1. 各类水产品原料的形态特点、理化性状、组织结构特点、品质鉴定。

2. 各类水产品原料加工品的制作以及品质鉴定。

3. 各类水产品原料的肉质和风味特点，在潮菜烹饪中的应用规律。

第一节　水产品概述

一、水产品的概念

水产品是海洋和淡水渔业生产的动植物及其制品的总称，包括鱼类、虾类、蟹类、贝类、两栖动物、爬行动物和棘皮动物等，此外还有部分藻类。鲜活的水产品大多肉质细嫩，具有其特有的鲜味，自然死亡后除变酸变臭、品质降低之外，部分品种如中华绒毛蟹会产生有毒物质，不能食用。水产品广泛分布于太平洋、大西洋、印度洋和各国的淡水水系，各海域因气候不同生存着各具特色的品种。我国既有漫长的海岸线，又有纵横交错的江河湖泊，再加上跨越热带、亚热带和温带的气候区，因此才有了水产品种类繁多的面貌。我国是世界上水产品产量最大的国家，也是唯一一个养殖产量超过捕捞产量的国家。

二、水产品的组织结构

（一）鱼类的组织结构

1. 鱼类的组织

（1）肌肉组织。鱼类的肌肉主要由横纹肌组成，分化程度不高，除头部以外，身体两侧的大侧肌呈"Σ"分节状态；肌纤维较短，结合疏松，红肌、白肌区分明显；肌鞘薄而不明显，加热时易溶解。因此，鱼类原料的成形性较低，在烹制时容易松散，难以保形。烹饪中为了保持成菜形状，常以挂糊、拍粉、油炸、气蒸等方法烹制。

从食性来看，肉食性鱼类一般白肌发达而厚实、红肌较少，淡水鱼类表现得更为明显。由于红肌色深，脂肪含量高，会妨碍蛋白质吸水，影响质量，所以红肌含量丰富的鱼类不适合做白色菜肴，也不宜制作鱼蓉。

白肌的结缔组织相对较少，肉质纯度也比较高，便于切割和加工。另外，白肌所含肌红蛋白相对红肌而言少，色白、黏性好，所以是制作鱼丸的上好材料。

（2）脂肪组织。鱼类脂肪含量一般较低，虽然仅占 1% ~ 10%，但在鱼体中分布广泛。有的鱼头部脂肪含量高，如鳙鱼的鱼头是其最味美、嫩滑、丰腴的部位；有的鱼皮下和腹部脂肪含量较高，如南方的大口鲶、鲢鱼；有的鱼肌间脂肪含量很高，如鲲鱼、沙丁鱼、鲱鱼；有的鱼肝脏中脂肪含量很高，如鲨鱼、鳕鱼等，其肝脏均可用来提取鱼肝油。值得注意的是，还有部分鱼类脂肪存在于常被废弃的鳞片下，此类鱼在食用时大可不必去鳞，如鲥鱼、带鱼。

（3）骨组织。鱼类的骨骼由脊柱、头骨和附肢骨所构成。根据鱼类骨骼的性质，可将鱼类分为软骨鱼系和硬骨鱼系。

软骨鱼系的鱼类如鲨鱼、鳐鱼、魟鱼等。一般来说，软骨鱼系的鱼骨骼都由软骨构成，属于透明软骨，含丰富的胶原纤维。起支撑作用的部位由于钙化的原因相对较硬，如脊椎。但头部的颅骨、支鳍骨等未钙化，具有一定的食用价值，通过加工可以成为高档原料，如鱼唇、鱼翅和鱼骨等。

硬骨鱼系较为常见，烹调中常用的鱼类多为硬骨鱼，如青鱼、草鱼、鲢鱼、带鱼、鲳鱼等，其骨骼多为硬骨，除某些酥炸、香煎菜式外，骨骼一般不单独用来制作菜肴。

2. 鱼类的结构

（1）鱼类结构概述。

①鱼的体形。由于不同鱼类所处环境条件和生活习性的不同，在长期适

应和自然选择的影响下，形成了各种不同的体形，主要可分为四种基本体形。

A. 纺锤形。纺锤形是鱼类中最为普遍的体形。鱼体头尾稍尖，呈纺锤形，这种体形能减少水的阻力，加快游泳速度，便于追逐食物和逃离敌害。这类鱼多生活在中上层水中。大部分快速游动的鱼类都属于这种体形，例如鲤鱼、鲫鱼、青鱼、马鲛鱼、鲨鱼、鲐鱼、蓝圆鲹等。

B. 侧扁形。鱼体左右两侧显得极扁，短而高。这类鱼游泳能力稍弱，多生活于水中较安静的中下层，例如银鲳、长春鳊、胭脂鱼等。

C. 平扁形。鱼体腹背扁平。这类鱼多生活于水底，适应于底栖生活，游泳缓慢而迟钝，例如团头鲂、赤魟。

D. 棍棒形。鱼体圆而细长。这类鱼适于穴居或钻入泥沙，游泳较缓慢，例如黄鳝、鳗鲡、海鳗等。

绝大多数鱼可归入这四种体形，但还有一些鱼由于特殊的生活习性而呈现特殊的体形，例如带形的带鱼、球形的河豚、箱形的箱鲀以及海马、海龙、比目鱼等。

②鱼的器官。

A. 头部。从鱼的身体最前端到鳃盖骨的后缘，称为"头部"。鱼的头部有口、触须、眼、鳃等器官。

a. 口。鱼口是消化系统的第一关。口的形状和位置依鱼的食性不同而有多种类型，是区别不同鱼的特征之一。有的鱼口较大，有的鱼口较小，有的鱼口向上翘，有的鱼口居中，有的鱼口偏下。另外，刚死亡的鱼口是紧闭的。因此，根据鱼的口形也可以识别鱼类、鉴定鱼的新鲜度。

软骨鱼的口有多种形状，如鲨鱼的口呈半月形，鳐鱼的口呈裂缝状。硬骨鱼的鱼口的位置大致有三种情况：下颌长于上颌的称为"口上位"，如翘嘴红鲌；上颌长于下颌的称为"口下位"，如鲮；上下颌等长的称为"口前位"或"口端位"，大多数鱼属此类。

b. 触须。触须是鱼类的感觉器官，多生在口部周围，是分类的特征之一。鲤鱼、鲶鱼、鳕鱼、鲱鱼等生有触须。

c. 眼。鱼眼的位置和大小有许多差异，大多数鱼的眼生在头的两侧，但也有生在头部一侧的，如鲆、鲽、鳎；还有生在头部背面的，如鳐鱼、魟鱼等。

d. 鳃。鳃是鱼的呼吸器官，软体鱼鳃裂直接向体外开口，鲨鱼开口于头的两侧，鳐鱼则开口于头部的腹面。硬骨鱼的鳃有鳃盖，鳃盖后方游离处即为鳃孔。鱼鳃是分类的特征之一，但一般情况下无食用价值。

B. 躯干部和尾部。从鱼的鳃盖骨的后缘到肛门的部位，称为"躯干部"。从肛门至尾鳍基的部分，称为"尾部"。这两部分的附属器官主要有鳍、鳞和侧线。

a. 鳍。鳍是鱼类游泳和保持身体平衡的器官。鱼类的鳍有背鳍、胸鳍、腹鳍、臀鳍和尾鳍。其中胸鳍和腹鳍各一对，叫作"偶鳍"；其余三种鳍不成对，叫作"奇鳍"。大多鱼具有上述五种鳍，但也有例外，如黄鳝无偶鳍、电鳗无背鳍、鳗鲡无腹鳍、鳐类无臀鳍、赤魟无尾鳍。

鳍由支鳍骨和鳍条组成，外覆鳍膜。鱼类有两种不同的鳍条：一种为软骨鱼类所特有的不分节也不分支的纤维角质鳍条，加工后即为珍贵的烹饪原料鱼翅；另一种为硬骨鱼类所特有的骨质鳍条，又分为软鳍条和鳍棘。软鳍条柔软分节，前端往往分支，由左右两根组成；鳍棘坚硬不分节，末端不分支，由单根组成，一般较粗大。

b. 鳞。绝大多数鱼类体外有鳞片，用于保护身体。少数鱼头部无鳞，或全体无鳞，无鳞鱼通常皮肤有发达的黏液腺，如鳗形目和鲇形目的鱼类。

c. 侧线。侧线是鱼类的感觉器官，鱼体两侧一般各有一条，少数鱼类每侧有2~3条或更多。侧线管内充满黏液，黏液中藏有感觉器，当水流冲击身体时，水的压力通过侧线管上的小孔进入管内，引起黏液流动，感觉器产生摇动，从而把感觉细胞获得的外来刺激通过感觉纤维传递到神经中枢。

鱼鳞按其形状不同分为三种：盾鳞、硬鳞和骨鳞。盾鳞，是软骨鱼类所特有的鳞片，形如盾状。硬鳞，是硬骨鱼中最原始的鳞片，坚硬且大，呈斜方形，不相互覆盖，平行排列成若干行，如鲟形目鱼类的鱼鳞。骨鳞，是绝大多数硬骨鱼中最常见的鳞片，略呈圆形，彼此作覆瓦状排列。露出的一端边缘光滑的称为"圆鳞"，如鲱形目鱼类、鲤形目鱼类的鱼鳞；露出的部分边缘有许多小锯齿突起的称为"栉鳞"，如鲈形目鱼类的鱼鳞。

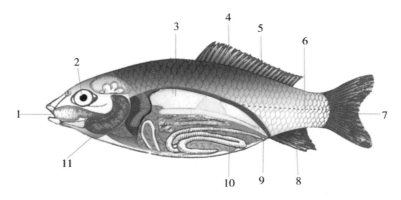

鱼的各器官示意图
1：口 2：眼 3：鳔 4：背鳍 5：鳞 6：侧线
7：尾鳍 8：臀鳍 9：肛门 10：肠 11：鳃

（2）常见鱼类的结构特征。

①淡水鱼类。以"四大家鱼"（青鱼、草鱼、鲢鱼、鳙鱼）为代表的淡水鱼，其体表一般有鱼鳞，鱼鳞鲜明有光泽，紧贴鱼体，层次一般明显，整齐排列。体形直，鱼肚充实完整，头尾不弯曲。相对于肉质来说，此类鱼的肉质多有弹性，肉质紧密且骨肉不分离。

②海水鱼类。海水鱼的鱼体体表一般有鳞，无鳞占少数，鱼鳞鲜明有光泽，排列整齐且紧贴鱼体。海水鱼一般体形较大，常以新鲜、个头大来鉴别。鱼的体态多种多样，肉质多脂味美，鲜嫩爽口。

③洄游鱼类。洄游鱼类因生理要求、遗传和外界环境因素等影响，引起周期性的定向往返移动。因此，洄游鱼类还包括了淡水鱼中的几种。以鳗鱼为代表，鱼体无鳞有黏液，黏液对鱼的表面起保护作用，肉质味美多脂，爽滑可口。

（二）虾蟹类的组织结构

1. 虾类的组织结构

（1）组织结构。虾类身体分头胸部和腹部。头胸部因愈合而不分节，外骨骼在头胸部形成坚硬的头胸甲，也有的种类或部位壳薄而透明。在外骨骼上有许多色素细胞，所含虾青素使体色呈青灰色。加热时蛋白质变性，虾青素析出被氧化为红色的虾红素，色泽艳丽。但幼虾色素细胞少，色泽变化不明显。

（2）肉质特点。虾体肌肉属横纹肌。肌肉洁白，无肌腱，肉质细嫩，持水力强。虾的腹部肌肉尤其发达，为主要的食用部位。虾肉中浸出物含量达10%～20%，使其具有鲜甜而略带咸味的独特风味。

2. 蟹类的组织结构

（1）组织结构。蟹的外骨骼在头胸部形成坚硬的头胸甲。附肢外骨骼坚硬，身体背腹扁平，接近圆形。蟹的腹部大多已经退化，紧贴在头胸甲的腹面，但其形状可用于识别雌雄。雌蟹的腹部为圆形，称"圆脐"；雄蟹的腹部为三角形，称"尖脐"，螯肢和步足发达。在繁殖季节，雌蟹卵巢充满大量卵粒，形成橘黄色卵块，称为"蟹黄"；雄蟹精巢发达，为青白色半透明胶状体，称"脂膏"。蟹黄和脂膏均为名贵且美味的原料。因此，蟹类原料的最佳食用期为其繁殖期。

（2）肉质特点。蟹类的螯肢、其他附肢和头胸部中连接螯肢和其他附肢地方的肉发达，为食用的主要部位。其肌肉洁白，无肌腱，肉质细嫩，持水力强。蟹类与虾类相似，蟹肉中浸出物含量高，具有鲜甜而略带咸味的独特风味。

（三）其他水产品的组织结构

（1）腹足类。腹足类俗称"螺类"，分布于海水、淡水和陆地，以宽大的足部爬行，大多数有单一的呈螺旋状的贝壳，有的没有。贝壳因种类不同，在形状、颜色和花纹上表现出多样性。头、足、内脏团主要存在体螺层中。壳口大多长有具角质或石灰质的厣，当头足缩回壳内时，可密封壳口，具保护作用。

（2）瓣鳃类。瓣鳃类动物俗称"贝类"，多生活于海水中，少数生活于淡水环境。其一般具有两个贝壳，身体侧偏，头部完全退化。其贝壳左右对称或不对称，贝壳表面有环形生长线和放射状排列的壳肋。两个贝壳在背缘以韧带或铰合齿相连，两壳间有闭壳肌柱相连。闭壳肌是由外套膜分化形成，一般由平滑肌和横纹肌组成。有的种类有前后闭壳肌；有的种类前闭壳肌退化，后闭壳肌变大，前闭壳肌消失的种类后闭壳肌更大，并移行到贝壳中央。足在身体腹面，呈斧状；有的种类足已退化，以足丝附着生活。

（3）头足类。头足类的身体特化为头部、躯干部。头部两侧有发达的眼，以及由足特化的腕及漏斗。腕有8～10条，腕上有吸盘。外壳内陷为内壳，有的种类退化。整个身体的躯干部被肌肉质外套膜覆盖包围，外套膜的边缘有鳍。供食用的头足类动物常见有乌贼、枪乌贼和章鱼。

三、水产品的营养价值

（一）鱼类的营养价值

鱼是一种营养价值较高的食物，是动物肉中较容易被人体消化吸收的肉类，利用率高达96%。

（1）水分。鱼类含大量水分，一般含量为50%～80%，烹调时水分丢失少，因此鱼肉在烹调后可保持较好的松软状态。

（2）蛋白质。鱼肉蛋白质含量高，一般含量为15%～18%，有的可高达20%，鱼肉蛋白质是优质的天然蛋白，富含人体所需的8种必需氨基酸，但缺少甘氨酸。

（3）脂肪。鱼体所含脂肪酸大多是不饱和脂肪酸，饱和脂肪酸只占脂肪总量的11%～27%。鱼体所含脂肪熔点低，易于被人体消化吸收，但易氧化腐败，较难保存。鱼体脂肪含量与其种类、年龄、季节等有一定关系，脂肪含量的多少直接影响鱼的营养价值及风味，一般含量为1%～3%，个别鱼脂肪含量较高，如鲥鱼含脂肪11%左右。有些鱼（如鲨鱼）的肌肉中脂肪含量少，但肝脏中的脂肪含量高，同时含有丰富的维生素A和维生素D，因此常被用来提取制作鱼肝油制品。另外，部分鱼类的鳞片脂肪含量也高。

（4）碳水化合物。鱼类中含糖量较少，一般在1%以下，主要是糖原和黏多糖，也有单糖和双糖。糖原主要储存在肌肉或肝脏中，含量的多少与鱼的种类、年龄、营养状况等有关。黏多糖一般与蛋白质结合，以蛋白多糖的形式存在，广泛分布于鱼体的软骨、皮、结缔组织等地方。

（5）维生素。鱼体含维生素 A、维生素 D、维生素 E、B 族维生素、维生素 C，其中维生素 A 和维生素 D 主要存在于鱼的肝脏中；鱼肉中 B 族维生素含量较少，但肝脏、心脏等含维生素 B_1、维生素 B_2 较多；鱼脑、鱼卵维生素 C 的含量较多。

（6）矿物质。鱼肉含丰富的矿物质，如钙、磷、钾、锌、铁、碘、钠、硒等，含量一般比畜肉高。其中海水鱼碘含量高于淡水鱼，含肌红蛋白多的红色肉鱼类含铁量较高。

（二）虾蟹类的营养价值

（1）虾类的营养价值。虾营养极为丰富，蛋白质含量高，还含有丰富的钾、碘、镁、磷等矿物质及维生素 A、维生素 B_1、维生素 B_2 等成分，脂肪含量较低，且具有较高的药用价值。另外，虾肉易于消化。

（2）蟹类的营养价值。蟹肉蛋白质的含量较高，且含丰富的脂肪和碳水化合物，其中蟹黄铁含量高，维生素 A、维生素 B_1、维生素 B_2 含量也较丰富。

（三）贝类的营养价值

贝类水分含量较高，一般为 10% ~ 30%，有的可高达 80%，因此贝类肉质普遍较软嫩。贝类蛋白质含量高，有的甚至超过肉类和鱼类；脂肪含量低，且多为不饱和脂肪酸；还含有丰富的碘、锌、钙、磷等矿物质及维生素 A、维生素 B_1、维生素 B_2 等维生素，特别是碘和锌的含量是其他肉类无法与之相比的。另外，不少贝类的肉及副产品具有较高的药用价值和保健作用。

四、水产品的品质检验与贮藏保鲜

（一）水产品的品质检验

1. 鱼类的品质检验

鱼类的新鲜度越高，它的风味和质量就越好。鱼离开水之后很容易死亡，随着时间的延长，鱼的品质也会随之降低，甚至腐败变质。这样不但损害了鱼的感官形状，降低鱼的食用价值，破坏其营养成分，而且还会产生有害物质，从而影响人体健康。因此，我们应重视鱼类的品质检验。

（1）鱼类的鲜度变化。鱼体死后会有一系列变化，大致分为死后僵硬、解僵和自溶、细菌腐败三个阶段。相比畜类，鱼体肌肉组织水分含量较高，肌基质蛋白质含量较少，脂肪含量较低，所以死后僵硬、解僵和自溶及细菌腐败速度快。

①死后僵硬。鱼死后，由于鱼体自身所含成分变化和酶的作用而引起肌肉收缩变硬，于是鱼体进入了僵硬状态。这时的鱼还是新鲜的，所以，死后僵硬是判断鱼类鲜度的重要标志。其特征是：肌肉缺乏弹性，如手指压，指印不易凹下；手握鱼头，鱼尾不会往下弯；鱼口紧闭，鳃盖紧合，整个躯体挺直。

②解僵和自溶。鱼体僵硬一段时间后，会缓慢地解除，肌肉从而又变得柔软，但已失去了僵硬前所具有的弹性，从而影响其感官和质量。同时，肌肉中的蛋白质分解产物和游离氨基酸增加，给鱼体鲜度质量带来感官及风味上的变化。由于分解产物氨基酸和低分子的氮化合物为细菌的生长繁殖创造了有利的条件，于是鱼体腐败进入加速阶段。

③细菌腐败。随着细菌繁殖数量的增多，鱼体的蛋白质、氨基酸及其他含氮物质被分解为氨、三甲胺（引起海鱼腥臭味的主要物质）、组胺、硫化氢、吲哚等腐败物质，从而使鱼体具有腐败特征的臭味，这个过程叫作"细菌腐败"。当鱼肉腐败后，它就完全失去了食用价值，误食后还可能会引起食物中毒。

（2）鱼类品质的感官鉴定。鱼类鲜度的变化，在一定程度上都会影响它作为烹饪原料的质量。对鱼类在采购、贮藏、加工过程中的鲜度进行质量鉴定必不可少。

鱼类不同鲜度的感官特征

	新鲜	较新鲜	不新鲜
体表	有透明黏液，鳞片完整有光泽，紧贴鱼体，不易脱落	黏液浑浊，鳞片光泽较差，易脱落，有酸腥味	黏液污秽，鳞片暗淡无光，易脱落，有腐臭味
眼球	眼球饱满，角膜透明，有弹性	眼角膜起皱，稍变浑浊	眼球凹陷，角膜浑浊，虹膜和眼腔被血红素浸红
鳃部	鳃色鲜红，鳃丝清晰，黏液透明，无异味	鳃色变暗呈淡红、深红或紫红，黏液带有发酸气味或腥味	鳃色呈褐色、灰白色，黏液浑浊，有酸臭、腥臭或陈腐味
腹部	正常，无异味；肛门紧缩，清洁	轻微膨胀，肛门稍突出并呈红色	松弛膨胀，有时破裂凹陷；肛门突出

（续上表）

	新鲜	较新鲜	不新鲜
肌肉	坚实有弹性，肌肉切面有光泽，不脱刺	稍松弛，弹性较差，切面无光泽，稍有脱刺	肌肉易与骨骼分离，内脏粘连
鱼体硬度	鱼体挺而不软，有弹性，手指压后凹陷立即消失	稍松软，手指压后凹陷不能立即消失	松软无弹性，指压凹陷不易消失

2. 虾蟹类的品质检验

（1）虾类的品质检验。虾的品质是根据虾的外形、色泽、肉质等方面的特征来进行检验的。

虾类不同鲜度的感官特征

	新鲜	不新鲜
外形	头尾完整，爪须齐全，有一定弯曲度，壳硬，虾身较挺	头尾容易脱落或易分开，不能保持原有的弯曲度
色泽	虾皮壳发亮，呈骨绿色或骨白色	皮壳发暗，颜色变为红色或灰紫色
肉质	虾肉坚实，细嫩	肉质松软

（2）蟹类的品质检验。蟹的品质鉴定是根据外形、色泽、体重及肉质等方面的特征来进行检验的。

蟹类不同鲜度的感官特征

	新鲜	不新鲜
外形	蟹腿肉坚实、肥壮、用手捏有硬感，脐部饱满，分量较重	蟹腿肉空松、瘦小，分量较轻
外壳	青色，发亮，腹部发白	背壳呈暗红色
活泼程度	翻扣在地上能很快翻转过来	行动不活泼

如果蟹已死，则不宜选用。

3. 贝类的品质检验

贝类中头足类的检验标准与鱼类相似，其他种类作为烹饪原料则应选择鲜活的。

（二）水产品的贮藏保鲜

1. 鱼类的贮藏保鲜

（1）活养。

①鱼池：鱼池要干净、宽阔，能让鱼游动自如。

②水质：要根据鱼池所养的鱼来选用不同水质的水。如果养淡水鱼，可以用清水，但池水要清，不能是污水，不能有污物，更重要的是不能有油腻物混入。如果养的是海水鱼，最好用无污染的海水，也可以在清水中加入适量的盐。

③水的温度：对大部分鱼来说，最适宜的水温是20℃～30℃。因此，鱼池必须装有制冷或加热设备，防止因夏天天气炎热或冬天气温过低而造成鱼的死亡。

④供氧：虽然鱼池装有循环水系统，水进入鱼池时可以产生水花，但还必须装有供氧设备，使鱼池内具有足够的氧气，以便鱼类顺利呼吸。

（2）冷藏。对于已经死亡的鱼来说，储存方法以冷藏为主。冷藏时应先把鱼体洗净，去除内脏，滤干水分。冷藏的温度一般控制在-4℃以下，如果数量太多，需要储存较长时间，温度应控制在-20℃左右。冷藏时要注意堆放但不宜堆叠过多，防止因冷气无法进入鱼体内部，而引起外面冻而内变质的现象。

2. 虾蟹类的贮藏保鲜

（1）虾类的贮藏保鲜。

①活虾要用水池养。活养时要根据不同品种分别调节好水温、比重，水要洁净，氧气要充足。

②死虾的贮藏应用冷藏法。对虾进行冷冻时，容器里先放一层冰，再撒一层盐，中间放上一些冰块，将虾拉直，围绕冰块堆放三层，再铺一层冰，然后用麻袋或草袋封口，最后放入冷冻室。

③如果是青虾、小虾，只需和碎冰放在一起就可以放入冷冻室了。

（2）蟹类的贮藏保鲜。蟹很容易死亡，死亡后便不能食用。贮藏时，一般用箩筐装好，箩筐面上用湿草席覆盖，每天分早、中、晚三次用水喷洒，保持框内湿润。如果发现有死的或者断爪的，要及时取出。养蟹忌蚂蚁和烟灰。

3. 贝类的贮藏保鲜

贝类的贮藏保鲜方法主要是活养，在活养过程中要注意保持适当水温及水的清澈，并注意贝类是否鲜活，如已死亡，则应及时取出。

五、水产品的烹饪应用

水产品是烹饪最重要的原料之一，直接影响到百姓的一日三餐。水产品适用于制作中西餐的各种菜式，如热菜、凉菜、点心、汤品等；适用于各种烹饪技法，如炒、煎、烧、蒸、煮、焗等；可以单独成菜，也可以和其他烹饪原料合烹。

我国沿海地区盛产海产品（海鲜），并以其为馔，尤其是潮菜，更是以烹饪海鲜见长，以至于人们一提到海鲜便想起潮菜，一提到潮菜便想起海鲜菜式。如著名的潮州菜明炉烧响螺、生炊龙虾、鸳鸯膏蟹、红炖鱼翅，上汤焗鲍、红炆海参等，都是以鲜活海产品为主要原料，味道清鲜，郁而不腻；又如清炖乌耳鳗（白鳝）、上汤蟹丸、潮汕鱼丸等，汤菜鲜美，保留了物料的原汁原味。

第二节　鱼类及其制品

一、鱼类

鱼类是脊索动物门软骨鱼纲和硬骨鱼纲中可供人们食用的鱼类的总称，也是现存数量最多的脊椎动物。根据鱼类生长环境的不同，通常分为淡水鱼类、咸水鱼类和洄游鱼类。鱼类身体主要由头部、躯干部构成，长有背鳍、胸鳍和尾鳍，体被鳞或不被鳞。鱼类肉质细嫩，脂肪含量或高或低，味道鲜美，作为最重要的水产品原料，在中西烹饪中起着举足轻重的作用。

（一）淡水鱼

1. 鳜鱼

（1）别名：桂花鱼、花鲫鱼、鳌花鱼等。

（2）物种概述：鳜鱼（*Siniperca chuatsi*）是鲈形目鲈科鳜属的一个种，属于名贵食用鱼。优质鳜鱼嘴部大、鱼鳞细小、少刺、皮厚、肉紧实、肉质洁白、味道鲜美。我国各大淡水水系均有出产鳜鱼，尤以长江流域的湖北、江西和安徽等省份产量最多。潮汕各地均有出产。

（3）营养价值：鳜鱼富含水分及蛋白质，含人体所需的 8 种必需氨基酸，含一定量的脂肪、钙、钾、镁、硒及多种维生素。

（4）烹饪应用：鳜鱼背鳍硬刺有毒，初加工时应小心。鳜鱼既可以整只入菜，又可以清蒸、糖醋、红烧等方法制作菜肴。代表菜品有松鼠鳜鱼、清蒸桂花鱼等。

鳜鱼

2. 草鱼

（1）别名：白鲩、草青、草鲩、草根等。

（2）物种概述：草鱼（*Ctenopharyngodon idellus*）是鲤形目鲤科草鱼属的一个种，为"四大家鱼"之一。优质草鱼鳞大刺少、肉质肥嫩、富有弹性、味道鲜美。草鱼为我国特有鱼类，广泛分布于我国各大水系，主要产于我国东部沿海平原水域，在潮汕地区分布广泛。

（3）营养价值：草鱼含有丰富蛋白质、不饱和脂肪酸、磷、硒、铜等营养成分。

（4）烹饪应用：鱼类原料的初加工主要是刮去鳞片，之后再根据烹调方法整鱼入菜或者片出鱼肉后改刀。草鱼一般用于红烧、清蒸、清炖的烹调方法。代表菜品有茄汁鱼片。

3. 鳙鱼

（1）别名：松鱼、胖头鱼、麻鲢、花鲢、大头鱼等。

（2）物种概述：鳙鱼（*Aristichthys nobilis*）是鲤形目鲤科鳙属的一个种，为"四大家鱼"之一。鳙鱼头部极大，约为体长的三分之一。鳙鱼肉质细嫩，但鱼刺较多，肉质不如青鱼、鳜鱼、鲤鱼等肥美，但是在冬季肉质较厚实。优质鳙鱼肉质富有弹性、少瘀血、味道鲜美、少腥味。鳙鱼广泛分布于我国各淡水水系，在潮汕各市均有出产，也是重要的人工养殖鱼类。

（3）营养价值：鳙鱼中含有大量蛋白质和碳水化合物，还有钾、磷、钙、钠、镁、硒、烟酸、维生素 E、维生素 A、维生素 B_1 等营养成分。

（4）烹饪应用：鳙鱼既可清蒸、红烧，又可切片后炒、炸等。此外，鳙鱼肉还可以用于制作药膳。代表菜品有砂锅鱼头。

4. 青鱼

（1）别名：黑鲩、乌鲭、螺蛳青、青根鱼、乌青鱼等。

（2）物种概述：青鱼（*Mylopharyngodon piceus*）是鲤形目鲤科的一个种，为"四大家鱼"之一。体形呈圆筒形，腹部较圆，鱼肉厚，脂肪多，鱼刺少，味道鲜美。优质青鱼体形大、肉厚、脂肪多、肉质洁白肥嫩、味道鲜美、少刺。青鱼广泛分布于我国各大水系，主要产区在长江以南的平原地区的水域，潮汕各地均有出产。

（3）营养价值：青鱼是一种富含蛋白质但脂肪含量很低的食物，还含丰富的硒、碘等微量元素。另外，青鱼胆汁有毒，过量食用会发生中毒。

（4）烹饪应用：青鱼通常采用红烧、糖醋、红焖等烹调方法。此外，青鱼的头部、尾部也可单独成菜。代表菜品有红烧青鱼头。

5. 鲢鱼

（1）别名：白鲢、鲢子等。

（2）物种概述：鲢鱼（*Hypophthalmichthys molitrix*）是鲤形目鲤科鲢属的一种，为"四大家鱼"之一。鲢鱼鱼肉薄，肉质细嫩，但鱼刺多且较小。优质鲢鱼体侧扁、腹腔大而狭窄、头大眼小、尾鳍叉形、鳞片细小、银白色、肉软嫩且细腻、刺细小且多。鲢鱼是我国淡水鱼中分布最广泛的，也是重要的人工养殖鱼类，潮汕各地均有出产。鲢鱼四季均产，以冬季产的最好。

（3）营养价值：鲢鱼的蛋白质、氨基酸含量很丰富。鳃下边的肉呈透明的胶状，其中富含胶原蛋白。

（4）烹饪应用：鲢鱼出水即死，变质快，因此应尽可能鲜用、活用。鲢鱼多以红烧、清蒸等方式制作菜肴，也可以取鱼肉后加工成片、粒等形状，以炸、炒、爆等方式成菜。代表菜品有红烧鲢鱼。

草鱼　　　　　　　　　　　鳙鱼

青鱼　　　　　　　　　　　鲢鱼

6. 鲤鱼

（1）别名：鲤拐子、鲤子。

（2）物种概述：鲤鱼（*Cyprinus carpio*）是鲤形目鲤科鱼的总称。鲤鱼刺少，鱼肉厚实细嫩，味道鲜美。优质鲤鱼体呈纺锤形，青黄色，鳞大刺少，鱼肉厚实细嫩，味道鲜美。鲤鱼原产于亚洲，后引入欧洲、北美和非洲等地区，鲤鱼的品种多，名品有江西婺源的荷包红鲤、广西桂林的禾花鲤、珠江三角洲的荷包鲤和火鲤等。

（3）营养价值：鲤鱼蛋白质含量高且消化吸收率也高，可达96%，所含脂肪多为不饱和脂肪酸，且含维生素 A、维生素 D 及多种矿物质。

（4）烹饪应用：鲤鱼的烹调方法多种多样，既可以取鱼肉以炸、爆、炒等快速成菜的烹调方法制作菜肴，又可以整鱼蒸、炖、煮等。代表菜品有松子鲤鱼等。

7. 鲮鱼

（1）别名：土鲮、雪鲮、鲮公、花鲮等。

（2）物种概述：鲮鱼（*Cirrhinus molitorella*）为鲤形目鲤科的一种。优质鲮鱼头短身长，肉质细嫩，味道鲜美。广东省大部分集中养殖的鲮鱼都以活鱼速冻的方式处理，冻结的鱼眼球仍明亮凸出，宛如活鱼一般。鲮鱼主要分布在我国珠江水系、海南岛、台湾、闽江、澜沧江和元江，为华南重要的经济鱼类之一。

（3）营养价值：鲮鱼富含丰富的蛋白质、维生素 A、钙、镁、硒等营养元素。另外，鲮鱼碳水化合物含量低。

（4）烹饪应用：鲮鱼肉质细嫩、味道鲜美。常以清蒸、红烧等烹饪方法成菜，也可用于制作鱼生、鱼丸、罐头等。

鲮鱼

8. 黄鳝

（1）别名：鳝鱼、长鱼等。

（2）物种概述：黄鳝（*Monopterus albus*）为合鳃鱼目合鳃鱼科黄鳝属。

优质鳝鱼体形大而肥、体色为灰黄色、腹色为微黄色。春末夏初是食用黄鳝的佳季，尤其以小暑前后一个月最佳。黄鳝为我国特有鱼类品种，全国各地均有出产，以长江流域较多。

（3）营养价值：黄鳝富含蛋白质、维生素 A、DHA 及卵磷脂。另外，黄鳝所含特有物质"黄鳝素"能有效调节血糖。

（4）烹饪应用：黄鳝多采用烧、爆、炸等烹调方法制作菜肴。由于黄鳝死后体内会产生大量组胺，会使人中毒，所以我们要食用新鲜的黄鳝。代表菜品有生爆黄鳝片、黄鳝炒空心菜等。

黄鳝　　　　　　　　　　　　　　　泥鳅

9. 泥鳅

（1）别名：涂溜（潮汕）。

（2）物种概述：泥鳅（*Misgurnus anguillicaudatus*）为鲤形目鳅科泥鳅属鱼类。泥鳅肉质细嫩滑爽，但有土腥味。优质泥鳅体长、体表黏液多、肉质细嫩爽滑、味道鲜美。泥鳅在我国分布广泛，除青藏高原外，我国各地均有出产。

（3）营养价值：泥鳅营养价值高，有"水中人参"的美称。泥鳅所含脂肪成分较低，胆固醇含量少，属高蛋白低脂肪食品。

（4）烹饪应用：在初加工时应把泥鳅体表黏液去尽，细小鱼鳞不需要处理。泥鳅常用煮、烧、炸等烹调方法成菜。代表菜有干烧泥鳅等。

10. 鲶鱼

（1）别名：土鲶等。

（2）物种概述：鲶鱼（*Silurus asotus*）为鲶形目鲶科鲶属鱼类。鲶鱼刺少，脂肪含量极高，肉质细嫩厚实。优质鲶鱼体表无损伤且黏液分布均匀、肉多且肥嫩、味道鲜美、少刺。春季的鲶鱼质量最佳。鲶鱼在我国分布广泛，各大水系全年出产，潮汕各地均有出产。

（3）营养价值：鲶鱼营养丰富，富含水分、蛋白质、卵磷脂、钙、磷、锌、镁、铁、碘及多种维生素。

（4）烹饪应用：鲶鱼泥腥味较重，烹制前应用姜、葱和料酒等腌制以去腥味，烹饪中多采用烧、蒸、煮等烹调方法成菜。代表菜品有糖醋鲶鱼片。

11. 胡子鲶

（1）别名：塘鲺、塘角鱼等。

（2）物种概述：胡子鲶（*Clarias fuscus*）为鲶形目胡子鲶科胡子鲶属鱼类。胡子鲶肉质细嫩，但有较浓的泥腥味。优质胡子鲶体表黏液多、肉质肥嫩、味道鲜美。胡子鲶在我国产量大，潮汕各地区均有分布。

（3）营养价值：胡子鲶营养价值较高，含丰富蛋白质、多种矿物质及维生素，具有滋补，治疗小儿疳积、妇女倒经及哮喘等作用。同时，它还具有敛肌活血、愈合伤口的功效，可作为外科手术后病人的滋补佳品。

（4）烹饪应用：同鲶鱼类似，胡子鲶在烹调前也应先腌制去腥，其烹调方法跟鲶鱼类似，多以烧、煮、蒸等烹饪方法成菜。代表菜品有清蒸胡子鲶、胡子鲶煲菜脯等。

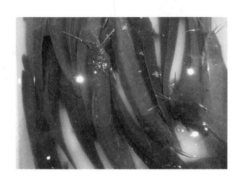

胡子鲶

12. 乌鳢

（1）别名：黑鱼、乌棒、蛇头鱼、乌鱼等。

（2）物种概述：乌鳢（*Ophiocephalus argus*）为鲈形目鳢科鳢属鱼类。乌鳢刺少，肉质紧密结实，味道鲜美。优质乌鳢鳞片分布均匀无脱落、肉质紧密结实有弹性、味道鲜美、少刺。乌鳢广泛分布于长江流域和珠江流域，也是潮汕地区较为常见的鱼类。

（3）营养价值：乌鳢富含蛋白质、钙、磷、铁、维生素 B_1、维生素 B_2 和烟酸。

（4）烹饪应用：乌鳢出肉率高，常取鱼肉改刀成鱼片后入菜，多采用炒、煮等烹调方法。代表菜品有炒乌鳢片、生鱼汤等。

乌鳢　　　　　　　　　　　　　　　　黄颡鱼

13. 黄颡鱼

（1）别名：黄蜂鱼、黄腊丁、黄骨鱼、黄鳍鱼等。

（2）物种概述：黄颡鱼（*Pelteobagrus fulvidraco*）是鲶形目鲿科黄颡鱼属鱼类。黄颡鱼刺少，肉质细嫩滑爽。优质黄颡体表黏液分布均匀、无损伤，鱼肉质细嫩爽滑、味清鲜、少刺。黄颡鱼应选择鲜活的，死了即破胆不宜食用。黄颡鱼广泛分布于我国东部沿海海域，在潮汕地区产量不大。

（3）营养价值：黄颡鱼营养价值高，含肉率为66.47%～68.41%。富含蛋白质、磷、钾、钠、铜、叶酸、维生素 B_2、维生素 B_{12} 等。

（4）烹饪应用：黄颡鱼适用各种烹调方法成菜，如煮、蒸、焖、烧、烩等，也可以煲汤。代表菜品有红焖黄颡鱼、黄颡鱼菜脯汤等。

14. 鲫鱼

（1）别名：鲫瓜子、月鲫仔、土鲫、细头、鲋鱼、寒鲋等。

（2）物种概述：鲫鱼（*Carassius auratus*）为鲤形目鲤科鲫属的其中一种鱼类。于2～4月份和8～12月份出产的鲫鱼最肥美。优质鲫鱼眼睛略凸、眼球黑白分明、个体适中、身体扁平、色泽偏白、肉质细嫩、味道鲜美。鲫鱼广泛分布于欧亚地区。我国各地水域常年均有生产，尤以云南大理洱海的鲫鱼最为出名。

（3）营养价值：鲫鱼的营养价值和药用价值均较高。其富含蛋白质，氨基酸种类齐全，易于被人体消化吸收，还含一定量的钙、磷、铁、维生素 A、维生素 B_1、维生素 B_2、维生素 B_{12}、烟酸等成分。

（4）烹饪应用：鲫鱼适于以焖、烧、炖等烹饪方法成菜，代表菜品有酱焖鲫鱼、鲫鱼豆腐汤等。

鲫鱼   罗非鱼

15. 罗非鱼

（1）别名：非洲鲫鱼、非洲鲫等。

（2）物种概述：罗非鱼（*Tilapia mossambica*）为鲈形目丽鱼科鱼的总称。罗非鱼肉质比鲤鱼细嫩，刺粗硬且较少。优质罗非鱼背厚肉多、肉质细嫩有弹性、少刺、味道鲜美、无泥腥味。罗非鱼为潮汕地区常见鱼类，产量极大、分布极广，目前也已有人工养殖。

（3）营养价值：罗非鱼蛋白质含量高，必需氨基酸含量丰富且组成平衡，其中谷氨酸和甘氨酸含量特别高。罗非鱼中维生素含量高，还含有维生素 E、维生素 B_1、维生素 B_2、烟酸、钾、钠、钙、镁、铁、锰、锌、铜等。

（4）烹饪应用：罗非鱼肉质极其细嫩，最佳的烹调方法就是整鱼清蒸，代表菜品有清蒸罗非鱼。

（二）海水鱼

1. 石斑鱼

（1）别名：石斑、鲙鱼等。

（2）物种概述：石斑鱼（*Epinephelussp*）是硬骨鱼纲鲈形目鳍科各属鱼类的统称。石斑鱼为雌雄同体，首次性成熟时全系雌性，次年再转换成雄性；常呈褐色或红色，有斑点和条纹；肉质洁白、口感嫩滑、肉多刺少，素有"海鸡肉"之称。优质野生石斑鱼肉质甜美、活动力高、鱼身颜色多变且花纹明显。优质的养殖石斑鱼鱼头大小一致、肉质较软、味道鲜美。购买时以选择鱼身肥厚有弹性者为佳。

石斑鱼分布于北太平洋西部，我国的主要产区为南海，潮汕沿海地区有网箱养殖。较为常见的品种有青石斑、老鼠斑、花斑、宝石斑等。

（3）营养价值：石斑鱼富含蛋白质、维生素 A、维生素 D、钙、磷、钾等营养成分，是一种低脂肪、高蛋白的上等食用鱼，被港澳地区评为"中国四大名鱼"之一。

（4）烹饪应用：石斑鱼多采用清蒸、清炖、烧等烹调方法成菜。代表菜品有清蒸石斑鱼。

老鼠斑

2. 多宝鱼

（1）别名：大菱鲆、欧洲比目鱼等。

（2）物种概述：多宝鱼（*Panalichthys lethostigma*）为硬骨鱼纲鲽形目菱鲆科菱鲆属鱼类。多宝鱼体内无硬刺，出肉率高，鱼肉丰厚白嫩，味道鲜美。优质多宝鱼体形完整、鲜亮光滑且无伤痕、鳃丝整齐、出肉率高、肉质丰厚白嫩、味道鲜美。

多宝鱼原产于欧洲沿海海域，20世纪90年代引入我国，目前已实现人工养殖，主要分布于东部沿海各海域。

（3）营养价值：多宝鱼营养丰富，富含不饱和脂肪酸、蛋白质、维生素A、维生素C、钙和铁等，其皮下和鳍边含有丰富的胶质。

（4）烹饪应用：多宝鱼最佳的烹调方法是清蒸，清蒸的多宝鱼最能凸显鱼肉的细嫩鲜美。代表菜品有清蒸多宝鱼。

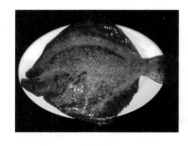

多宝鱼

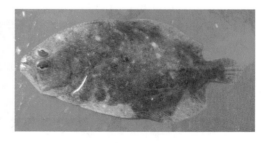

褐牙鲆

3. 牙鲆

（1）别名：比目鱼、左口、鲽鱼等。

（2）物种概述：牙鲆（*Paralichthys olivaceus*）为硬骨鱼纲鲽形目鲆科牙鲆属鱼类。牙鲆皮厚，周身无小刺，出肉率极高，肉质属上等，经济价值高。优质牙鲆身体表面有极细密的鳞片，皮厚，出肉率高，肉质细嫩有弹性，含水量高。牙鲆在中国沿海均有产出，目前已实现人工养殖，主要分布在广东、福建等省份。

（3）营养价值：牙鲆富含蛋白质、维生素 A、维生素 D、钙、磷、钾等营养成分，尤其维生素 B_6 的含量颇丰，而脂肪含量较少。

（4）烹饪应用：牙鲆适于各种烹调方法，尤以清蒸、清炖、煎等成菜为佳。代表菜品有香煎牙鲆等。

4. 日本真鲈

（1）别名：花鲈、七星鲈、海鲈等。

（2）物种概述：日本真鲈（*Lateolabrax japonicus*）为硬骨鱼纲鲈形目真鲈科花鲈属鱼类。优质日本真鲈体表完整无损伤、鳞片分布均匀无脱落、少血污、肉色雪白、肉质细嫩、味道鲜美。日本真鲈分布于西太平洋地区，主要分布于我国东部沿海的淡海水交汇处。

（3）营养价值：日本真鲈富含蛋白质、维生素 A、B 族维生素、钙、镁、锌、硒、铜等营养成分。

（4）烹饪应用：日本真鲈常以熘、炸、炒、烧、炖等烹调方法成菜。代表菜品有清炖鲈鱼等。

5. 鲳鱼

（1）别名：镜鱼等。

（2）物种概述：鲳鱼（*Pampus argenteus*）为硬骨鱼纲鲈形目鲳科鱼类的总称。鲳鱼刺少，多为软刺，脂肪含量高，肉质细嫩鲜美。优质鲳鱼鱼体坚挺、鳞片紧贴鱼身且有光泽、出肉率高、肉质致密细嫩、味醇厚、少刺。雌者体大，肉厚；雄者体小，肉薄。鲳鱼主要分布于热带和亚热带海域，我国沿海均有分布。常见品种有金鲳、银鲳、乌鲳、红鲳等。

（3）营养价值：鲳鱼富含蛋白质、硒、镁，含一定量的钙、磷、铁、钾等成分。

（4）烹饪应用：鲳鱼多整条烹制，可焖、红烧、清炖，甚至烤、煎、炸等。代表菜品有红烧鲳鱼等。

| 金鲳 | 银鲳 | 乌鲳 |

6. 带鱼

（1）别名：带粉鱼、刀鱼、群带鱼等。

（2）物种概述：带鱼（*Trichiurus lepturus*）为硬骨鱼纲鲈形目带鱼科带鱼属鱼类。优质带鱼鱼鳞不脱落或少量脱落、呈银灰白色、略有光泽、无黄斑、无异味、肌肉有坚实感。颜色发黄、无光泽、有黏液、肉色发红、鳃黑、破肚者为劣质带鱼，不宜食用。带鱼按生产方式的不同可分为钓带、网带、毛刀三种，其中钓带体大，质量最好，网带次之，毛刀质量最差。

带鱼为我国重要的经济鱼类，我国东部沿海各海域均有出产，也是潮汕地区常见海水鱼类之一，分布广泛。

（3）营养价值：带鱼肉含蛋白质、脂肪、维生素 B_1、维生素 B_2、烟酸、钙、磷、铁、碘等成分。带鱼的鳞中含20% ~25%的油脂、蛋白质和矿物质。

（4）烹饪应用：带鱼表面有银白色的富含脂肪的膜，在初加工时要保留。带鱼常用烧、炸、蒸等烹调方法制作菜肴。代表菜品有糖醋带鱼、红烧带鱼等。

带鱼

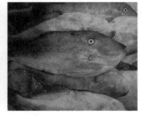

绿鳍马面鲀

7. 绿鳍马面鲀

（1）别名：迪仔、替皮迪（潮汕）等。

（2）物种概述：绿鳍马面鲀（*Thamnaconus modestus*）为硬骨鱼纲鲀形目单角鲀科马面鲀属鱼类。绿鳍马面鲀肉质洁白，脂肪含量低。优质马面鲀肉质洁白紧实、味道鲜美。

绿鳍马面鲀作为我国重要的经济鱼类，其年产量仅次于带鱼，主要分布于我国东海、黄海和渤海海域。它也是潮汕地区常见鱼类之一，分布较为广泛。与绿鳍马面鲀形态相近的还有粗皮鲀（迪仔）、独角鲀（迪婆）。粗皮鲀皮棕黑色、粗糙，独角鲀个体大。它们也是潮汕地区常见鱼类，其营养价值和食用方法与绿鳍马面鲀相同。

（3）营养价值：马面鲀富含蛋白质、维生素 A 及多种矿物质，其肝含油量高达50% ~60%，可制鱼肝油。

（4）烹饪应用：绿鳍马面鲀可用炸、烧、爆等烹调方法成菜，也可以用于制作鱼糜、加工鱼丸，还是常用于烧烤的鱼类原料。代表菜品有葱烧马面鲀等。

8. 鳕鱼

（1）别名：大头青、大口鱼等。

（2）物种概述：鳕鱼（Gadus），广义上而言是硬骨鱼纲鳕形目鳕科鱼的总称，狭义上是指鳕科鳕属鱼。鳕鱼是大型冷水性经济鱼。鳕鱼水分多，脂肪含量低，肉质细嫩。鳕鱼以肉质肥厚、颜色雪白、鱼骨鱼刺少为优，肉黄、发水为次。选择时以未解冻的为宜，可精选鱼身中间部位切下的"全片鳕鱼"。

鳕鱼作为冷水性经济鱼类之一，在我国主要分布于北方沿海，潮汕地区并无出产。主要品种有大西洋鳕鱼（G. morhua）、格陵兰鳕鱼（G. ogac）和太平洋鳕鱼（G. macrocephalus）等。

（3）营养价值：鳕鱼营养丰富，含丰富蛋白质、维生素 A、维生素 D、钙、镁、硒等营养元素，脂肪含量低。肝脏含油量高，富含 DHA、DPA、维生素 A、维生素 D、维生素 E 等多种维生素。北欧人将它称为餐桌上的"营养师"。

（4）烹饪应用：鳕鱼常用烧、蒸、炸、爆等烹调方法制作菜肴，也是常用于制作熏鱼的鱼类原料。代表菜品有红烧鳕鱼。

9. 金枪鱼

（1）别名：吞拿鱼、鲔鱼等。

（2）物种概述：金枪鱼（Thunnus thynnus）为鲈形目金枪鱼科鱼类。金枪鱼肉质紧实细嫩，脂肪含量高，味道鲜美可口，营养价值高。冰鲜金枪鱼呈暗红色或褐色，且颜色天然不均匀，背部较深，腹部较浅；超低温金枪鱼颜色较暗，光泽度次之。冰鲜金枪鱼口感清爽、不油腻，肉质有弹性，吃到口中会有余香；一氧化碳金枪鱼吃起来无香无味，肉质干黏；超低温金枪鱼的口感则介于两者之间。

金枪鱼种类繁多，常见的有蓝鳍金枪鱼、长鳍金枪鱼、黄鳍金枪鱼和大眼金枪鱼等。金枪鱼广泛分布于潮汕各市。

（3）营养价值：金枪鱼富含蛋白质、脂肪、维生素 D，且钙、磷和铁等矿物质的含量也较高，含有大量肌红蛋白和细胞色素等。脂肪酸大多为不饱和脂肪酸，鱼背含有大量的 EPA，前中腹部含丰富的 DHA，所含的 DHA 比例为鱼中之冠。

（4）烹饪应用：金枪鱼常生食，鲜嫩可口、入口即化。此外，金枪鱼也可以炸、焖、爆、烧等烹调方法制作菜肴。代表菜品有金枪鱼刺身等。

10. 鲨鱼

（1）别名：鲛、鲛鲨等。

（2）物种概述：鲨鱼（*Shark*）是软骨鱼纲侧孔总目鱼类的总称。鲨鱼肉有腥味，肉质粗糙有韧性，味道较差。优质鲨鱼外观颜色鲜艳、光泽反射好、鳃孔黏液滑、透明无异味、肉质紧实。鲨鱼种类繁多，广泛分布于热带、亚热带海洋，在我国较少，潮汕沿海几乎没有发现。作为经济型鱼类的有白斑星鲨、灰星鲨等。

（3）营养价值：鲨鱼营养丰富。鲨鱼肉富含蛋白质、多种矿物质及维生素。鲨鱼皮富含蛋白质、碳水化合物、铁等。另外，鲨鱼的肝脏非常大，富含维生素 A 和维生素 D，是制作鱼肝油的重要原料。

（4）烹饪应用：鲨鱼肉在烹调之前，需要先浸泡去除氨味。鲨鱼肉质比较粗糙，常以清蒸、炖、烧等烹饪方法成菜。代表菜品有炒鲨鱼肉片、鲨鱼酸菜汤、红烧鲨鱼皮等。

11. 鳐鱼

（1）别名：文隆鲨鱼、丕仔等。

（2）物种概述：鳐鱼（*Rajiformes*）是软骨鱼纲鳐形目和鳐形鱼目的多种鱼的总称。鳐鱼呈圆形或菱形，体平扁，尾背部具硬刺，某些品种的尾部内有发电器官。鳐鱼肉多刺少，但肉质较粗。优质鳐鱼体表颜色鲜艳、黏液透明光滑、腹部肉质白中带红、肉质弹性好。

在世界范围内发现的鳐鱼有 100 多种，除南太平洋和南美洲东北沿海外，其在所有温带和热带浅水区域都有分布。鳐鱼最常见的品种是孔鳐，主要分布于南海和东海海域。

（3）营养价值：鳐鱼富含蛋白质、维生素 A、钾、硒等成分。

（4）烹饪应用：同鲨鱼类似，鳐鱼肉也要除去氨味后才可以烹调。鳐鱼也常以清蒸、炖、烧等烹饪方法成菜。代表菜品有红烧鳐鱼等。

12. 真鲷

（1）别名：加吉鱼、铜盆鱼等。

（2）物种概述：真鲷（*Pagrosomus major*）为硬骨鱼纲鲈形目鲷科真鲷属，是上等鱼类。优质真鲷肉色洁白、肉质细腻结实、味道鲜美似鸡肉、少刺。真鲷主要分布于我国东部沿海各海域，但产量不大。潮汕地区有出产，但产量小。

（3）营养价值：真鲷营养丰富，富含蛋白质、钙、钾、硒等营养元素。

（4）烹饪应用：真鲷适合以各种烹调方法制作菜肴，也可用于生鱼片的制作。代表菜品有清炖加吉鱼等。

真鲷

13. 鲅鱼

（1）别名：蓝点马鲛、马鲛等。

（2）物种概述：鲅鱼（*Scomberomorus niphonius*）为硬骨鱼纲鲈形目鲅科马鲛属鱼。体长，侧扁，呈纺锤形，有暗色圆形斑点。鲅鱼肉质细腻有弹性，刺少，鲜美可口。优质鲅鱼肉多刺少、肉质细腻有弹性、味道鲜美。鲅鱼主要分布于我国东海、黄海和渤海，舟山、连云港外海及山东南部沿海等渔场均有出产，潮汕海门也有分布，是重要的经济鱼类。

（3）营养价值：鲅鱼营养丰富，含丰富蛋白质、维生素 A、矿物质等成分。另外，其肝脏是提炼鱼肝油的重要原料。

（4）烹饪应用：鲅鱼除了制作菜肴，更多是用于鱼糜、鱼丸、馅料、鱼罐头以及咸鱼的制作。代表菜品有紫菜鲅鱼丸汤等。

14. 舌鳎

（1）别名：舌头、牛舌、狗舌等。

（2）物种概述：舌鳎（*Soleidae*）为硬骨鱼纲鲽形目舌鳎科鱼类的总称。舌鳎体侧扁，呈舌状，两眼位于头的左侧，口下位。优质舌鳎肉质细嫩、肥而不腻、味道鲜美。舌鳎常见的品种有短吻舌鳎、三线舌鳎、宽体舌鳎等，在我国东部沿海各海域分布广泛，目前也已实现人工养殖。

（3）营养价值：舌鳎具有海产鱼类营养显著的优点，含有较高的不饱和脂肪酸，蛋白质容易消化吸收。此外，还含有钾、磷、钙、钠、硒等矿物质及多种维生素。

（4）烹饪应用：舌鳎在初加工时要把鱼皮撕去，既可分段取肉入菜，又可整鱼入菜，适用各种烹调方法。代表菜品有红烧舌鳎等。

短吻舌鳎

宽体舌鳎

条鳎

15. 大黄鱼

（1）别名：金龙、金龙鱼、大黄花鱼、黄金鱼、大王鱼等。

（2）物种概述：大黄鱼（*Larimichthys crocea*）为硬骨鱼纲鲈形目石首鱼科黄鱼属，为传统的"四大海产"之一，也是我国主要的经济鱼种。大黄鱼肉质较松，味道佳。优质大黄鱼体表呈金黄色且有光泽、鳞片完整不易脱落、肉质坚实有弹性、味道鲜美。大黄鱼主要分布于浙江、福建、广东等省份的沿海海域，目前已实现人工养殖。

另有同属相近种的小黄花鱼（*Larimichthys polyactis*），又称"黄花鱼、小鲜、小黄花"，与大黄鱼一并为传统的"四大海产"之一。小黄鱼肉质细嫩，味道鲜美。

（3）营养价值：大黄鱼含丰富的蛋白质、硒，此外还含其他多种矿物质和维生素。大黄鱼肝脏富含维生素 A，可用于制作鱼肝油。

（4）烹饪应用：大黄鱼常以清蒸、清炖、油炸、红烧等烹饪方法成菜。代表菜品有清蒸大黄鱼、干炸大黄鱼等。

大黄鱼

16. 鮸鱼

（1）别名：米鱼、敏鱼、鳖鱼等。

（2）物种概述：鮸鱼（*Miichthys miiuy*）为硬骨鱼纲鲈形目石首鱼科名贵海洋经济鱼类之一。鮸鱼肉多厚实，味道鲜美。优质新鲜的鮸鱼鱼鳞不脱落或少量脱落、体表呈银灰色略有光泽、无黄斑、无异味、肌肉有坚实感、味道鲜美。颜色发黄、无光泽、无生气的鮸鱼为劣质鱼。

鮸鱼分布于北太平洋西部，我国的渤海、黄海及东海为鮸鱼主产区。鮸鱼为潮汕沿海常见鱼类。

（3）营养价值：鮸鱼是一种高蛋白、低脂肪的名贵鱼类。其鱼鳔肥大，具有养血、补肾、润肺健脾和消炎作用，坚持长期食用对再生障碍性贫血有一定疗效。

（4）烹饪应用：可以清蒸、油炸、红烧等方式成菜。

鮸鱼

蓝圆鲹

17. 蓝圆鲹

（1）别名：巴浪、吊景、池鱼、棍子、黄尾等。

（2）物种概述：蓝圆鲹（*Decapterus maruadsi*）为鲈形目鲹科暖水性中上层鱼类。优质蓝圆鲹肉多刺少、味道鲜美。蓝圆鲹分布于我国海南到日本南部。在我国主要分布于福建沿岸，为经济鱼类之一。

（3）营养价值：蓝圆鲹蛋白质含量高，且消化吸收率也高。

（4）烹饪应用：蓝圆鲹常用于蒸制鱼饭，也可以煎、炸、红烧等方式成菜。

18. 其他常见海水鱼

常见海水鱼

名称	潮汕俗名	烹饪应用	代表菜品
黄鳍鲷（*Sparus latus*）	黄墙	清蒸、杂鱼煲、鱼饭	
鲻鱼（*Mugil cephalus*）	乌鱼	煮、制鱼饭	明炉乌鱼
棱鲻（*Liza carinatus*）	尖头	煮、杂鱼煲	
四指马鲅（*Eleutheronema tetradactylum*）	午笋、午鱼	煮、杂鱼煲、鱼饭	
金线鱼（*Nemipterus virgatus*）	吊鲤、哥鲤	煎、鱼饭	
金钱鱼（*Scatophagus argus*）	金鼓	煮、杂鱼煲	
大眼鲷（*Priacanthus tayenus*）	红目连	煎、鱼饭	
龙头鱼（*Harpadon nehereus*）	殿鱼、灯笼鱼	炸、煮汤	酸甜殿鱼
鹦嘴鱼（*Amphilophus*）	鹦哥	煮、杂鱼煲	
黄斑篮子鱼（*Siganus oramin*）	娘埃、来芒	煮、杂鱼煲	酸梅娘埃
梅童鱼（*Collichthys lucidus*）	红花桃	煮、杂鱼煲	
鳗鲶（*Plotosus anguillaris*）	沙毛	煮、制汤	
鲥鱼（*Tenualosa reevesii*）	刺壳、三犁	煎、煮、炸	
黄姑鱼（*Nibea albiflora*）	春只、赤划	煎、煮、炸	
木叶鲽（*Pleuronichthys cornutus*）	滴丢、瓮强	煮、杂鱼煲	
多鳞鱚（*Sillago sihama*）	沙尖、沙梭	煮、杂鱼煲	
条尾绯鲤（*Upeneus bensasi*）	红糟、红鱼	煎、鱼饭	
长棘银鲈（*Gerres filamentosus*）	换米	煮、杂鱼煲	
尖吻小公鱼（*Stolephorus heterlolba*）	饶仔	鱼干	
金色小沙丁（*Sardinella aurita*）	姑鱼	鱼干	
长条蛇鲻（*Saurida elongata*）	大丁	煎、煮、炸	
赤眼鳟（*Squaliobarbus curriculus*）	赤眼鲮、红眼鱼	蒸、煎、煮	

（续上表）

名称	潮汕俗名	烹饪应用	代表菜品
多齿蛇鲻（*Saurida tumbil*）	那哥鱼	煮、杂鱼煲	
鲬鱼（*Platycephalus indicus*）	淡甲鱼	煮、杂鱼煲	
褐菖（*Sebastiscus marmoratus*）	石干鱼、刺过	煮	菜脯 石干鱼
颈带鲾（*Leiognathus muchalis*）	油叶	煮、杂鱼煲	

多鳞鱚

长棘银鲈

黄鳍鲷

金线鱼

龙头鱼

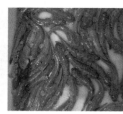

长条蛇鲻

颈带鲾

（三）洄游鱼

1. 鳗鱼

（1）别名：河鳗等。

（2）物种概述：鳗鱼（*Eel*）是硬骨鱼纲鳗鲡目各鱼类的总称。鳗鱼体细

172

长如蛇形，前段呈圆柱形，往后逐渐平扁，尾部细小。鳗鱼脂肪含量高，肉质肥美且耐高温，长时间煮制而不散。优质活鳗鱼的鱼身柔软，含适度的脂肪、无异味、肉质纹路细致有弹性、味道鲜美。

鳗鱼主要分布于长江和珠江流域，作为潮汕地区常见鱼类，分布较为广泛，目前部分地区已实现人工养殖。常见的鳗鱼种类有鳗鲡（*Anguilla japonica*）、海鳗（*Muraenesox cinereus*）、中华须鳗（*Cirrhimuraena kaup*）等。

（3）营养价值：鳗鱼含有丰富的优质蛋白、磷脂、DHA、EPA、维生素A、维生素E、维生素 B₁、维生素 B₂、钙等营养成分。鳗鱼脊椎骨钙磷比例接近 2：1，被公认为"理想的天然生物钙源"和"人类钙质的天然供给者"。另外，鳗鱼的皮、肉都含有丰富的胶原蛋白。

（4）烹饪应用：鳗鱼适合各种刀工处理，常采用烧、清蒸、炸、炒、熘等烹调方法制作菜肴。代表菜品有清炖鳗鱼、烤鳗鱼、椒盐油箸等。

中华须鳗

2. 鲑鱼

（1）别名：三文鱼、萨门鱼、大马哈鱼等。

（2）物种概述：鲑鱼（*Oncorhynchus*）为硬骨鱼纲鲑形目大马哈鱼属和鲑属鱼类的总称，为世界重要经济鱼类之一。鲑鱼肉色为粉红色，有弹性，脂肪含量高，肉质肥美可口。优质新鲜的鲑鱼具备一层完整无损、带有鲜银色的鱼鳞，透亮有光泽；鱼皮黑白分明，无瘀伤；眼睛清亮，瞳孔颜色很深而且闪亮，鱼鳃色泽鲜红，鳃部有红色黏液；鱼肉呈鲜艳的橙红色，肉质细嫩，味道鲜美。如果用手指轻轻地按压鱼肉，不紧实，压下去不能马上恢复原状的，品质较差。

鲑鱼种类繁多，主要分布在太平洋北部和欧洲、亚洲、美洲的北部地区，以挪威海域出产的最为著名，我国黑龙江海域也有产出，但产量较少。

（3）营养价值：鲑鱼富含蛋白质、多不饱和脂肪酸、钙、磷、铁及多种维生素，其鱼肝油中富含维生素 D。

（4）烹饪应用：鲑鱼常采用炖、焖、煮、炒、熘、烩、蒸等烹调方法制作菜肴，此外也常用于鱼片、鱼丸的制作。代表菜品有鲑鱼炖豆腐、三文鱼刺身等。

3. 河豚

（1）别名：乖鱼、气鼓鱼、龟鱼等，俗称鲀。

（2）物种概述：河豚（*Fetraodontidae*）为硬骨鱼纲鲀形目鲀科鱼的总称。体粗大，呈圆筒形，体背灰褐色，体侧黄褐色，腹部白色，有气囊，能吸气膨胀，用以自卫。优质河豚肉质肥美，味道鲜美可口。但其卵巢、肝脏、皮肤和血液中含有剧毒的河豚毒素，必须经过严格去毒处理后方可食用。河豚在我国沿海一带几乎都可以捕获，潮汕地区产量不大。

（3）营养价值：河豚肉含蛋白质、脂肪、维生素 A、维生素 B_1、维生素 B_2、烟酸、钙、磷、铁等营养成分。

（4）烹饪应用：河豚在初加工时要将有毒的卵巢、肝脏、血块等剥除，并清理干净污血，用热水冲洗皮。河豚适合各种烹制方式，可红烧、清蒸、爆炒，也可生食。代表菜品有蚝汁河豚、河豚萝卜汤等。

河豚

4. 银鱼

（1）别名：面条鱼、面丈鱼等。

（2）物种概述：银鱼（*Hemisalanx prognathus regan*）为银鱼科银鱼属多种半透明鱼类的统称。银鱼肉质嫩，刺软。优质新鲜银鱼，以洁白如银且透明为佳，体长 2.5～4 厘米为宜，从水中拿起银鱼后，将鱼放在手指上，鱼体软且下垂，略显挺拔，鱼体无黏液。银鱼干品以鱼身干爽、色泽自然明亮者为佳品。

银鱼分布于东亚的咸水和淡水中，在我国主要分布于山东至浙江沿海、长江中下游地区及太湖、鄱阳湖等湖泊。

（3）营养价值：银鱼富含蛋白质、碳水化合物、维生素 B_1、维生素 B_2、钙等。钙含量尤其丰富，属于极富钙质、高蛋白，低脂肪的鱼类。

（4）烹饪应用：银鱼常以熘、炸、炒、烩等烹调方法制作菜肴。代表菜品有银鱼汤、银鱼煎蛋等。

银鱼

二、鱼类制品

鱼类制品是以鱼肉及其副产品为主要原料，采用不同的方式生产的制品。常见的鱼类制品包括罐头制品、肉糜制品、冷冻制品和干制品。鱼类制品在中西餐中运用广泛，在中餐烹饪中因地域、菜系不同而各有特色，罐头制品等更多地出现在西餐烹饪中。

（1）鱼翅。又称"鲨鱼翅""金丝菜"，是用大中型软骨鱼类的鱼鳍加工而成的干制品，为"八珍"之一。制作鱼翅使用的软骨鱼主要有鲨鱼和鳐鱼。鱼鳍上的角质鳍条，也被称为"翅针"。鱼翅在使用前需用水涨发，本身无显味，胶状口感。我国东部沿海地区均有鱼翅出产，以广东、福建、浙江等地为主产地。

鱼翅的分类标准有多种，其中按照加工程度可分为原翅、毛翅和净翅。原翅即将鱼鳍直接加工干制而成的鱼翅，毛翅是将鱼鳍表面的鱼皮除去后加工制成的鱼翅，净翅则是将鱼鳍的鱼皮和鱼肉均除去。按照形态可分为包翅

（鲍翅）和散翅（生翅）。包翅即翅针连着骨膜的鱼翅，散翅则是翅针一根根分离成粉丝状的鱼翅。按照加工的鱼鳍部位可分为背翅（脊翅）、胸翅（翼翅）、腹翅、臀翅和尾翅（勾翅）。

鱼翅在选择时以翅针粗长、干净无杂质、颜色洁白者为佳。

鱼翅

（2）咸鱼。咸鱼是将新鲜的鱼加盐腌制，再经晾干而成的干制品。用来加工的鱼主要有大黄花鱼、小黄花鱼、金枪鱼、带鱼、银鱼和鲅鱼等。咸鱼有奇特香味，咸中带香，肉质松软。选择咸鱼时以色泽鲜艳有光泽、体表完整、无杂质者为佳。

（3）鱼肚。又称为"鱼胶""花胶"，是用大中型硬骨鱼的鱼鳔加工而成的干制品，为"八珍"之一。加工鱼肚使用较多的鱼有鳗鱼、大黄鱼、鲟鱼、鳁鱼和黄唇鱼等。鱼肚根据鱼类而命名，如常见的黄唇肚、鳁鱼肚、鲟鱼肚、鳝肚等。其中，黄唇肚是鱼肚中品质最好的一种，成品为金黄色，鲜艳有光泽。鱼肚选择时以大片厚实、体形完整、色泽淡黄、半透明者为佳。鱼肚食用前需涨发，发好的鱼肚颜色洁白，质地松软，本身无显味。

潮菜大师方树光的鱼鳔收藏馆

鸡蛋鳔

 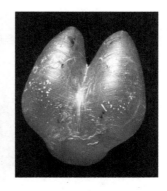

树叶鳔　　　　　　　　　　　　　　卵鳔

（4）鱼骨。又称"明骨""鱼脑"，为鲨鱼或鳐鱼等软骨鱼类的头骨、颚骨、鳍基骨等部分的软骨加工而成的制品。成品为方形的块状或片状物，白色，半透明，有光泽，质地坚硬。选择鱼骨时以体表完整，颜色洁白有光泽，无杂质为佳。鱼骨食用前需泡发，泡发后通透洁白，质地软滑。

（5）鱼子酱。又称"鱼籽酱"，是新鲜鱼卵加入食盐腌制而成的制品。成品为小颗粒状，半透明，有光泽，颜色因品种不同而各异。鱼子酱味道咸而鲜，有特殊腥味。选择鱼子酱时以颗粒饱满，透明有光泽，味道纯正者为佳。以产于黑海海域的 Beluga、Oscietra 和 Sevruga 这三种鲟鱼的鱼卵制成的鱼子酱最佳，最高级的是 Beluga。

鱼子酱

（6）鱼唇。又称"鱼皮""鱼嘴"，为大中型鱼类的唇部软肉和皮经过晾晒而成的干制品，为"八珍"之一，使用的鱼类有鲨鱼、鲟鱼和大黄鱼等。在中国境内，鱼唇主要产于舟山群岛和渤海等海域。鱼唇食用前需浸泡，浸泡后松软有弹性，无显味。选择鱼唇时以体表完整，色泽灰黄，有光泽，无污物、无残血者为佳。

177

（7）鱼糜。鱼糜是将鱼肉剁碎后，加入食盐、副产品和其他配料后捣烂成黏稠的糊状再成型后加热的凝胶制品，主要品种有鱼丸、虾丸、蟹棒、鱼糕、鱼豆腐和鱼面等。

鱼丸

第三节　虾蟹类及其制品

一、虾类

1. 龙虾

（1）别名：大虾、龙头虾、虾魁、海虾、虾王等。

（2）物种概述：龙虾（*Palinuridae*）是节肢动物门软甲纲十足目龙虾科虾类物种的总称，是虾类中最大的一类。龙虾的头胸部呈圆筒状，粗大坚硬，身体粗壮，色彩和斑纹多样，因品种不同而各异。优质龙虾体大、肉厚且质地紧实、肉色洁白、味道鲜美。

龙虾广泛分布于世界各大洲，品种繁多，著名品种有美国螯龙虾、波士顿龙虾和挪威龙虾，我国主要出产的品种有中国龙虾（*Panulirus stimpsoni*）、锦绣龙虾（*Panulirus orntus*）和波纹龙虾（*Panulirus homarus*）等。广东沿海、海南岛、西沙群岛和舟山群岛均有出产。

另外，还有小龙虾（*Procambarus clarkii*），又称"螯虾、克氏原螯虾、红螯虾、淡水小龙虾"等，为甲壳纲螯虾科淡水龙虾。其个体较小，暗红色，螯足强大、坚厚，肉质鲜美，主要分布于北美洲东部和东亚。

（3）营养价值：龙虾营养丰富，蛋白质含量高、脂肪含量低，还含有维生素 A、维生素 B_1、维生素 B_2、维生素 C、维生素 E 及多种矿物质。龙虾的肌纤维细嫩，易于消化吸收。

（4）烹饪应用：龙虾既可煮、蒸后剥肉配以酱碟食用，又可拆肉入菜，常用炸、焗、炒、熘等烹调方法制作菜肴。代表菜品有油泡龙虾球、清蒸龙虾等。

中国龙虾　　　　　　　　　　锦绣龙虾　　　　　　　　　　小龙虾

2．虾蛄

（1）别名：濑尿虾、皮皮虾、螳螂虾、琵琶虾等。

（2）物种概述：虾蛄（*Oratosquilla oratoria*）为节肢动物门软甲纲口足目虾蛄科虾类。其广泛分布于热带和亚热带海域，我国沿海均有出产。虾蛄在潮汕各地区产量大，深受人们喜爱，最常见的品种是口虾蛄。优质虾蛄壳色发青有光泽，肉质丰厚、细嫩爽滑、味道鲜甜。虾蛄旺季是每年 4 月，以背部壳内有一条状卵块的雌虾蛄为佳。

（3）营养价值：虾蛄营养丰富，蛋白质含量高达 20.6%，脂肪含量低至0.7%，另外还含有丰富的水分及多种矿物质和维生素。

（4）烹饪应用：虾蛄可带壳蒸、煮、焗、烤后食用，也可以去掉各硬角和头部后炸、炒制成菜肴。

虾蛄

3．中国对虾

（1）别名：东方对虾等。

（2）物种概述：中国对虾（*Penaeus chinensis*）为节肢动物门甲壳纲十足目对虾科虾类，因过去常成对出售故称"对虾"。优质对虾头尾与身体紧密相连、虾身有一定的弯曲度，皮壳发亮，呈青白色（雌虾）或蛋黄色（雄虾），虾肉质坚实细嫩有弹性，味道鲜甜。

对虾主要分布于我国黄海、渤海和朝鲜西部沿海。我国的辽宁、河北、山东、天津等沿海地区是主要产区。在潮菜中作为对虾入馔的，还有日本对虾（*P. japonicus*，俗称"九节虾、竹节虾、竹笋虾"等）、斑节对虾（*P. monodon*，俗称"花虾、斑节虾、草虾、大虎虾"等）、近缘新对虾（*Metapenaeus affinis*，俗称"砂虾、砂芦、麻虾、虎虾、花虎虾、泥虾、基围虾、红爪虾"等）。

（3）营养价值：对虾蛋白质含量高，还含有钙、磷、铁、镁等矿物质及少量的维生素。另外，对虾含一定的虾青素。

（4）烹饪应用：对虾既可整只以灼、烧、炸、烤、蒸、炖等方式制作菜肴，又可以去壳后煮汤，此外，也常加工成虾蓉用于制作虾饺和虾丸。代表菜品有白灼虾、蒜蓉开片虾等。

中国对虾

日本对虾

斑节对虾

近缘新对虾

4. 河虾

（1）别名：日本沼虾、青虾等。

（2）物种概述：河虾（*Macrobranchium nipponense*）为甲壳纲十足目长臂虾科淡水虾类。优质河虾虾头尾与身体紧密相连，虾身有一定的弯曲度，皮壳发亮，呈青绿色，虾肉质坚实细嫩有弹性，味道鲜美，无异味。河虾广泛分布于我国江河、湖泊、水库和池塘中。

（3）营养价值：河虾营养丰富，含蛋白质、脂肪、维生素 A、维生素 B_1、维生素 B_2、烟酸、钙、磷、铁、镁等成分。

（4）烹饪应用：常用白灼、油炸、干炒、红烧等技法将河虾制作成菜肴。代表菜品有香酥小河虾、虾饼等。

河虾

二、蟹类

1. 中华绒螯蟹

（1）别名：大闸蟹、河蟹、湖蟹等。

（2）物种概述：中华绒螯蟹（*Eriocheir sinensis*）为节肢动物门软壳纲十足目弓蟹科绒螯蟹属蟹类，因两只螯上多生绒毛，故名"绒螯蟹"。优质蟹的蟹壳青泥色，平滑而有光泽，贴泥的脐腹甲壳晶莹洁白，无墨色斑点，蟹爪金黄，蟹腿毛长且呈黄色，口感极其鲜美。

中华绒螯蟹分布在亚洲北部、朝鲜西部、泰晤士河流域，我国东部沿海各水系湖泊均有分布，以江苏阳澄湖所产（阳澄湖大闸蟹）最为出名。

（3）营养价值：含有蛋白质、脂肪、钙、磷、铁、维生素 A、维生素 B_1、维生素 B_2 等。

（4）烹饪应用：最能体现大闸蟹风味的食用方法就是整只清蒸，再配以姜醋汁食用。此外，大闸蟹也可以拆肉煲汤、熬粥以及制作其他菜肴。代表菜品为清蒸大闸蟹。

中华绒螯蟹

2. 锯缘青蟹

（1）别名：青蟹、赤蟹（雌蟹）等。

（2）物种概述：锯缘青蟹（*Scylla serrata*）为节肢动物门软壳纲十足目梭子蟹科青蟹属蟹类，因蟹体呈青绿色而得名，有"海上人参"之称。广布于印度—西太平洋的热带和亚热带海域，在我国主要分布在浙江、广东、广西、福建和台湾的沿海地区。

锯缘青蟹的挑选必须注意：①头大适中，以 200～300 克者为宜。②举起青蟹，背光察看蟹壳锯齿状的顶端，完全不透光者较肥满。③蟹的底部较脏的往往肉比较肥满，因为底部呈白色甚至透明状的表明蟹壳刚换，能量消耗过多，肉质不饱满。④青蟹如要保存，可放在阴凉湿润处，每天用 18‰ 的盐水浸泡 5 分钟，一般可活 3～5 天，最长可活 5～10 天。不能放冰箱，保存青蟹最适宜的温度为 8℃～18℃，5℃ 以下或 39℃ 以上的环境会使青蟹在短时间内死亡。

（3）营养价值：锯缘青蟹含各种营养素，其中尤其以蛋白质含量较高。

（4）烹饪应用：锯缘青蟹既可整只清蒸后剥食，也可以取出蟹肉以炒、烩、炸、熘等烹调方式制作菜肴。代表菜品有清蒸蟹、西施蟹、有机米焗蟹、养生蟹肉羹、黄汁焗青蟹、蟹肉竹筒面、羊煲蟹、蒜香焗蟹。

锯缘青蟹

3. 梭子蟹

（1）别名：海螃蟹、海蟹等。

（2）物种概述：梭子蟹（*Portunidae*）为节肢动物门软壳纲十足目梭子蟹科梭子蟹属的统称，常见种类有三疣梭子蟹（*Portunus trituberculatus*，俗称"黄鸡母"）、红星梭子蟹（*Portunus sanguinolentus*，俗称"三眼蟹、三点蟹、三目蟹"）和远海梭子蟹（*Portunus pelagicus*，俗称"花蟹、青脚蟹"），均为我国重要经济蟹类。三疣梭子蟹头胸甲表面有 3 个显著的疣状隆起；红星梭子蟹头胸甲后部有 3 个圆形镶白边的红色斑点；远海梭子蟹头胸甲表面长有粗糙的颗粒，呈蓝绿色并伴有浅蓝色斑纹。优质梭子蟹肉多膏多、肉色洁白而鲜嫩、味道鲜美，尤以远海梭子蟹最为可口。

三疣梭子蟹主要分布在朝鲜、日本、马来群岛和我国的辽宁、河北、天津、山东、江苏、浙江、福建等海域，目前已实现人工养殖。红星梭子蟹主要分布于印度洋—太平洋暖水区，我国广东、广西和福建等地也有分布。远海梭子蟹主要分布于日本、塔希提岛、菲律宾、澳大利亚、泰国、马来群岛及我国东部沿海和台湾岛。

另外，梭子蟹科蟳属的锈斑蟳（*Charybdis feriatus*），又称"红花蟹"，也是潮菜中常见的一种海水蟹类。

（3）营养价值：梭子蟹含丰富的蛋白质、脂肪、钙、磷、铁、维生素 A 等营养成分。

（4）烹饪应用：梭子蟹既可整只蒸煮后食用，又可以取蟹肉、蟹黄和蟹膏入菜，适合各种烹调方法。代表菜品有清蒸蟹、蟹丸汤、咸蛋黄焗蟹、潮式冻花蟹等。

三疣梭子蟹

红星梭子蟹

远海梭子蟹

锈斑蟳

三、虾蟹类制品

（1）虾米。虾米，又称"金钩"，是中小型虾经盐水煮、晒干、脱壳、晾晒等多道工序制成的干制品。用海产的白虾制成的虾米又称为"海米"；用淡水产的青虾和米虾制成的虾米又称为"湖米"；用中国对虾制成的虾米又称为"钳子米"。虾米是潮菜烹饪中常用的原料，潮汕各地区均有出产，产量较多。

选择虾米时以大小均匀，个体完整，无壳、无头、无附足，坚硬者为佳。虾米较咸，在潮菜烹饪中，虾米常作为调辅原料，在菜肴中起到增鲜增咸的作用，如虾米包子等。

（2）虾仁。虾仁是新鲜的虾去掉虾头、虾尾和虾壳后的纯虾肉。虾仁作为潮菜，尤其是点心类菜肴常用的原料，出产地遍布于潮汕各市。虾仁质感柔软、味道鲜美，常用于面点馅料的制作，起到增鲜的作用，目前常使用的有新鲜虾仁和速冻虾仁。

（3）虾皮。虾皮是用海产毛虾直接晒干制成的干制品，因虾体小、肉干瘪、不明显的外形像虾皮，因而被称为虾皮。同虾仁一样，作为潮菜烹饪常见的原料，很容易在潮汕各个地区找到。选择虾皮时以个体大，体形完整，色微黄，有光泽者为佳。虾皮味道鲜美，和虾米用途相似，多用作调辅原料增鲜，如虾皮拌豆腐。

（4）蟹黄。蟹黄是指雌蟹卵巢中橙黄色的卵块，为名贵原料。雌蟹在繁殖期体内卵巢功能最为发达，海蟹的繁殖期为 4 ~ 10 月，淡水蟹则为 9 ~ 10 月，此时的蟹黄量大质优。蟹黄的品质取决于螃蟹的种类，一般以大闸蟹的蟹黄为最佳。出产螃蟹的产地大部分也出产蟹黄、脂膏和蟹子等制品，但品质参差不齐。

蟹黄色泽鲜艳，为橘红色或橙黄色，洁净没有杂质，味道鲜美，干度足，油性大，可用于制作热菜、点心、小吃等。

（5）脂膏。脂膏是雄蟹呈青白色透明胶状的精巢，脂膏又称"蟹膏"，同蟹黄一样为名贵原料。与雌蟹一样，雄蟹在繁殖期时体内精巢功能最为发达，分泌的脂膏量最多。出产螃蟹的产地大部分也出产脂膏，但品质参差不齐。同蟹黄一样，潮汕地区出产的脂膏品种并非最佳。

脂膏颜色较白，呈半透明果冻状，味道略腥。同蟹黄一样，脂膏多用于热菜、点心和小吃的制作。

（6）蟹子。蟹子又称"蟹籽"，是海蟹卵巢中的卵块经洗净晒干制成的干制品，有生、熟两种，为名贵原料，在我国沿海地区均有出产。

蟹子颜色深红，通透晶莹，鲜艳有光泽，颗粒光滑，常作调味和配色用，多作为主菜、汤羹乃至小吃的调味料和配色料。

第四节　贝类及其制品

一、贝类

（一）腹足类

1. 鲍鱼

（1）别名：海耳、九孔螺等。

（2）物种概述：鲍鱼（*Abalone*）为软体动物门腹足纲原始腹足目鲍鱼科贝类。鲍鱼的贝壳呈耳状，质坚厚，表面呈深绿褐色，软体部分呈椭圆形，侧扁，有一个肥厚的肉足，为主要食用部分。

鲍鱼广泛分布于太平洋、大西洋和印度洋，澳大利亚、日本、新西兰、南非、中国、墨西哥、欧洲、美国、加拿大和中东等国家和地区均有出产。日本、澳大利亚、新西兰产量较大，我国沿海地区均有分布。

　　澳大利亚的常见鲍鱼有黑边鲍、青边鲍、棕边鲍和幼鲍；日本则常见网鲍、窝麻鲍和吉品鲍，其中网鲍为鲍中极品；我国北部沿海常见的是皱纹盘鲍（大连鲍），南部沿海常见的为杂色鲍。

　　鲍鱼按形态特征，可分为三类：紫鲍，个大、色泽紫、质好；明鲍，个大、色黄而透明、质好；灰鲍，个小、色灰暗、不透明、表面有白霜、质差。

　　鲍鱼按大小分类，可分为两头鲍、三头鲍、五头鲍、二十头鲍等类别。民间有"千金难买两头鲍"之谚。"头"是鉴别鲍鱼等级的标准，指1司马斤（600克）里有多少只鲍鱼，头数越少代表鲍鱼的个头越大，价格越贵。

　　就产地而言，以日本、南非所产的鲍鱼为最佳。澳大利亚鲍鱼虽然体大肉厚，但因肉质偏硬、粗糙，故在市场上，其价钱比大连鲍便宜得多。

　　鲍鱼的品质可以色泽、外形、肉质等方面进行判断。从色泽方面观察，优质鲍鱼呈米黄色或浅棕色，质地新鲜有光泽；从外形方面观察，优质鲍鱼呈椭圆形，鲍身完整，个头均匀，干度足，表面有薄薄的盐粉，若在灯影下鲍鱼中部呈红色更佳；从肉质方面观察，优质鲍鱼肉厚，鼓壮饱满，新鲜。而劣质鲍鱼的特征，从色泽方面观察，其颜色灰暗、褐紫、无光泽，有枯干灰白残肉，鲍体表面附着一层灰白色物质，甚至出现黑绿霉斑；从外形方面观察，体形不完整，边缘凹凸不齐，个体大小不均，近似"马蹄形"；从肉质方面观察，肉质瘦薄，外干内湿，不陷亦不鼓胀。

　　（3）营养价值：鲍鱼含有丰富的蛋白质，含20多种氨基酸，还有较多的钙、铁、碘、维生素A等营养成分。另外，鲍鱼还含有鲍灵素Ⅰ、鲍灵素Ⅱ。

　　（4）烹饪应用：各大菜系均以鲍鱼为名贵原料。烹饪中常用鲍鱼生鲜品、速冻品、罐头制品和干制品。在潮菜烹饪中，鲍鱼常被制作为刺身食用，也采用焗、烤、煎、煮等烹调方法成菜，制作各式焗菜、焗饭、汤、羹等。代表菜品有掌上明珠、鲍鱼焗饭等。

鲍鱼

2. 管角螺

（1）别名：响螺、角螺、海螺等。

（2）物种概述：管角螺（*Hemi fusus tuba*）为软体动物门腹足纲腹足目盔螺科螺类。管角螺呈号角状，有较厚角质厣，其足块肥大，为主要食用部分。优质管角螺个大肉肥、肉质鲜嫩爽脆、味道鲜美。管角螺主要分布于日本海和中国东部、南部沿海地区。

（3）营养价值：管角螺含丰富的蛋白质、脂肪、钙、磷、铁等营养成分。

（4）烹饪应用：管角螺是名贵的海鲜品种，主要食用其足块，多切块、片后，采用炒、爆、烧、蒸等方法成菜，也可以直接煮熟后配以酱碟食用。代表菜品有明炉烧响螺、白焯响螺片、橄榄炖角螺等。

管角螺

3. 方斑东风螺

（1）别名：花螺、内螺（潮汕）、海猪螺等。

（2）物种概述：方斑东风螺（*Babylonia areolata*）为软体动物门腹足纲新腹足目蛾螺科东风螺属螺类。螺体呈卵圆形，质地坚厚，贝壳表面光滑，呈灰白色，有排列整齐的淡褐色斑块。优质方斑东风螺壳薄而坚硬、有光泽、肉质爽口、味道鲜美。

方斑东风螺主要分布于东南亚部分国家，日本和我国也有分布，我国主要分布在东部、南部沿海。

（3）营养价值：方斑东风螺富含蛋白质、钙、磷、铁及多种维生素，脂肪含量低。

（4）烹饪应用：方斑东方螺以足块入菜，常用炒、爆、烩等烹调方法制作菜肴，也可以煮、蒸、灼等方式成菜。代表菜品有白灼东风螺等。

方斑东风螺

4. 方形环棱螺

（1）别名：石螺、方田螺、螺蛳等。

（2）物种概述：方形环棱螺（*Bellamya quadrata*）为软体动物门腹足纲中腹足目田螺科田螺属螺类。优质方形环棱螺壳面呈黄褐色且有螺棱，壳口平滑，螺肉爽口，味道鲜美。它主要生长于湖泊、池塘、沼泽和水田内，潮汕大部分地区均有分布，目前已实现人工养殖。

（3）营养价值：方形环棱螺含丰富的蛋白质、维生素 A、钙、铁等营养成分。

（4）烹饪应用：方形环棱螺烹饪前最好先以清水漂养一天，将螺体洗净后，用钳子去掉尾尖，采用炒、煲或熬汤等烹调方法制作菜肴。代表菜品有炒石螺、石螺金不换汤等。

方形环棱螺

5. 锥螺

（1）别名：笋锥螺、海丁螺、丁螺等。

（2）物种概述：锥螺（*Turritella terebra*）为软体动物门腹足纲中腹足目

锥螺科螺类。锥螺的外壳修长精致，呈细长锥形，外观如高塔。优质锥螺外壳细长、螺轴和壳口均为圆形、外唇薄、壳口完整、肉质爽口、味道鲜美。锥螺主要分布于菲律宾、中国东南沿海。

（3）营养价值：锥螺富含碳水化合物、钙、维生素 E 等营养成分。

（4）烹饪应用：锥螺多采用炒、烩、焖、煮等烹饪方法制作菜肴。代表菜品有葱爆锥螺、白灼锥螺等。

锥螺

6. 泥螺

（1）别名：钱螺、麦螺蛤、泥蛳、泥糍、泥蚂等。

（2）物种概述：泥螺（*Bullacta exarata*）属软体动物门腹足纲后鳃目阿地螺科螺类。优质泥螺螺体发达、薄而脆、肉质软嫩、味道鲜美。桃花盛开时所产的泥螺质量最好，此时的泥螺体内无泥、无菌，味道也特别鲜美。中秋时节所产的"桂花泥螺"，虽然比不上农历三月时的"桃花泥螺"，但也是粒大脂丰，极其鲜美。泥螺多栖息在潮间带泥沙的滩涂上，在我国沿海均有产。

（3）营养价值：泥螺含有丰富的蛋白质、钙、磷、铁及多种维生素等营养成分。

（4）烹饪应用：泥螺含沙量较高，初加工时要反复清洗，另外，由于其泥腥味较重，烹制前需要腌制。常用炒、爆、烩、煮、蒸、红烧等烹调方法制作菜肴，也可制成腌菜食用，俗称"钱螺鲑"。代表菜品有鲍汁泥螺等。

（二）瓣鳃类

1. 泥蚶

（1）别名：血蚶、粒蚶等。

（2）物种概述：泥蚶（*Tegillarca granosa*）为软体动物门双壳纲列齿目蚶科蚶属贝类。初上水的蚶，若是从海滩泥土中捕捞的，外壳涂满湿污泥；从沙滩上捕捞的，也有湿沙沾壳。新鲜的蚶双壳往往自动开放，用手拨动它则双壳立即闭合。如外壳泥沙已干结，说明捕捞的时间较长。优质泥蚶肉质鲜嫩、多血、味道鲜美。中国沿海各地均有分布，东部沿海地区已实现人工养殖。

（3）营养价值：泥蚶含丰富的蛋白质，以及多种必需氨基酸，还含有镁、钙、锌、铁、锰、铜、钴及多种维生素。泥蚶中不饱和脂肪酸占脂肪酸的比例高。另外，泥蚶还含有牛磺酸及甜菜碱。

（4）烹饪应用：泥蚶在初加工时要用清水浸泡，待其吐净泥沙方可烹制。可以炒、烩、熘、煮、蒸等方式成菜，也可以煮汤食用。最简单的食用方法是用开水烫熟后蘸蒜泥、醋食用。代表菜品有白灼泥蚶。

2. 河蚌

（1）别名：河歪、河蛤蜊、鸟贝、嘎啦、瓦夸等。

（2）物种概述：河蚌（*Unionidae*）为软体动物门双壳纲蚌目珠蚌科无齿蚌属背角无齿蚌。优质河蚌蚌壳紧闭、不易掰开、闻之无异样腥味、壳内部颜色光亮、肉质细嫩、呈淡黄色、味道鲜美。河蚌主要分布于亚洲、欧洲、北美和北非，生于水面平静的淡水湖泊、河流、池塘中，我国分布很广，已实现人工养殖。

（3）营养价值：河蚌富含蛋白质、脂肪、磷、钙等营养成分。

（4）烹饪应用：河蚌在初加工时要去掉黄色的鳃和黑色的泥肠，取其肉即可。河蚌多用于煮制高级清汤，也可以烧、熘、烩、炒等方式成菜。代表菜品有河蚌豆腐汤。

3. 河蚬

（1）别名：蚬、蚬仔、黄蚬、蟟仔、沙螺、沙喇、蜊仔等。

（2）物种概述：河蚬（*Corbicula fluminea*）为软体动物门瓣鳃纲真瓣鳃目蚬科蚬属贝类。河蚬呈圆底三角形，常呈棕黄色、黄绿色或黑褐色。优质河蚬外壳色泽正，有光泽，通常大都呈闭口状，若张口轻碰则能迅速闭口，肉质细嫩，味道鲜美。河蚬主要分布于俄罗斯、日本、朝鲜以及东南亚各国。它们广泛栖息于江河、湖泊、池塘中，喜沙泥质底的环境，穴居于水底沙土表层，亦出现于河口，适宜进行人工养殖。

（3）营养价值：河蚬含有蛋白质、钙、磷、铁、硒、钴及多种维生素。

（4）烹饪应用：河蚬既可烧、烩成菜，又可取肉以炒、炸、煮等方式成菜。

泥蚶　　　　　　　　河蚌　　　　　　　　河蚬

4. 象拔蚌

（1）别名：象鼻蚌、女神蛤、皇帝蚌、太平洋潜泥蛤等。

（2）物种概述：象拔蚌（*Panopea abrupta*）是软体动物门双壳纲海螂目潜泥蛤科海神蛤属太平洋潜泥蛤，为高档海鲜原料。其体形大，两扇贝壳一样大，呈长方形，前端有形状如象鼻的水管肌，因而得名"象拔蚌"。通常体形大的称为"大象"，体形小的称为"小象"。水管肌为主要食用部分。优质象拔蚌体大、水管肌发达、肉质脆嫩、味道鲜甜。原产于美国和加拿大的北太平洋沿海，我国东部沿海也有分布，目前也已实现人工养殖。

（3）营养价值：象拔蚌含蛋白质、铁、钙等营养成分，其脂肪含量低。

（4）烹饪应用：象拔蚌在初加工时需要将水管肌外面的厚皮撕去，取出水管肌，既可切片生食，又可以白灼、煎、扒、炒、烩、炖、煮等方式成菜。代表菜品有油泡象拔蚌、象拔蚌刺身等。

大象拔蚌　　　　　　　　　小象拔蚌

5. 扇贝

（1）别名：海扇等。

（2）物种概述：扇贝（*Chlamys sp.*）为软体动物门双壳纲珍珠贝目扇贝科贝类的统称，因贝壳呈扇形而得名。新鲜扇贝的贝壳色泽正常且有光泽、无异味、手摸贝肉有爽滑感、弹性好、肉色洁白细嫩、味道鲜美，其干制品称为"干贝"。扇贝广泛分布于世界各海域，以热带海域的种类最多，我国沿海均有出产。主要品种有栉孔扇贝（*Chlamys farreri*）、海湾扇贝（*Aequi-pecten irradians*）和虾夷扇贝（*Patinopecten yessoensis*）等。

（3）营养价值：扇贝富含蛋白质、B 族维生素、镁、钾等营养成分，热量低且不含饱和脂肪。另外，研究发现，扇贝卵巢中提取得到的糖蛋白对动物白血病有较好的疗效。

（4）烹饪应用：扇贝适用于蒸、煮、爆、炸、烩、熘、炒等多种烹调方法。代表菜品有蒜蓉蒸扇贝、粉丝扇贝等。

栉孔扇贝

6. 翡翠贻贝

（1）别名：青时、壳菜、青口等。

（2）物种概述：翡翠贻贝（*Mytilu smaragdinus*）为软体动物门双壳纲贻贝目贻贝科贻贝属贝类。贝壳呈楔形，前闭壳肌退化，后闭壳肌巨大。优质翡翠贻贝的贝壳呈绿色且有光泽、肉质柔软、味道鲜甜可口。翡翠贻贝遍布世界各地，目前已实现人工养殖，在潮汕地区广泛分布。

另外，同属贝类的紫贻贝（*Mytilus edulis*），壳多为紫褐色，内面紫黑色或黑色，有珍珠光泽，俗名"海红"，也可供食用，肉晒干了便是人们熟知的"淡菜"。

（3）营养价值：翡翠贻贝的蛋白质、钙、镁、铁、硒及氨基酸含量较高，必需氨基酸占总氨基酸量的比例较高。粗脂肪和脂肪酸含量丰富，特别是EPA 和 DHA 总量在总脂肪酸中所占比例较高。另外，翡翠贻贝还含有牛磺酸。

（4）烹饪应用：翡翠贻贝多以炒、蒸、爆、烩等方式成菜或煮制清汤，代表菜品有贻贝白菜汤等。

翡翠贻贝

7. 牡蛎

（1）别名：蚝、蛎子等。

（2）物种概述：牡蛎（*Ostrea gigas*）为软体动物门瓣鳃纲牡蛎目牡蛎科牡蛎属贝类。牡蛎两片贝壳一大一小，表面粗糙，质坚如石。优质牡蛎个体均匀、体大肥实、肉质爽嫩肥美。牡蛎品种繁多，著名品种有法国牡蛎和英国牡蛎。牡蛎广泛分布于世界各海域，已实现人工养殖，潮汕各地区均有出产。

（3）营养价值：牡蛎是一种高蛋白、低脂肪、容易消化且营养丰富的食品，含量丰富的甘氨酸和肝糖原是其美味的基础。此外，它还含有牛磺酸、钙、磷、铁、锌及多种维生素。因其含锌丰富，故有"益智海鲜"之称。

（4）烹饪应用：牡蛎可直接生食，味道鲜美，除了以爆、炒、蒸、煮等烹调方法制作菜肴外，也多用于冷盘、馅料、小吃等的制作。代表菜品有蚝烙、紫菜蚝仔汤、铁板蚝等。

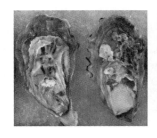

牡蛎

8. 花蚶

（1）别名：花蛤、杂色蛤等。

（2）物种概述：花蚶通常是指软体动物门瓣鳃纲帘蛤目帘蛤科的文蛤（*Meretrix meretrix*）和菲律宾蛤仔（*Ruditapes philippinarum*）的统称，是潮州菜中较为常见的贝类。文蛤贝壳表面生长纹粗大，顶部为白色，腹面为黄褐色。菲律宾蛤仔外壳坚厚，表面呈灰黄色或深褐色，有的有带状花纹或褐色斑点。优质花蚶外壳坚厚、斧足发达、肉质细嫩、味道鲜甜。

文蛤广泛分布于世界各海域，而菲律宾蛤仔主要产于中国、韩国和日本，在我国南北海区域广泛分布，是我国"四大养殖贝类"之一。

（3）营养价值：花蚶营养丰富，蛋白质含量高，氨基酸的种类组成及配比合理，并含有维生素 A、维生素 E、维生素 B_1、维生素 B_2 等多种维生素及钙、镁、铁、锌、碘等矿物质。

（4）烹饪应用：花蚶多用爆、炒、蒸、煮等烹调方法制作菜肴，代表菜品有葱爆花蚶等。

文蛤　　　　　　　　　　　　　　　菲律宾蛤仔

9. 日本镜文蛤

（1）别名：车白等。

（2）物种概述：日本镜文蛤（*Dosinorbis japonica*）为软体动物门瓣鳃纲帘蛤目帘蛤科蛤类。贝壳呈乳白色，圆形，侧扁。优质日本镜文蛤贝壳坚厚、肉质细嫩、味道鲜甜。日本镜文蛤主要分布在日本、朝鲜和我国东部沿海省份。

（3）营养价值：日本镜文蛤营养丰富，富含蛋白质及多种矿物质和维生素。

（4）烹饪应用：日本镜文蛤肉质细嫩鲜美，多用炒、煮、蒸、烩、烧等烹调方法制作菜肴。代表菜品有车白酸菜汤等。

10. 寻氏肌蛤

（1）别名：海蛆、薄壳等。

（2）物种概述：寻氏肌蛤（*Musculus senhousei*）为软体动物门瓣鳃纲帘蛤

目帘蛤科肌蛤属贝类。贝壳呈卵形，有一根长到体外的足丝，几十个寻氏肌蛤以足丝相连，附着在岩石或泥沙中，生长成熟后需要人工采摘，用刀将寻氏肌蛤连带岩石或泥沙一起割出，捞起后再洗去泥土。优质寻氏肌蛤壳薄脆且光滑，肉质细嫩肥美、味道鲜甜。寻氏肌蛤为广东潮汕地区和福建东南部的特有海产品，目前已实现人工养殖。

（3）营养价值：寻氏肌蛤蛋白质含量高，必需氨基酸含量较丰富，不饱和脂肪酸含量较高。硒含量高于一般海产贝类。

（4）烹饪应用：寻氏肌蛤常与蒜头、罗勒等辅料炒食，也可以用鲜薄壳作配料煮粿条汤、面条汤，还可以煮水脱壳、收肉制薄壳米或配盐腌制成咸薄壳。

日本镜文蛤　　　　　　　　　　寻氏肌蛤

11. 缢蛏

（1）别名：指甲蚌、蛏子等。

（2）物种概述：缢蛏（*Sinonovacula constricta*）为软体动物门瓣鳃纲真瓣鳃目蛏科贝类。贝壳呈长卵形，足部黄白色，水管发达，伸出体外。优质缢蛏个头大而完整、肉质肥厚、色泽淡黄、味道鲜美、无破碎、无泥沙杂质。我国沿海均有分布，著名产地有江苏、浙江、福建等，很多地方也已实现人工养殖。

（3）营养价值：缢蛏富含蛋白质、维生素 A 及碘、硒、锌、锰、钙、磷、铁等矿物质。

（4）烹饪应用：缢蛏肉质爽脆鲜嫩，味道鲜美，可以制作清汤，也可以炒、爆、烩、熘、氽等方式成菜。代表菜品有铁板蛏子、蒜泥蛏子、萝卜缢蛏汤等。

12. 竹蛏

（1）别名：竹节蚌、蛏子王等。

（2）物种概述：竹蛏（*Solen strictus*）为软体动物门瓣鳃纲真瓣鳃目竹蛏科贝类的总称。最常见的种类是大竹蛏（*Solen grandis*）、长竹蛏（*Solen goul-*

di）和细长竹蛏（*Solen gracilis*）等。竹蛏贝壳呈竹筒状，黄褐色，壳质脆薄，出水管和入水管常伸出壳外。竹蛏肉质与缢蛏相近。优质竹蛏外壳干净有光泽、肉质丰满、味道鲜美、无破碎、无泥沙杂质。竹蛏在我国分布极为广泛，我国自北到南的沿海均有分布。

（3）营养价值：竹蛏营养丰富，含有蛋白质、脂肪、糖类、钙、磷、铁、碘及多种维生素。

（4）烹饪应用：竹蛏的烹饪应用跟缢蛏类似，可以制作清汤，也可以炒、烩、熘、汆等方式成菜。代表菜品有粉丝大竹蛏、竹蛏金不换汤等。

缢蛏　　　　　　　　　大竹蛏　　　　　　　细长竹蛏

13. 红肉篮蛤

（1）别名：红肉、红肉河篮蛤。

（2）物种概述：红肉篮蛤（*Potamocorbula rubromuscula*）为软体动物门瓣鳃纲海螂目抱蛤科贝类。红肉篮蛤个体小，贝壳呈卵圆形。优质红肉篮蛤壳质脆而薄、肉质爽脆、味道鲜美。红肉篮蛤主要分布于中国广东，常栖息在潮间带至潮下带。在潮汕地区已有长达百年的养殖历史。

（3）营养价值：红肉篮蛤含蛋白质及多不饱和脂肪酸。

（4）烹饪应用：红肉篮蛤多以烩、熘、爆、炒等烹饪方法制作菜肴，也可以蒸、煮等方式成菜。代表菜品有红肉豆腐汤等。

红肉篮蛤

14. 中国绿螂

（1）别名：大头贝、大头怪等。

（2）物种概述：中国绿螂（*Glauconome chinensis*）为软体动物门瓣鳃纲真瓣腮目绿螂科绿螂属贝类。优质中国绿螂肉质细嫩，味道鲜美。中国绿螂广泛分布于我国浙江以南沿海，在潮汕各地区均有分布。

（3）营养价值：中国绿螂含蛋白质、多种矿物质及维生素。

（4）烹饪应用：中国绿螂可采用炒、炸、爆、烩等烹饪方法成菜。

15. 舌形贝

（1）别名：胶墙（潮汕）、海豆芽等。

（2）物种概述：舌形贝（*Lingula sp.*）为腕足动物门无铰纲舌形贝目舌形贝科舌形贝属贝类，也是世界上已知的存在时间最长的腕足类海洋生物。优质舌形贝壳薄脆、壳面褐色且有光泽，肉茎长、肉质爽口。舌形贝主要分布于温带和热带海域，潮汕沿海有产。

（3）营养价值：舌形贝含蛋白质、碳水化合物、钙、磷等营养成分。

（4）烹饪应用：舌形贝可用炒、爆、炸、烩、熘、烧等烹调方法制作菜肴。

中国绿螂　　　　　　　　　　　　　　　舌形贝

（三）头足类

1. 乌贼

（1）别名：墨鱼、墨斗鱼等。

（2）物种概述：乌贼（*Sepiida*）为软体动物门头足纲乌贼目乌贼科的总称。乌贼身体呈袋形，外被肌肉发达的外套膜，石灰质内骨骼（内壳）发达，体内有墨囊，在乌贼遇到敌害时会喷出墨汁掩护自身逃跑。乌贼肉色洁白，质地柔软。优质乌贼色泽鲜亮、无黏液、无异味、肉质厚实爽嫩且有弹性、味道鲜美。乌贼分布于世界各大洋，主要生活在热带和温带沿岸，目前已实现人工养殖。中国乌贼种类较多，主要有金乌贼（*Sepia esculenta*）、曼氏无针乌贼（*Sepiella maindroni*），主要产区有福建、浙江沿海和台湾海域。

（3）营养价值：乌贼含丰富的蛋白质。乌贼中的墨汁含有一种黏多糖，实验证实对小鼠有一定的抑癌作用。

（4）烹饪应用：乌贼的可食部分占整体的 90% 以上，多以炒、爆、烧、熘、焖等烹调方法成菜。代表菜品有红烧墨鱼等。

乌贼

2. 章鱼

（1）别名：八爪鱼、蛸等。

（2）物种概述：章鱼（*Octopodidae*）为软体动物门头足纲八腕目章鱼科章鱼属物种。其体呈卵圆形，腕上均有两排吸盘，无鳍。章鱼的腕是主要的食用部分，肉质柔软，味道鲜甜。优质章鱼体形完整、色泽鲜明、肥大、爪粗壮、体色柿红带粉白、味香。章鱼分布于世界各海域，我国南北沿海均有分布，目前已实现人工养殖。我国常见的章鱼种类有：短蛸（*Octopus ochellatus*）、长蛸（*Octopus variabilis*）和真蛸（*Octopus vulgaris*）等。

（3）营养价值：章鱼含有丰富的蛋白质、碳水化合物、钙、磷、铁、锌、硒以及维生素 C、维生素 E、B 族维生素等营养成分。此外，章鱼富含牛磺酸。

（4）烹饪应用：章鱼常采用爆炒、拌、炝、炸等烹调方法成菜。代表菜品有韭菜炒章鱼。

短蛸

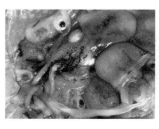

长蛸

真蛸

3. 枪乌贼

（1）别名：鱿鱼、柔鱼等。

（2）物种概述：枪乌贼（*Loligo chinensis*）属软体动物门头足纲管鱿目枪乌贼科枪乌贼属。其体呈标枪形，体表被坚韧而柔软的外套膜，体内有退化的内壳。枪乌贼的肉比乌贼薄且质量好。优质枪乌贼体大肉嫩、味道鲜美。枪乌贼广泛分布于世界各海域，常见种类有中国枪乌贼和日本枪乌贼，我国南海北部有出产。

（3）营养价值：枪乌贼富含蛋白质、钙、磷、维生素 A、维生素 B_1、牛磺酸等营养成分。此外，其脂肪含量极低，胆固醇含量较高。

（4）烹饪应用：枪乌贼肉厚而细嫩，味道鲜美，常剞以花刀并采用爆、炒、烩等方式快速成菜。代表菜品有麦穗花鱿等。

鱿鱼

二、贝类制品

（1）干贝。干贝，即以扇贝、日月贝、江珧等贝类的后闭壳肌为原料，经过风干晾晒等工序制成的干制品，为高档烹饪原料"八珍"之一。

干贝呈短圆柱体，个体有大有小，浅黄色，有光泽，肉质细嫩，味道鲜美，有特殊的香味。干货原料所称的"干贝"常分为三种：干贝，即扇贝后闭壳肌的干制品，质量最好；带子，即日月贝后闭壳肌的干制品，质量较好；瑶柱，即江珧后闭壳肌的干制品，质量较差。

干贝在使用前需要先撕去表面的组织膜，然后经水泡发。常作为调味料，和熊掌、燕窝、鱼翅和鱼肚等无显味的高档原料搭配；也常用于白灼、清蒸、白烧等烹调方法的菜式中，起到赋味增鲜的作用；也可作为主料用于冷菜、热菜尤其是汤、羹和火锅的制作。此外，干贝具有较高的营养价值，也用于药膳的制作。

干贝

（2）淡菜。淡菜，又名"壳菜""青口"，是以贻贝为原料，经过蒸煮、去壳、取肉、晾晒等工序制作而成的干制品。我国东部沿海地区出产较多。选择淡菜时以肉质较肥，体形完整，棕红色，有光泽，无碎片和杂质，味道鲜美爽口者为佳。

淡菜在使用前需要用水泡发。淡菜常作为调味料和配料，运用在焖、烧、煨、炖等烹调方法制作的菜式中，也在小吃的馅料、粥、汤、羹中起着增鲜的作用。此外，淡菜具有药用价值，可作为药膳原料。

（3）干鲍。干鲍即干鲍鱼，是新鲜的鲍鱼经风干晾晒制成的干制品，为名贵原料。干鲍以日本干鲍和南非干鲍品质为最佳。选择干鲍鱼时以个体完整，外表干燥，色黄或深黄，贮存年份长为佳。干鲍在烹制前需要涨发，多采用冷水发法，提前一晚涨发后再加水蒸制 12 个小时即可。涨发后的干鲍多用于高汤的熬制。

干鲍

（4）鱿鱼干。鱿鱼干是以新鲜枪乌贼为原料，经过浸泡、除内脏、洗涤、干燥、压制等工序制作而成的干制品。我国东部沿海地区出产较多。选择鱿鱼干时以身体平扁，体形完整，色棕红，表面有白霜，香味十足者为佳。

此外，章鱼干和墨鱼干的制作方法和品质鉴定与鱿鱼干类似。

鱿鱼干经水涨发后常加工成条、丁、丝等形状，既适合卤、炒、爆、炸等快速成菜的烹调方法，又适合炖、焖、煮、蒸等长时间成菜的烹调方法。由于鱿鱼干不易入味，需要调味料与芡汁或高汤为其赋味。

第五节　其他常见水产品及其制品

1. 牛蛙

（1）别名：食用蛙、地牛等。

（2）物种概述：牛蛙（*Rana catesbeiana*）为两栖纲无尾目蛙科蛙类。牛蛙个体大，体重可达 2 千克，背部及四肢为褐绿色，腹面白色。优质牛蛙肉肉质细嫩、味道鲜美。牛蛙原产于美国和墨西哥，我国目前已有人工养殖。

（3）营养价值：牛蛙肉营养价值非常高，是一种高蛋白质、低脂肪、低胆固醇的营养食物。

（4）烹饪应用：牛蛙是中西餐烹饪中应用较为普遍的蛙类，多以腿部、腹部的肉供食用，蛙类皮肤含有较多寄生虫，不推荐食用。蛙肉适合用烧、炒、炖、煨等烹调方法成菜。代表菜品有红烧牛蛙。

牛蛙

2. 棘胸蛙

（1）别名：石蛤、石蛤蟆、石鸡等，为"庐山三石"（石鸡、石鱼、石耳）之一。

（2）物种概述：棘胸蛙（*Quasipaa spinosa*）为两栖纲无尾目蛙科蛙类。蛙体长为 10～13 厘米，重达 400 克，皮肤粗糙，背部、胸部常有疣，腹面光滑。优质棘胸蛙肉质细嫩洁白，味道甘美。棘胸蛙主要分布于我国南部省份，如广东、福建、广西等的山区丘陵地区，目前已实现人工养殖。

（3）营养价值：棘胸蛙肌肉中的蛋白质含量高，脂肪含量较低，且不饱和脂肪酸含量占脂肪酸总量的比例高。它因肉质细腻且富含矿物质元素而被美食家称为"百蛙之王"。

（4）烹饪应用：棘胸蛙肉质细嫩，滋味鲜甜，适用于炸、熘、炒、炖汤等方法，尤以软炸味道最美。代表菜品有红烧石蛤。

3. 哈士蟆

（1）别名：中国林蛙、林蛙、红肚、田鸡、雪蛤等。

（2）物种概述：哈士蟆（*Rana chensinensis*）为两栖纲无尾目蛙科蛙属的一个种。其肉质细嫩，味道鲜美。主要分布在我国东北和西北部分地区，目前已实现人工养殖，在西伯利亚和朝鲜也有分布。

哈士蟆的副产品——哈士蟆油在烹饪中更是应用广泛。哈士蟆油为雌性哈士蟆的卵巢、输卵管及所附脂肪的干制品，又称"田鸡油""蛤蟆油"。其鲜品为乳白色，干品呈不规则块状，黄白色，油润，具有脂肪样光泽，外有薄膜状干皮，手摸有滑腻感，遇水可膨胀 10～15 倍，微有腥味。优质哈士蟆油块大肥厚、油润、呈淡黄色且有光泽、无杂质及黑点。

（3）营养价值：哈士蟆营养丰富。哈士蟆油含有丰富的蛋白质、脂肪、多种维生素和雌二醇、睾酮、黄体酮等激素。哈士蟆油为名贵的滋补佳品，在药用、滋补及美容方面功效显著，具有补肾益精、养阴润肺、补虚等功能。

（4）烹饪应用：民间将哈士蟆与熊掌、猴头菇、飞龙（榛鸡）合称为"东北四大山珍"，是宴席上的珍品。哈士蟆的烹饪应用方法与牛蛙较为相似，适合以炒、烧、炖、煨等烹调方法成菜。而哈士蟆油的鲜品、干品均可入烹，用来制作美味的名贵甜羹及优良的滋补药膳。代表菜品有冰糖哈士蟆油等。

4. 蛇

（1）别名：小龙、长虫等。

（2）物种概述：蛇（*Dendroaspis polylepisf*）是四肢退化的爬行动物的总称，属于爬行纲有鳞目蛇亚目，是爬行动物中种类最多的一类，主要分布在热带和亚热带地区。目前全球的蛇类有 3 000 多种，分为有毒蛇和无毒蛇两大类。烹饪中常用的蛇类主要是养殖的菜蛇，如中国水蛇（*Enhydris chinensis*）等以及其他野生蛇类。优质蛇肉肉质洁白细嫩，味道鲜美。最佳食用季节是秋、冬季，此时蛇最肥美，故民间有"秋风起，三蛇肥"之说。

（3）营养价值：蛇肉富含蛋白质，含多种必需氨基酸。胆固醇含量低，所含钙、镁等矿物质以蛋白融合形式存在，容易被人体吸收。

（4）烹饪应用：蛇加工时可以去皮、鳞，但注意不可浸水，避免老韧，并且热锅冷油，否则易碎。蛇肉、蛇皮、蛇胆、蛇肝、蛇肠、蛇血等均可入馔。烹调中适于烩、炒、焖、煎、炸、熘、爆等多种烹调方法。可根据要求整条使用，也可分段使用。除单独成菜外，还可与其他原料如鱼翅、鲍鱼、鸡等搭配使用。代表菜品有老鸡水蛇、水蛇粥等。

5. 中华鳖

（1）别名：脚鱼、甲鱼、王八等。

（2）物种概述：中华鳖（*Trionyx Sinensis*）为爬行纲龟鳖目鳖科中华鳖属动物。鳖体呈椭圆形，较扁平，头部粗大，脖颈细长，可缩入甲壳内，背甲呈暗绿色，周边为肥厚的结缔组织形成的裙边，其因富含胶质、色泽玉白、软嫩滑爽、适口性强而成为最佳食用部位。优质中华鳖动作敏捷、四腿粗而有劲、外形完整、体外无伤病痕迹、腹甲有光泽、背胛肋骨模糊、裙厚而上翘、肌肉肥厚、味道清甜鲜美。中华鳖主要分布于日本、韩国、中国和俄罗斯东部等亚洲地区，我国除西藏、青海外各省均有产出，长江流域产量较大。

（3）营养价值：中华鳖含蛋白质、维生素 A、维生素 B_1、维生素 B_2、维生素 B_6、维生素 B_{12}、叶酸、铁、磷等多种营养成分，脂肪含量低。

（4）烹饪应用：中华鳖味道清甜鲜美，但肉质较老，既可以整只入菜，也可以加工成块或直接取肉入菜，适合烧、焖、炖、蒸等长时间加热的烹调方法，最宜制作各种汤、羹和药膳。代表菜品有红焖脚鱼、清蒸甲鱼等。需要注意的是，中华鳖不宜做成凉菜，冷后易产生土腥味。

6. 乌龟

（1）别名：草龟、泥龟和山龟等。

（2）物种概述：乌龟（*Tortoise*）为爬行纲龟鳖目龟科动物。龟体多呈椭圆形，背部隆起；龟壳坚硬，颜色和纹络因品种不同而有所不同；四肢粗壮，头、尾和四肢都能缩进壳内。龟肉肉质较老，但味道清甜、鲜美爽口。

乌龟可以在陆上及水中生活，在我国各水系均有分布，也已经实现人工养殖。我国常见的乌龟品种有金钱龟、金头闭壳龟（金龟）、平胸龟等。

（3）营养价值：乌龟含蛋白质、脂肪、烟酸、维生素 B_1、维生素 B_2、胶质等营养成分。乌龟全身都是宝，具有较高的药用价值。

（4）烹饪应用：龟的烹饪应用和鳖类似，既可整只入菜，也可以取肉入菜，以制作汤、羹为最佳。此外，龟肉还是名贵的中药材和药膳食材。代表菜品有八卦汤等。

中华鳖　　　　　　　　乌龟

7. 海参

（1）别名：海鼠、海男子、土肉、海瓜皮等。

（2）物种概述：海参（*Holothuroidea*）是棘皮动物门海参纲动物的总称。海参体长，呈圆筒形，柔软，有的种类参体背部有刺状疣足，长度为 10～30 厘米；体表颜色较暗，多为黑色、褐色等。优质海参参体完整、肉质厚实、刺完整坚挺、腹内肉面平整无残缺，水发后涨性大、色泽鲜亮、内部无硬心、肉质有弹性、糯而滑爽、肉刺完整、无沙粒。

海参品种共有 1 000 多种，广泛分布于印度洋至太平洋海区，我国约有 120 种。我国主要的海参产地有辽宁、山东、福建、广东、海南等，且已实现人工养殖。根据海参背面是否有圆锥肉刺状的疣足，可将其分为"刺参类"和"光参类"两大类。

刺参类主要是刺参科的种类，市面上所有的刺参，学名统称为"日本海参"（*Apostichopus japonicus*）。其中，参体背部有四排刺，且分布均匀的是关中参，不均的大部分是辽参；而体背有均匀的六排刺的是红参，红参又分为日本关东红参和俄罗斯红参，俄罗斯红参个头相对较大。国内海参市场以刺参为主，刺参是海参中质量最好、营养价值最高的一种，被誉为"参中之冠"。刺参通常生活在潮间带至水深 20～30 米的浅海海域。刺参常见种类有仿刺参、梅花参、花刺参。目前营养价值最高的刺参是产于渤海、黄海的刺参和产于南海的梅花参，素有"南梅北刺"之说。

光参类主要包括海参科、瓜参科和芋参科。海参科常见种类有图纹白尼参、蛇目白尼参、辐肛参等，这三种海参都是生活在西沙群岛、南沙群岛等海域的大型食用海参，质量较好，但产量较低。此外，黑海参、玉足海参、黑乳参、糙海参都是我国南海普通的食用海参，但品质较次。瓜参科的常见种类有方柱五角瓜参、裸五角瓜参、瘤五角瓜参三种，都因体壁较硬，故食用价值较低。芋参科包括海地瓜和海棒槌两种，品质较差，食用价值很低。

（3）营养价值：海参营养丰富，富含蛋白质、钙、碘、磷、铁，含少许维生素。

（4）烹饪应用：海参同燕窝、鱼翅等齐名，是"世界八大珍品"之一。海参经涨发后既可整只入菜，也可以加工成丝，适合以炒、烧、煨、焖等烹调方法成菜。海参肉质细嫩富有弹性，但本身无咸味，需要配料和调味品赋味。代表菜品有干烧海参、鲍汁焗海参、海参捞饭等。

圆参　　　　　　　　　　　　　　　　　刺参

8. 海蜇

（1）别名：石镜等。

（2）物种概述：海蜇（*Rhopilema esculentum*）为腔肠动物门钵水母纲根口水母目根口水母科海蜇属。海蜇呈蘑菇状，上面呈伞状，称为"海蜇皮"。表面光滑，质地坚硬，海蜇皮隆起，下面有八条口腕，称为"海蜇头"，半透明，体色多样。优质海蜇头大、皮薄、色浅、脆嫩、水分多、泥沙少。

海蜇在我国东部沿海海域广泛分布，尤以浙江、福建沿海为最多，目前已实现人工培育。海蜇生活在水深为 10～20 米泥质海底，是富有营养价值的海产品。

（3）营养价值：海蜇富含水分，含有蛋白质、碳水化合物、钙、镁、碘以及多种维生素。此外，还含有丰富的胶原蛋白与其他活性物质，是一种营养价值极高的海鲜。

（4）烹饪应用：海蜇口感柔软细嫩，多用于冷菜和冷菜拼盘、汤、羹的制作，也可用爆、炒、炸等方式制成热菜。在烹制时，海蜇皮多改刀成细丝状，海蜇头多改刀成薄片状。代表菜品有凉拌海蜇、海蜇羹等。

海蜇头

9. 沙蚕

（1）别名：海蜈蚣。

（2）物种概述：沙蚕（*Nereis succinea*）为环节动物门多毛纲须虫目沙蚕科沙蚕属动物。沙蚕体长，呈圆柱形，头部发达，有许多个体节。优质沙蚕个大、肉嫩、味鲜。沙蚕分布于太平洋和大西洋沿岸，喜栖息于有淡水流入的沿海滩涂、潮间带中区及潮下带的沙泥中。我国沙蚕种类有80多种，常见的有日本刺沙蚕、多刺围沙蚕等，目前已实现人工养殖。

（3）营养价值：沙蚕富含蛋白质和钙、磷、铁、碘等多种营养成分，氨基酸含量高且种类齐全。

（4）烹饪应用：沙蚕在烹制前要去掉头部跟尾部，洗干净后使用。在中西烹饪中常以焗、焖、炖、炒、炸等烹调方法成菜。代表菜品有焗沙蚕等。

沙蚕

10. 海胆

（1）别名：刺锅子、海刺猬等。

（2）物种概述：海胆（*Echinoidea*）是棘皮动物门海胆纲物种的总称，是地球上最长寿的海洋生物之一。海胆呈球形、盘形或心脏形，无腕，颜色较深，内骨骼互相愈合成坚硬的壳，壳上有活动的棘。海胆的生殖腺被称为"海胆黄"，为主要的食用部位。优质海胆黄呈橙黄色（雌性）或淡黄色（雄性）、质地饱满、口感柔软、味道稍咸。海胆在我国主要分布于黄海、渤海沿岸，浙江、福建、广东、海南等省和台湾海峡，多集中在滨海带的岩质海底或沙质海底，现已实现人工养殖。

（3）营养价值：海胆以其生殖腺供食，占海胆全重的8%～15%。其生殖腺富含蛋白质、脂肪，还含有维生素 A、维生素 D、磷、铁、钙等营养成分。

（4）烹饪应用：海胆可生食，即剥开外壳，取海胆黄直接蘸酱料食用，口感柔软，味道鲜美，也可以蒸、炒、炸、炖、焖等方式成菜，或作为制作饺子、包子的馅料。代表菜品有海胆刺身、咖喱海胆、海胆蛋羹等。

思考题

1. 理解水产品的概念，本书中的水产品包含哪些生物种类？

2. 平常说的大鱼大肉中的鱼和肉各指哪些烹饪原料？试比较它们的异同。

3. 列表比较各种鲜活水产品的组织结构、营养价值、品质检验、贮藏保鲜及其烹饪应用。

4. 常见的水产品制品有哪些？如何加工而成？试比较其营养价值及其烹饪规律。

5. 鱼的腥味是如何形成的？烹饪中如何除去腥味？

6. 哪些水产品常用于生吃？在制作和食用过程中应注意哪些问题？

第七章　药食原料

教学要求

1. 理解药食原料的含义。

2. 了解药食原料的种类。

3. 掌握潮菜烹饪应用中常见的药食原料种类、营养价值、保健功能及其烹饪应用规律。

重点难点

1. 药食烹饪原料的界定。

2. 常见药食原料种类、保健功能及其烹饪应用。

第一节　药食原料概述

药食原料，又称"药食两用烹饪原料"，是指既可以入馔食用，又能够作为药材治病的食物，如陈皮、淮山、粳米、赤小豆、桂圆、山楂、蜂蜜等。它们既属于中药，有良好的保健、治病疗效，又是大家经常食用的营养食品。

运用中药是中医治病疗伤最主要的手段。中药多属天然药物，包括植物、动物和矿物质，而可供人类饮食的原料，同样来源于自然界的动物、植物及部分矿物质。中药和食物的来源是相同的，故有"药食同源"之说。

中药的疗效强，但用药不当时容易出现副作用。而食物的治疗效果不及中药那样突出和迅速，配食不当，也不至于立刻产生不良后果。我们的日常饮食，除供应必需的营养物质外，还会因食物的性能作用或多或少地对人体平衡及其生理功能产生有利或不利的影响。因此，正确、合理地调配饮食，可以起到药物所不能达到的效果。

第二节　药食原料种类

一、根据保健疗效划分

按保健疗效划分，药食原料大致可分为三十类。

（1）补气类。主要种类有人参、黄芪、西洋参、山药、粳米、籼米、糯米、小米、黄米、大麦、莜麦、马铃薯、大枣、板栗、扁豆、豇豆、胡萝卜、香菇、豆腐、牛肉、猪肚、猪肾、兔肉、狗肉、鸡肉、鹅肉、鹌鹑、青鱼、鲢鱼、鳜鱼、鳝鱼、泥鳅、蜂蜜等。

（2）补阳类。主要种类有冬虫夏草、肉苁蓉、灵芝、海参、羊肉、狗肉、鹿尾、鹿肉、麻雀肉、羊乳、鸽蛋、虾类、淡菜、枸杞菜、枸杞子、核桃仁、豇豆、韭菜花、丁香、刀豆等。

（3）补血类。主要种类有当归、何首乌、地黄、阿胶、鹿筋、桑葚、荔枝、葡萄、花生、黑木耳、菠菜、胡萝卜、龙眼肉、猪肉、羊肉、猪肝、猪心、猪蹄、牛肝、羊肝、甲鱼、墨鱼、草鱼等。

（4）补阴类。主要种类有黄精、银耳、百合、枸杞、松子、葵花子、黑木耳、大白菜、梨、葡萄、桑葚、黑芝麻、猪肉、猪脑、乌鸡、牛奶、鸡蛋、鸭肉、燕窝、龟鳖肉、鲍鱼、鳗鱼、鱼鳔、牡蛎、淡菜、缢蛏、干贝、哈士蟆油、猪皮等。

（5）散风寒类。主要种类有生姜、葱白、芫荽、紫苏叶、荆芥、香薷、白芷、芥菜等。

（6）散风热类。主要种类有豆豉、桑叶、菊花、薄荷、葛根、杨桃等。

（7）清热泻火类。主要种类有地黄、茭白、蕨菜、苦菜、苦瓜、西瓜、松花蛋等。

（8）清热生津类。主要种类有甘蔗、荸荠、番茄、柑、柠檬、苹果、甜瓜、甜橙、豆腐等。

（9）清热燥湿类。主要种类有香椿、荞麦等。

（10）清热凉血类。主要种类有藕、茄子、黑木耳、蕹菜、芹菜、丝瓜、葵花子、食盐等。

（11）清热解毒类。主要种类有绿豆、赤小豆、豌豆、蒲公英、荠菜、苦苣菜、黄瓜、南瓜等。

（12）清热利咽类。主要种类有橄榄、罗汉果、胖大海、鸡蛋白等。

（13）清热解暑类。主要种类有西瓜、绿豆、苦瓜、马齿苋、赤小豆、茶叶、椰汁等。

（14）清化热痰类。主要种类有白萝卜、丝瓜、冬瓜子、紫菜、海蜇、海藻、海带、鹿角菜、龙须菜、梨等。

（15）温化寒痰类。主要种类有洋葱、薤菜、芋头、芥菜、杏子、芥子、佛手、香橼、桂花、橘皮、桔梗等。

（16）止咳平喘类。主要种类有百合、枇杷、柿饼、落花生、杏仁、白果、乌梅、小白菜、猪肺等。

（17）健脾养胃类。主要种类有南瓜、包心菜、芋头、猪肚、牛奶、芒果、柚、木瓜、栗子、大枣、粳米、糯米、扁豆、玉米、无花果、胡萝卜、山药、白鸭肉、醋、芫荽等。

（18）健脾化湿类。主要种类有薏苡仁、小米、蚕豆、香椿、大头菜等。

（19）驱虫类。主要种类有榧子、槟榔、大蒜、南瓜子、使君子、椰子肉、石榴、乌梅、醋等。

（20）消导类。主要种类有萝卜、山楂、茶叶、神曲、麦芽、谷芽、薄荷、鸡内金、猪脾、锅焦等。

（21）温里类。主要种类有韭菜、辣椒、干姜、蒜、葱、刀豆、桂花、肉桂、胡椒、花椒、八角茴香、小茴香、丁香、草鱼、鳙鱼、羊肉、鸡肉、红糖等。

（22）祛风湿类。主要种类有薏苡仁、樱桃、木瓜、五加皮、鹿蹄肉、鹌鹑、黄鳝、鸡血等。

（23）利尿类。主要种类有茯苓、茵陈蒿、玉米、赤小豆、薏苡仁、黑豆、西瓜、冬瓜、葫芦、白菜、冬葵叶、荠菜、南苜蓿、金针菜、莴苣、白鸭肉、鲤鱼、鲫鱼、乌鳢等。

（24）通便类。主要种类有菠菜、竹笋、番茄、香蕉、蜂蜜等。

（25）安神类。主要种类有莲子、百合、龙眼肉、酸枣仁、小麦、秫米、蘑菇、猪心、石首鱼等。

（26）行气类。主要种类有薤头、芜菁、白萝卜、韭菜、茴香菜、甘蓝、香橼、橙子、柑皮、佛手柑、荞麦、高粱、刀豆、豌豆、木香、玫瑰花、茉莉花、白梅花等。

（27）活血类。主要种类有甜菜根、芸薹、桃仁、慈姑、茄子、山楂、酒、醋、蚯蚓、蚶肉、河蟹、红花等。

（28）止血类。主要种类有小蓟、黄花菜、莴苣、藕节、空心菜、马兰、刺菜、黑木耳、栗子、茄子、乌梅、槐花、猪肠等。

（29）收涩类。主要种类有石榴、乌梅、芡实、高粱、林檎、莲子、黄鱼、鲇鱼、鸡肠等。

（30）平肝类。主要种类有芹菜、番茄、绿茶、天麻等。

二、根据烹饪应用划分

根据原料在烹饪中的应用划分，药食原料大致分为热菜类药食原料、汤类药食原料、酒水饮料类药食原料、粥品类药食原料、点心类药食原料、凉菜类药食原料六大类。下面重点介绍潮菜烹饪中常见的药食原料。

（一）潮菜常见热菜类药食原料

（1）天麻。又称"明天麻、赤箭、合离草、神草、木浦、定风草"等，为兰科天麻属多年生草本植物天麻（*Gastrodia elata*）的根状茎。优质天麻肥厚，体大，色黄白，质地坚实沉重，有鹦哥嘴，断而明亮。一般冬麻质量较好，春麻质量较差。

天麻主产于我国贵州、云南、四川等地。天麻富含天麻素、香荚兰素、蛋白质、氨基酸、微量元素，有镇静、镇痉、镇痛、补虚、平肝息风、抗癫痫、抗悸厥、抗风湿的作用，对血管神经性头痛、脑震荡后遗症等有显著疗效。

在潮菜的烹饪应用上，天麻常用于制作温补壮阳、平肝通络类的药膳，代表菜品有天麻炖猪脑、天麻炖草鱼头汤、天麻蒸鸡蛋等。

（2）杜仲。又称"胶木、思仙、思仲、扯丝皮、石思仙、玉丝皮、丝连皮、丝棉皮"等，为杜仲科乔木杜仲（*Eucommia ulmoides*）的干燥树皮。市面上流通的杜仲大都是方块状，有明显的树皮纹路。优质杜仲皮厚、内表面色暗紫而光滑、弯折时白丝多而不易断。

杜仲为名贵的滋补药材，属我国特有，主要产地为浙江、陕西、河南、甘肃、湖北、贵州、四川、云南等地，常见于海拔为300~500米的低山、谷地或疏林中。

杜仲有补肝肾、强筋骨、降血压、安胎等诸多功效。杜仲配牛膝，有补肝肾及强筋骨的功效。其常用于烹制滋补药膳，代表菜品有杜仲焖羊肉、枸杞杜仲炖猪腰、韭菜根杜仲猪肚汤等。

（3）黄精。又称"白及、龙衔、垂珠、米脯、鹿竹、兔竹"等，为百合科多年生草本植物黄精（*Polygonatum sibiricum*）的根状茎，呈结节状。优质黄精块大、色黄、断面透明、质润泽。黄精主要产地为黑龙江、吉林、辽宁、河北、山西、陕西、内蒙古、宁夏、甘肃、河南、山东、安徽、浙江等地。

黄精肉质根状茎肥厚，含有大量淀粉、糖分、胡萝卜素、维生素等多种对于人体有利的成分。黄精性味甘平，有滋阴润肺、补肾强筋、补脾益气之功效。常用于烹制滋补药膳，代表菜品有黄精炖猪肉、黄精焖牛肉、天冬黄精蒸白鸽等。

（4）当归。又称"干归、秦归、云归、西当归"，为伞形科多年生草本植物当归（*Angelica sinensis*）的根。优质当归油润、外皮棕黄或黄褐色、断面色黄白、主根粗壮、质坚实、香味浓郁。

当归主产于甘肃和云南，具有补血活血、调经止痛的功效，被作为妇女调经常用之品，可配乌骨鸡等入馔。常用于治疗眩晕心悸、月经不调、经闭痛经、虚寒腹痛、风湿痹痛、跌打损伤、肠燥便秘。主要用于烹制补血药膳，代表菜品有当归生姜羊肉汤、当归黄芪炖乌鸡、当归焖羊肉、当归黄芪蒸鳗鱼、当归补血美容粥等。

天麻　　　　　　　　　　　杜仲

黄精　　　　　　　　　　　当归

（5）百合。又称"药百合"，为百合科多年生草本球根植物百合（*Lilium brownii*）的鳞茎。百合主要产于湖南、江苏、安徽、浙江等地区，重要品种有宜兴百合、湖南的麝香百合、甘肃甜百合等。优质鲜百合鳞茎完整呈扁圆形、色白、抱合紧密、肉厚味甜、无泥土和损伤。优质干百合粒形整齐，颜色透明或半透明，无霉变与虫伤。

百合有滋阴润肺、止咳等功效，可单用煮食或配冰糖、蜂蜜、猪肉、猪肺等同用，而与冰糖、鸡蛋黄等同用时能清心安神、镇咳祛痰。常用于烹制滋阴润肺药膳，代表菜品有金丝百合、百合芡实煲、百合绿豆汤等。

（6）山药。别名"薯蓣、薯药、怀山药"等，为薯蓣科植物薯蓣（Dioscorea opposita）的根状茎。山药呈圆柱形，质地坚实，断面为白色，广布于全球温带和热带地区。我国华北、西北及长江流域各省区均有产出，主要产地为河南、河北、山西、陕西等地区。较好的品种是河南沁阳所产的"淮山药"。优质山药色正、条干均匀、薯块完整、质地坚实、皮薄肉厚、茎肉洁白、口感软糯。

山药有补脾养胃、生津益肺、补肾涩精的功效。山药既可作主粮，又可作蔬菜，还常被制成价廉物美的补虚菜品，代表菜品有枸杞山药炖鹿茸、山药玉竹炖白鸽、山药芡实粥、大枣山药粥、山药胡萝卜粥等。

（7）大枣。别名"红枣、良枣、枣子"等，为鼠李科枣属落叶小乔木或灌木枣（Ziziphus zizyphus）的干燥成熟果实，呈椭圆形或球形。优质大枣剖开后肉色淡黄、手感紧实、不脱皮、不粘连、枣皮皱纹少而浅细、无丝条相连、核细小、香甜可口。大枣原产于中国，亚洲、欧洲和美洲常有栽培。我国大部分地区有产，主产于山东、河南、河北、四川等地。

大枣气微香，味甜。富含蛋白质、脂肪、糖类、胡萝卜素、B族维生素、维生素C、维生素P以及磷、钙、铁等成分，其中维生素C的含量在果品中名列前茅，有"天然维生素丸"的美誉。大枣有补中益气、养血安神、健脾养胃的功效，常用于制作滋补药膳，代表菜品有小米红枣山药粥、黑豆大枣粥、枸杞大枣山药粥等。

（8）麻叶。别名"黄麻叶、火麻头、火麻叶"等，为椴树科一年生草本韧皮纤维作物黄麻（Corchorus capularis）的嫩叶，可作为野菜食用。我国广东、浙江、台湾等省区均有栽培，常种植于丘陵平地。近年来，潮汕地区常栽种黄麻苗以供麻叶野菜开发。优质麻叶茎直立、表面有纵沟、密被短柔毛、叶翠绿、皮层富纤维。

麻叶具有清火、平肝、强心、利尿、降压的功效，是潮菜中常见的一种野菜，其烹饪方法多样，常以炒、拌和制汤等方法入馔。在时令季节，麻叶在潮汕地区颇受欢迎。代表菜品有蒜香麻叶菜、炸麻叶、普宁豆酱炒麻叶、酸味麻叶菜、麻叶羹、蛋香脆麻叶、麻叶面、麻叶地瓜汤等。

（9）益母草。别名"益母蒿、益母艾、红花艾、坤草、益母"等，为唇形科一年或二年生草本植物益母草（*Leonurus artemisia*）的嫩茎叶，可作野菜食用。优质益母草叶片青绿色、质鲜嫩、揉之有汁、气微味淡。我国各地均有产。

益母草嫩茎叶含有蛋白质、碳水化合物等多种营养成分，味苦、辛，微寒，归肝、心经，有活血调经、利尿消肿、清热解毒之功效。在汕头、潮阳地区，益母草（幼苗）作为一种特色野菜食用历史悠久，端午节要食用益母草，妇女产后更要煮食益母草。益母草的烹饪方法简单，通常用高汤与益母草嫩苗同煮，最后撒上炒熟的花生米即可食用。代表菜品有益母草炖肉、益母草煎鸡蛋、肉虾益母草粥等。

麻叶　　　　　　　　红花益母草　　　　　白花益母草

（10）脾草。别名"鸡儿肠、马兰、路边菊、脾仔草、脾白草、夭脾草、伤脾草"等，为菊科多年生草本植物马兰（*Kalimeris indica*）的新鲜幼嫩茎叶。分布于全国各省区，常生长于山野、埔园、沟边，或人工栽培。优质脾草叶片呈青绿色、质鲜嫩、气味微香。

脾草味甘、微涩，气味微香，性微温，无毒，有健脾去积、消风止泻之功效。潮汕地区常用于小儿消化不良之食疗。脾草可制作健脾菜肴，代表菜品有脾草瘦肉汤、脾草煎蛋等。

（二）潮菜常见汤类药食原料

（1）人参。别名"神草、黄参、地精"等，为五加科植物人参（*Panax ginseng*）的根。人参主根为肉质根，肥厚、黄白色，形状呈现出纺锤形或者圆柱形，下面稍有分枝；根状茎短。其主要产地为我国东北各省，尤以吉林省抚松县产量最大，质量最好，有"吉林参"之称。另外，产自朝鲜的人参被称为"朝鲜参"，产于日本的被称为"东洋参"。人参野生者名"山参"，栽培者称"园参"，一般栽培六七年后收获，秋季采挖。鲜参洗净后干燥者称"生晒参"，蒸制后干燥者称"红参"，用浓糖液加工者称"白糖参"，加工断下的细根称"参须"。优质人参枝大、条粗、质硬、完整无损、纹细、芦长、碗（芦上的碗状茎痕）密、须根上珍珠点较多。野山参质量最好，价格也最贵。

　　人参含多种人参皂苷、挥发油、氨基酸、矿物质、维生素、有机酸、糖类等成分。人参味甘，微温，归肺、脾、心、肾经，有大补元气、生津、安神益智、补脾益肺等功效。人参多用于煲汤，烹制补气药膳。代表菜品有人参炖鸡、人参冬虫夏草炖鸭、人参蛤士蟆油、人参五味子炖乌鸡等。

人参　　　　　　　　　　人参炖鸡

　　（2）苦刺心。别名"白簕、苦刺、三叶五加、三加皮、白刺仔"等，为五加科攀缘性灌木白簕（*Acanthopanax trifoliatus*）的梢端嫩茎叶，可作为野菜食用。优质苦刺心茎叶呈青绿色、叶小而多、茎部带刺。其主产地为广东、西藏、四川、湖南、浙江、江西、福建等省区的野生林缘、灌丛或山坡上。

　　苦刺心味苦、涩，性微寒，有清热、凉血解毒、活血、疏风消肿等功效。苦刺心常作为保健野菜食用，代表菜品有猪肝苦刺心汤、苦刺瘦肉汤、苦刺心煎蛋等。

　　（3）真珠花菜。别名"白花蒿、珍珠菜、真珠菜、珍珠花菜（潮汕）、鸭脚菜"等。真珠花菜（*Artemisia lactiflora*）为菊科艾属多年生草本植物。以嫩茎叶供食，叶片绿色，质地柔嫩，边缘呈锯齿状，类似枫叶，具有浓烈的香味。其生长于路边、山坡草地较潮湿的地方或由人工栽种。优质真珠花菜叶色青绿、质地柔嫩、香味浓烈。

　　真珠花菜有凉血解毒、活血祛瘀、去湿明目之功效。新鲜真珠花菜配以猪血煮食有利于祛湿热、缓解咽喉肿痛等症状；配以青皮鸭蛋煮成汤，可用于调节女性月经。真珠花菜味道独特，食用调味时要以突出其本味为先，以清淡为宜，常用于制作药膳汤品。在潮汕民间，真珠花菜最常用的食用方式是滚汤。代表菜品有真珠花菜猪血汤、真珠花菜炖豆腐、真珠花菜鸭蛋汤等。

（4）枸杞叶。别名"枸杞菜、地仙苗、枸杞尖、天精草、枸杞苗、枸杞头"等，为茄科灌木枸杞（*Foliis medlar*）的嫩茎叶。优质枸杞叶的叶片呈深绿色、质地薄且柔嫩，其主产地为宁夏、甘肃。

枸杞叶富含甜菜碱、芦丁以及多种氨基酸和微量元素。常饮枸杞叶茶具有清肝肾、养肝明目、降肺火、软化血管等保健功效。枸杞叶常作保健野菜食用，也可用于烹制药膳汤品，代表菜品有枸杞叶瘦肉汤、枸杞叶猪肝汤、枸杞叶鸡蛋汤、枸杞叶鲫鱼汤、凉拌枸杞叶等。

苦刺心　　　　　　　　　真珠花菜

（5）五指毛桃。别名"土黄芪、五指榕、五指牛奶、五叉牛奶、五指香、五爪龙、五爪桃、三爪龙、山狗差"等，为桑科灌木掌叶榕（*Ficus simplicissima*），以根部入馔。根部略呈圆柱形，有分枝，表面灰棕色或褐色，质坚硬，难折断。优质五指毛桃呈棕黄色，根须细，有淡淡的椰香味。分布于福建、广东、海南、广西、贵州、云南等地。

五指毛桃具有平肝明目、清肝润肺、健脾开胃、滋阴降火、益气生津、祛湿化滞等功用。在广东地区，五指毛桃常用于煲制药膳汤品。代表菜品有五指毛桃煲鸡汤、五指毛桃排骨汤、五指毛桃淮山瘦肉汤、五指毛桃薏米猪脚汤、五指毛桃土茯苓猪骨汤等。

（6）石参。别名"黄瓜参、白石参"，为蝶形花科直立亚灌木猫尾草（*Uraria crinita*）的根，以肥大主根入馔。俗话说，"北有人参，南有石参"。石参在我国主产于福建、江西、广东、海南、广西、云南及台湾。

有研究证明，石参全草含有较高的蛋白质、粗脂肪、糖类和膳食纤维，氨基酸种类齐全，蛋白质的营养价值和功能性较好，矿质元素种类丰富，并含有黄酮、多糖、酶素及多种维生素。《本草纲目》记载，石参根可温补肾阳、滋阴、清肝去湿，对失眠、多梦有一定疗效，常用于煲制药膳汤品，清香甘醇，有独特风味。代表菜品有石参根煲鸡汤。

五指毛桃　　　　　　　　　石参　　　　　鸡骨草

（7）鸡骨草（*Abrus cantoniensis*）。别名"广州相思子、猪腰草、红母鸡草、黄食草、大黄草、黄头草、黄仔强、细叶龙鳞草、小叶龙鳞草、假牛甘子、石门槛、地香根"等，为蝶形花科多年生草本植物，以干燥全草入馔。鸡骨草全年均可采收，除去豆荚及杂质后晒干，多缠绕成束状。优质鸡骨草茎长，呈灰棕色或紫褐色，气微香、味微苦。主要产地为广东、广西等。

鸡骨草味甘、微苦，性凉，归肝、胃经，有清热利湿、散瘀止痛的功效。常用于烹制祛湿药膳汤品，代表菜品有鸡骨草煲鸡汤、猪横脷鸡骨草汤、鸡蛋鸡骨草汤、鸡骨草煲乌鸡、鸡骨草瘦肉汤、鸡骨草茯苓养肝祛湿汤等。

（8）石橄榄。别名"石橄榄仔、石米（潮汕）、小果上叶（彝族）"等，为兰科多年生草本植物石仙桃（*Bulbophyllum odoratissimum*）的假鳞茎或全草。假鳞茎近圆柱形，直立，叶革质，距圆形；花葶呈淡黄绿色，花十余朵密生，稍有香气。主要产地为我国华东、华南和西南大部分地区。优质石橄榄假鳞茎肥厚、断面白色，根状茎和须根少。

石橄榄全草入药，有清热、滋阴润肺、化痰止咳、润肺生津、利湿、消瘀、舒筋活络等功效。石橄榄全草可作为药膳原料，常与肉类一起煲汤佐餐，其色明、味香，是民间流行的一种保健美容的药膳，四季皆宜，对许多疾病都有预防或缓解的作用。代表菜品有石橄榄猪肚汤、石橄榄龙骨汤、石橄榄田螺鸡汤、石橄榄炖猪肉等。

（9）铁皮石斛（*Dendrobium officinale*）。别名"黑节草、云南铁皮、铁皮兰"等，为兰科多年生草本植物，以其茎食用。其茎呈圆柱形，有节间。鲜品茎表面呈黄绿色或黑绿色，叶鞘呈灰白色。铁皮石斛茎秆主要分绿色和带红色两种，均质量较好。通常，绿色的茎秆稍长，带红色的茎秆较短，以茎秆粗壮肥大、生长健壮者为佳。

铁皮石斛有滋阴润肺、健脑名目、养胃生津的功效，还有增强免疫力、防癌抗衰老等保健作用。铁皮石斛常用于烹制滋补药膳，代表菜品有虫草花铁皮石斛汤、山药玉竹铁皮石斛生鱼汤、铁皮石斛洋参乌鸡汤、铁皮石斛瘦肉汤、铁皮石斛冬瓜野鸭汤、铁皮石斛花旗参汤、铁皮石斛鳝鱼汤等。

石橄榄   铁皮石斛

（三）潮菜常见饮品类药食原料

（1）枸杞子。别名"甘杞子、枸杞果、血杞子、血枸子"，为茄科植物枸杞（*Lycium barbarum*）的成熟果实。枸杞子呈长卵形或椭圆形，略扁。表面呈鲜红色或暗红，无棱，微有光泽，有不规则皱纹，果皮柔韧、皱缩，果肉厚，柔润而有黏性。主要产地为宁夏、甘肃。枸杞子的商品名甚多，其中以产于宁夏、甘肃的西枸杞（宁夏枸杞）口味最为地道而质优。优质枸杞子粒大、色红、肉厚、质地柔润、籽少、味甜。

枸杞子有养肝、滋肾、润肺的功效。含有丰富的胡萝卜素、维生素 A、维生素 B_1、维生素 B_2、维生素 C、钙、铁等营养成分。另外，枸杞子还含有甜菜碱。枸杞子常用于泡茶或浸酒，制作汤、羹。代表饮品有枸杞菊花茶、桂圆红枣枸杞茶、人参枸杞酒等。

（2）茶叶。别名"茶、茗"等。茶叶为山茶科植物茶（*Camellia sinensis*）的嫩叶或嫩芽。茶叶为单叶互生，长椭圆形或椭圆状披针形，或倒卵状披针形，先端渐尖，有时稍钝，基部楔形，边缘有锯齿，质厚，老则带革质，上面深绿色，有光泽，平滑无毛，下面淡绿色，羽状网脉，幼叶下面具短柔毛，叶柄短，略扁。

原产自我国南部山地。我国广东、福建、江苏、江西、安徽、四川、贵州、云南、浙江、湖北、陕西、台湾等地均有栽培。茶叶分为红茶、绿茶、乌龙茶、白茶、黑茶、黄茶、花茶等种类。产于潮州凤凰山的凤凰单枞茶，属于乌龙茶类，其滋味醇厚甘爽，韵味独特，为茶中极品。

茶叶具有助消化、降血脂、保护心血管、醒脑提神、延缓衰老的功效。茶叶中含有丰富的钾、钙、镁、锰等多种矿物质。优质茶叶嫩度好、条索紧、身骨重、质地坚挺、色泽均匀、光泽明亮、油润鲜活、具特殊香气、碎渣少、无霉味、无杂质。茶叶常用于泡制保健饮品，代表饮品有银杞护肤茶、柠檬冰红茶、柠檬蜂蜜绿茶、百香果蜂蜜绿茶等。

枸杞子

黑枸杞

茶叶（凤凰单枞茶）

（3）菊花。别名"金英、寿客、黄华"等，为菊科植物菊（*Dendranthema morifolium*）的干燥头状花序。菊花原产于中国和日本，是"中国十大名花"之一，在中国有三千多年的栽培历史，我国大部分地区都有栽种。按产地和加工方法不同，菊花分为"亳菊""滁菊""贡菊""杭菊"。亳菊呈倒圆锥形或圆筒形，有时稍压扁呈扇形，呈离散状；滁菊呈不规则球形或扁球形；贡菊呈扁球形或不规则球形；杭菊呈碟形或扁球形，常数个相连成片。优质菊花的花朵完整、颜色鲜艳、气味清香、无杂质。

菊花具有疏风、清热解毒、平肝明目之功效。常用于泡制保健饮品，代表饮品有山楂菊花茶、菊花蜜饮、八宝菊花茶、玫瑰菊花饮等。

亳菊

滁菊

贡菊

杭菊

（4）熟地。别名"熟地黄、伏地"等。其由玄参科植物地黄（*Camellia sinensis*）的根茎经加工蒸晒而成，主产于河南、河北、湖南、湖北、四川、浙江等地。优质熟地质地软、内外均呈漆黑色、断面滋润、黏性大、味甜。

熟地有补血滋润、益精填髓的功效，常用于泡制保健饮品，代表饮品有熟地水、熟地当归酒、巴戟熟地酒等。

（5）杏仁。又称"杏核仁、杏梅仁"，为蔷薇科植物杏、野杏、山杏、东北杏的干燥种子。主要产地为东北、华北各省区。杏仁有甜、苦之分，栽培杏所产的杏仁甜的居多，野生的一般均为苦的。烹饪应用的一般为甜杏仁。优质杏仁表皮颜色浅、颗粒饱满、个头大、味新鲜、无哈喇味。

杏仁有滋润肺燥、止咳平喘的功效。甜杏仁可以作为休闲小吃，制作凉菜、熬粥、炖汤等，也可以制作药膳饮品，代表饮品有杏仁米浆、杏仁露、红枣杏仁黑豆糯米糊等。

（6）莲叶。莲叶又称"荷叶"，为睡莲科植物莲（*Nelumbo nucifera*）的叶片。全国大部分地区均有产出，以长三角、珠三角、洞庭湖和太湖为主要产区。优质莲叶叶片大、呈深绿色、味清香。以7~9月采摘的莲叶质量最好。

　　莲叶具有消暑利湿、健脾止血的功效。生用可清热解暑，炒炭用可散瘀止血。莲叶常用于制作暑天保健饮品，代表饮品有荷叶水、荷叶山楂茶、荷叶茶等。

熟地　　　　　　　　　　莲叶　　　　　　　　　甜杏仁

　　（7）沙参。沙参分为南沙参和北沙参。南沙参为桔梗科沙参属植物沙参、轮叶沙参、杏叶沙参、云南沙参、泡沙参等，同属凡主根粗壮者均可作沙参（南沙参）入药。其主根粗肥，呈长圆锥形或圆柱状，黄褐色，粗糙，具横纹，顶端有芦头。主要产地为东北及河北、山东、江苏、安徽、浙江、江西、广东、贵州、云南等省区。

　　北沙参为伞形科多年生草本植物珊瑚菜（*Glehnia littoralis*），以根入药。主根呈圆柱形，细长，外皮黄白色，须根细小。主产于山东、河北、辽宁、内蒙古等地。优质沙参粗细均匀、肥壮、色白、味微甘甜、无臭。现代研究发现，南沙参含生物碱、挥发油等，有养阴清热、润肺化痰之功；北沙参含黄酮、皂苷等，具有养胃生津之效。

　　沙参常用于秋冬烹制保健饮品，代表饮品有沙参玉竹水、沙参麦冬水等。

　　（8）玉竹。别名"玉参、尾参、铃铛菜、地管菜、甜草根、靠山竹、萎（葳）蕤"等，为百合科植物玉竹（*Fragrant solomonseal*）的干燥根茎。主产于吉林、内蒙古、黑龙江、辽宁、河北等地。优质玉竹表面呈黄白色或淡黄棕色、半透明、质硬而脆或稍软、易折断、气微、味甘。

　　玉竹能养肺阴，并略能清肺热，常于秋冬季与沙参、麦冬等配制保健饮品。代表饮品有沙参玉竹水、玉竹百合鸡脚汤、玉竹百合雪梨汤、玉竹无花果鲜鸡汤等。

沙参　　　　　　　　　　　玉竹

（9）赤菜。别名"鹿角菜、鹿角、猴葵、纶、牛毛菜、毛毛菜、红菜、胶菜、红毛菜、石花菜"等，为海萝科植物海萝（*Gloiopeltis furcata*）及鹿角海萝（*Gloiopeltis tenax*）的藻体。藻体为紫红色或紫褐色，丛生，软革质。基部有圆盘状假根。主枝为圆柱形，有不规则的叉状分枝，基部常缢缩。老枝中空。气腥，味咸。优质赤菜藻体呈紫红色或紫褐色、晒干后较韧。我国辽宁、河北、山东、江苏、浙江、福建、广东、台湾等沿海地区为主要产地。

赤菜含有琼胶、多糖及黏液质，还含有无机盐、钾、钠、钙及多种微量元素。赤菜具有清热、消食、祛风除湿等功效。常用于制作暑天保健饮品或甜品，代表饮品有赤菜糖水。

赤菜

（10）青草。青草是广东潮汕地区对草药的俗称。各种青草均为草本植物，除了白茅和甜根子草以根入药，其他均使用全草。青草的代表性品种有白花蛇舌草（*Hedyotis diffusa*）、茅根（白茅，*Imperata cylindrica*）、和尚头草（蛇莓草，*Duchesnea indica*）、猴蔗（甜根子草，*Saccharum spontaneum*）、绿豆草（蔊菜，*Rorippa indica*）、猫毛草（金丝草，*Pogonatherum crinitum*）、蚶壳草（积雪草，*Centella asiatica*）、地豆草（蔓草虫豆，*Cajanus scarabaeoides*）、鸟踏麻（铁苋菜，*Acalypha australis*）、葫芦茶（*Desmodium triquetrum*）、地胆草（*Elephantopus scaber*）、车前草（*Plantago depressa*）等。

　　由于气候条件及饮食习惯的影响，夏季很多人容易产生"热气"，即"上火"。潮汕人素有采集新鲜草药煮水饮用以防暑、降火的传统习俗，体现在潮菜宴席上就是常常可以见到一种特别饮品——"青草水"。青草水有清热解毒、消暑祛湿的功效。青草常用于煮制解暑保健饮品"青草水"，可以单味煮制，也可以多味配伍。代表饮品有白花蛇舌草水、茅根水、复合青草水等。

白花蛇舌草　　　　　　　　茅根　　　　　　　　　和尚头草

鸟踏麻　　　　　　　　猫毛草　　　　　　　　葫芦茶

（四）潮菜常见小吃类药食原料

　　（1）草粿。又称"仙草、仙人草、凉粉草"等，为唇形科一年生草本植物凉粉草（*Mesona chinensis*）的干燥全草。产自我国浙江、江西、台湾、广东、广西等地，生长于水沟边及干沙地草丛中。优质草粿叶片柔韧且不易捻碎，气微，味淡甘。

　　草粿有消暑、清热、凉血、解毒的功效。草粿常煎汁或与米浆同煮，冷冻后成黑色胶状凝固物，潮汕地区称凉粉草为"草粿"，为暑天解渴小吃。

栀子

（2）栀子。别名"黄栀子、山栀子"等，为茜草科常绿灌木栀子（Gardenia jasminoides）的干燥成熟果实，呈长卵圆形或椭圆形，表面呈红黄色或棕红色。原产于我国长江流域以南各省区。优质栀子干燥、个小、完整饱满、皮薄，呈红黄色或棕红色。

栀子有清热泻火、解毒凉血之功效。潮汕人端午节常以栀子为原料制作各式特色小吃，代表小吃有栀粽、潮汕栀粿、栀子面等。

（3）鼠曲草。又称"佛耳草、白头翁、追骨风、绒毛草"等，为菊科一年生草本植物鼠麴草（Gnaphalium affine）。全草密布灰白色绵毛，茎常自基部分枝成丛，质地柔软。主产于福建、江苏、浙江、广东等地。优质鼠曲草茎质地柔软、花呈金黄色或棕黄色。

鼠曲草全草有止咳平喘、祛湿补脾之功效，内服还有降血压的疗效。在潮汕地区，鼠曲草常用于制作传统小吃"鼠曲粿"。

（4）朴树叶。朴树叶是榆科植物朴树（Celtis sinensis）的叶片。朴树为乔木，常作为风景树及优良的防风树，其叶呈卵形或卵状椭圆形，气微、味淡。主产于陕西、四川、贵州、广东等地。优质朴树叶叶片柔嫩、呈绿色、气微，味淡。

朴树叶有清热解毒、凉血等功效。朴树叶大多用于制作传统小吃"朴籽粿"。粿品浅绿色，味甘甜，可解积热，常被作为民俗祭品。

鼠曲草

朴树叶

思考题

1. 什么是药食原料？药食原料可分为哪些种类？各类请列举三种代表。
2. 根据原料在烹饪中的应用划分，药食原料大致可分为几类？
3. 列表比较潮菜烹饪常见药食原料的保健功能及烹饪应用。

第八章　调辅原料

教学要求

1. 了解烹饪中常用的调辅原料的种类、工艺及分类知识。
2. 了解常用调味原料的风味特点、呈味原理和使用原则。
3. 了解常用辅助原料的组成、性质、作用原理。
4. 掌握鉴定调辅原料品质的原则和方法。
5. 掌握调辅原料在烹饪中的作用、烹饪应用规律以及注意事项。

重点难点

1. 各类调辅原料的概念、分类和种类。
2. 各类调味原料的风味特点、呈味原理、使用原则。
3. 各类辅助原料的组成、性质、作用原理。
4. 各类调辅原料在烹饪中的使用规律、原则和相互之间的搭配。

第一节　调辅原料概述

一、调辅原料的概念

调辅原料是调味原料与辅助原料的合称。

调味原料，也称"调味品、佐料、调料"等，是烹饪行业在商品流通领域中的习惯性名称，一般指被少量加入食物中用以改善味道的一类原料。调味原料可分为天然和人工两类，有动物、植物和微生物等多种来源，有固态、半固态和液态等多种形态。烹饪中使用的调味原料品种繁多，主要包括咸味调料、甜味调料、酸味调料、辣味调料、麻味调料、鲜味调料和香味调料等。

辅助原料是指在烹调过程中，既不是主配料，也不是调味料，但对烹饪工艺的顺利进行和菜点质地、色泽的形成具有重要作用的一类原料。烹饪中使用的辅助原料主要包括作为传热介质使用的水和油脂以及一些食品添加剂。食品添加剂按照来源不同可分为天然的和化学合成的两大类。

二、调辅原料的营养价值

理想的调辅原料不仅能够对菜肴的色香味有调理作用，满足人类的食欲，而且能使菜肴有较强的营养性、安全性与保健功能。当今，在调辅原料中添加有利于人体健康的营养和保健成分正成为烹饪行业发展的一种趋势，如加碘盐、食疗醋、补血酱油等。将来这类产品还会朝着科学化和系列化的方向发展。

为了让调辅原料充分发挥其营养价值，我们需要更注重其使用目的、使用范围以及最大使用量等，不能危害人体健康。

三、调辅原料的品质检验与贮藏保鲜

根据调辅原料的质地、色泽、味道等特性，通过感官检验法对比原料的原样，我们可以进行大致的检验其品质，出现异味、变质等现象就要尽快处理原料，杜绝使用，以免危害人体健康。

贮藏调辅原料需要注意的主要是温度和湿度。一般可存放在冰冷的地方，或者存放在通风、干燥的地方。如果调辅原料的量比较大，可以购买能抽真空的密封塑料袋，调辅原料晒干后抽真空保存是比较适宜的。

四、调辅原料的烹饪应用

调辅原料不仅可以用来调味，还有其他许多烹饪应用，例如杀菌、保持原料脆嫩程度、改变原料质地、色泽等。各类调辅原料的具体烹饪应用将在下面讲述。

第二节　调辅原料种类

一、调味原料

（一）咸味原料

咸味是一种基本味，可以单独成味。咸味一般来源于氯化钠。潮菜烹饪中常用的咸味调味品主要为食盐和其他发酵性的咸味调味品。

（1）食盐。又称"盐巴"，按产地分类可分为海盐、池盐（湖盐）、井盐、矿盐（岩盐）。海盐占总产量的85%，主产地分布在辽宁、山东、福建等沿海地区，靠引海水入盐田晒制而成。湖盐产地分布在内蒙古、宁夏、甘肃等内陆地区，靠引湖水入盐田晒制而成。井盐产地分布在四川、云南、贵州等地，在富集卤水的地方打井抽卤水，火煎而成。矿盐埋藏在地下的沉积岩层，分布更广，蕴藏丰富。按工艺分类，食盐可分为粗盐、洗涤盐、再制盐、风味型食盐等。

粗盐

精盐

食盐是咸味的主要来源，具有提鲜味、增本味的作用。离开食盐的调味，原料的本味和鲜味就不能充分体现出来。在制作泥、蓉或做馅和面时，加入适量的食盐，能吸水上劲，使泥蓉和馅的黏着力提高，面团的韧性增加。食盐具有防御杀菌的作用，常用腌制的方法来加工、贮存原料。食盐可作为传热介质，对烹饪原料进行加热或半成品加工。食盐还可以调节原料的质感，增加其嫩脆度。用盐量必须适量，过量不仅影响菜品的口味，且不利于人体健康。

（2）酱油。又称"清酱（汉代）、豉汁、酱汁、豉油、抽油"等。酱油是深红色带有香味的汁液，是重要的咸味调味品。酱油种类很多，常见的有生抽、老抽、复制红酱油、白酱油、甜酱油、美极鲜酱油、辣酱油、加料酱油。

生抽是一种不用焦糖增色的酱油，以精选的黄豆和面粉为原料，用曲霉制曲，经暴晒、发酵成熟后提取而成，并以提取次数的先后分为特级、一级和二级。其成品色泽较一般酱油浅，风味基本相同，用法亦基本相同，多用于对色泽要求较浅的菜肴。老抽是在生抽中加入焦糖，再经加热、搅拌、冷却、澄清而制成的酱油，颜色较深。

酱油是烹调中仅次于食盐的咸味调味品，能代替食盐起到确定咸味、增加鲜味的作用，还具有除腥解腻的作用。

生抽   老抽

（3）豆酱。又称"大豆酱、大酱"，是以黄豆或黑大豆为原料制作的一种酱类。根据制酱时加水的多少分为干黄酱和稀黄酱。市场上最负盛名的是普宁豆酱，它以新鲜优质的黄豆、面粉、食盐等为原料，泡蒸（煮）熟后经天然发酵、晒制、蒸汽杀菌等生产工序精制而成，呈金黄色，内含蛋白质、氨基酸、还原糖，质醇味香，营养丰富。

普宁豆酱是潮菜烹饪中常用的一种咸味调味品，味道咸鲜带甘，可用于烹煮海鲜、肉类和蔬菜，尤其以烹煮鱼类最为美味。此外，普宁豆酱也是潮菜筵席上常用的酱碟之一。代表菜品有豆酱焗鸡。

豆酱

（4）豆豉。又称"豉、香豉"。豆豉以大豆或黄豆为主要原料，利用毛霉、曲霉或者细菌蛋白酶分解大豆蛋白质，达到一定程度时，加盐、酒及利用干燥等方法，抑制酶的活性，延缓发酵过程而制成。

（5）沙茶酱。沙茶酱是由花生仁、白芝麻、鱼、虾米、椰丝、大蒜、葱、芥末、辣椒、黄姜、香草、丁香、陈皮、胡椒粉等原料经磨碎或炸酥研末，然后加油、盐熬制而成的一种调味品。沙茶酱色泽淡褐，呈糊酱状，具有大蒜、洋葱、花生米等特殊的复合香味、虾米和生抽的复合鲜咸味，以及轻微的甜、辣味。沙茶酱香而不辣，略带甜味，是潮汕和闽南地区做菜时常用的调味品。

沙茶酱

（二）甜味原料

（1）食糖。又称"蔗糖、糖"，是从甘蔗、甜菜等植物中提取出的一种甜味调味品，主要成分是蔗糖。按照外形、色泽及加工方法的不同，可将食糖分为红糖、赤砂糖、白砂糖、绵白糖、冰糖、幼砂糖。

红糖是以甘蔗为原料土法生产出的食糖，又称"土红糖"。红糖按外观不同可分为红糖粉、片糖、条糖、碗糖、糖砖等。红糖纯度较低，因不经过洗蜜，水分、还原糖、非糖杂质含量均较高，颜色深，结晶颗粒较小，容易吸潮溶化，滋味浓，有甘蔗的清香气和糖蜜的焦甜味，有多种颜色，一般色泽红艳者质量较好。白砂糖是烹调中最常用的甜味调味品，含蔗糖在99%以上，纯度高，色泽洁白明亮，晶粒整齐，水分、还原性糖和杂质含量均较低。

按结晶颗粒大小，可分为粗砂、中砂和细砂糖，烹调中主要用的是细砂糖。冰糖是将白砂糖熔成糖浆，在恒定温室中保持一定时间，待蔗糖缓缓再次结晶而得，它是白砂糖的再制品。

在烹饪应用方面，红糖常用于上色，制作复合酱油、卤汁等，还可以作为带色的甜味调味品。因含无机盐和维生素，所以是营养价值较高的甜味调味品，通常是体弱者、孕妇等的理想甜味剂，常用作滋补食疗的原料。赤砂糖常用于红烧、制卤汁，可产生较好的色泽和香气。白砂糖易结晶，除了是常用的甜味调味品外，还可用于制作挂霜、拔丝、琥珀类菜肴，其精制品为方糖。绵白糖常用于凉菜，由于不易结晶，更宜于制作拔丝菜肴。冰糖常用于制作甜菜及小吃，亦可用于药膳和药酒的泡制。

（2）蜂蜜。又称"蜜糖、蜂糖、百花精"。蜂蜜是蜜蜂从开花植物的花中采得的花蜜并在蜂巢中酿制的蜜。蜂蜜是糖的过饱和溶液，低温时会产生结晶，生成结晶的是葡萄糖，不产生结晶的部分主要是果糖。除了葡萄糖、果糖外，蜂蜜还含有多种维生素、矿物质和氨基酸。

（3）糖浆。糖浆是淀粉不完全糖化的产物，或是由一种糖转化为另一种糖时所形成的黏稠液体或溶液状态的甜味调味品，它含有多种成分，常见的有淀粉糖浆（葡萄糖浆）、饴糖、果葡萄糖浆。

（4）饴糖。饴糖是以大米、玉米等为原料，经蒸煮，加入麦芽，糖化，浓缩制成的糖。外观呈现淡黄色或棕黄色，黏稠且微透明。主要成分是麦芽糖（54%～62%）和糊精（13%～23%）。饴糖中甜味的成分是麦芽糖，其甜度约为蔗糖的三分之一，甜味较爽口。饴糖分硬饴和软糖两种，呈淡黄色或褐黄色，浓稠而无杂质，无酸味，

红糖　　　　　　　　　　　白砂糖　　　　　　　　　　　冰糖

蜂蜜　　　　　　　　　　　糖浆　　　　　　　　　　　饴糖

（三）酸味原料

（1）食醋。食醋是饮食生活中常用的一种液体酸味调味品。作为中国的传统调味品，醋的应用已有 2 600 多年的历史。根据制作方式不同，醋一般可被分为两类：发酵醋（酿造醋）和合成醋（调配醋）。发酵醋是将各种含有淀粉、糖或酒精的原料单独或混合使用，经发酵工艺酿造而成的食醋。合成醋是向冰醋酸加水的稀释液中添加食盐、糖类等调味料或加食用色素配制而成的醋。合成醋酸味单一，具有刺激性，由于无发酵醋所含的多种物质，所

以缺乏鲜香味。

（2）番茄酱。番茄酱是鲜番茄的酱状浓缩制品。其外观呈鲜红色酱体，具有色泽红润、酸而回甜、清香浓郁等特点。番茄酱是从西餐烹调中引进而来的，现在广泛用于中餐烹调，主要用于酸甜味浓的复合味型的菜品中，以突出菜肴的色泽和风味。其酸味来自苹果酸、酒石酸，红色主要来自番茄红素。番茄酱含糖、粗纤维、钙、磷、铁、维生素等多种营养物质。

香醋   番茄酱

（3）酸梅汁。又称"酸梅汤"，是乌梅泡发以后，加入冰糖、蜂蜜、桂花一起熬煎，冰镇制成，其色泽为厚重的褐色。酸梅中含有多种维生素，尤其是维生素 B_2 含量极高，是其他水果的数百倍。虽然味道酸，但它属于碱性食物，肉类等酸性食物吃多了，喝点酸梅汁更有助于促进体内血液酸碱值趋于平衡。

（4）柠檬汁。柠檬汁是指新鲜柠檬经榨挤后得到的汁液，酸味极浓，伴有清香和淡淡的苦涩。经检测，柠檬汁富含维生素 B_1、维生素 B_2、烟酸、维生素 C、糖类、钙、磷、铁、钾等营养成分。柠檬汁为常用饮品，亦是上等调味品，常用于西式菜肴和面点的制作中。柠檬汁还能够去除腥味及食物本身的异味。

（5）酸咸菜。酸咸菜是广东潮汕地区的一种传统名肴，潮汕酸咸菜名闻遐迩，是"潮汕三宝"之一，尤其是澄海外砂酸咸菜腌制方法独特，色泽金黄晶莹，酸甜酥脆，风味独特，饮誉海内外市场。采用酸咸菜烹制的名菜有潮州酸菜鱼头煲等。

（四）鲜味原料

（1）高汤。高汤亦称"高级汤料"，是以富含呈鲜物质的鸡、鸭、牛、香菇、火腿等原料精心熬制的汤料。根据熬制方法的不同，可将高汤分为奶汤和清汤。奶汤白如奶、鲜香味浓，呈乳状，常用于高级宴席的奶汤菜肴制作。清汤清澈见底、咸鲜，常用于高级宴席的烩或汤菜中。此外还有鲜汤、红汤、原汤。鲜汤是用猪骨、猪肉的下脚料熬制的用于一般菜肴的汤汁；红汤是在清汤基础上特别加入火腿、蘑菇等提色制成的，多用作红烧；原汤是用一种原料熬制的本味汤汁。这三种汤的鲜味远不及清汤、奶汤。

（2）味精。又称"味素、味粉"等，是一种呈粉状或结晶状的调味品，无色无味且易溶于水。味精主要成分是谷氨酸钠，有特殊的鲜味，用水冲淡3 000倍仍能感觉到鲜味。味精含鲜味与溶解度密切相关，在弱酸和中性溶液中，溶解度最大，具有强烈的肉鲜味；在碱性溶液中不但没有鲜味，反而有不良气味。在高温下长时间加热，味精会部分失水分解而失去鲜味，并产生轻微毒素。现今的味精品种较多，一般可分为四种：①普通味精。②强力味精（又称"特鲜味精"），在普通味精的基础上加工制成，比普通味精的鲜味强几倍到十几倍。③复合味精，在普通味精或者强力味精的基础上加入成比例的食盐、鸡肉粉、牛肉粉等，还有适量的牛油、辣椒粉等香料制成。由于比例不同而使味精形成的鲜味各异，复合味精常用于汤、方便面等各种快餐食品中。④营养强化味精，即向味精中加入人群中容易缺乏的营养素。

（3）鱼露。又称"鱼汁、鱼酱油、水产酱油、白酱油"等，是用小鱼虾为原料，经腌渍、发酵、熬炼后得到的一种味道极为鲜美的汁液，色泽呈琥珀色，味道带有咸味和鲜味。

鱼露是潮菜、闽菜和东南亚料理中常用的水产调味品。鱼露原产自福建和广东潮汕等地，由早期华侨传到越南以及其他东南亚国家，如今在欧洲也逐渐流行起来。20世纪80年代以来发展迅速，目前国内产量每年约10万吨。

鱼露含有多种呈鲜味的氨基酸成分，味道极其鲜美，营养价值高。

鱼露

腐乳

（4）腐乳。又称"豆腐乳"和"腐乳汁"等，多用于佐食，是我国的特产。按照工艺特点不同，可将腐乳分为红腐乳、白腐乳、青腐乳和酱腐乳四种。发酵过程中溢出的卤汁是一种理想的鲜味调味品，因为里面包含丰富的游离氨基酸。

（5）蚝油。又称"牡蛎油"，是利用新鲜牡蛎加工制成的。蚝油含有牡蛎肉浸出物中的各种呈味成分以及氨基酸，不仅具有浓郁的鲜味，而且还有与牡蛎相近的营养价值，是中国广东等地的特产。按照加工技法的不同，可大致分为三类。一种是由加工牡蛎干时烹煮成的汤经浓缩后制成的原汁蚝油；还有一种是新鲜牡蛎肉捣碎研磨后取汁熬制成的原汁蚝油；最后一种是将原汁蚝油进行改色、增稠、增鲜处理后制成的精制蚝油。常用于蚝油生菜、蚝油拌面等菜肴的制作。

（6）虾油。虾油是用鲜虾为原料，经盐腌制、发酵、滤制而成的鲜味调味品。虾油多产于沿海地区，色泽亮黄，呈黄棕色至棕褐色，汁液浓稠。

（7）XO酱。XO酱是用豆油将干贝、火腿、红辣椒、虾米、葱头、蒜、白砂糖、蚝汁、盐、香料、味精等油炸而成的酱料。XO酱以其所用原料的高档昂贵而得名。XO酱中除了含有海产干贝、虾米外，还含有红辣椒中的维生素C及辣椒素。酱味突出油炸过的江瑶柱、虾米的海鲜味和浓郁的火腿香味并带有适中的辣味。

（五）麻辣味原料

潮菜调味讲究清淡，麻味原料（如花椒）、辣味原料极少被大量使用，下面将简要介绍一下潮菜中所用到的辣味原料。辣味原料有若干种，最常用的是辣椒、胡椒、葱、蒜、生姜、南姜、芥末、辣根等。

（1）辣椒。又称"辣茄、辣子、海椒、番椒"等。辣椒主要产自南美洲，现今我国各地均有栽培。辣椒的品种可分为长椒、灯笼椒等。辣椒的果实因其果皮含有辣椒素而有辣味，主要是由辣椒碱、椒脂碱、二氢辣椒碱、姜辛素等产生的。辣椒特性为辛、热、辣，有温中驱寒、开胃、助消化等作用。由于辣椒呈色、呈香的物质均为脂溶性，所以要辣出色香味应用油脂提炼，但提炼的油温不可过高，否则会破坏辣椒的呈色、呈香物质。

辣椒的制品有很多，例如辣椒砖、辣豆瓣酱、泡辣椒、渣辣椒、辣椒干、辣椒粉、辣椒油等。

辣椒酱   粗胡椒粉

（2）胡椒。又称"昧履支"等。胡椒原产于印度，在我国主要产自广西、云南等地。胡椒分为白胡椒和黑胡椒两类。胡椒的主要成分为胡椒脂碱、挥发油、胡椒碱等。胡椒有解毒、芳香辛热、温中驱寒等功效。胡椒有整粒、碎粒和粉状三种使用形式。

（3）南姜。又称为"芦荽姜"，其外形类似树根，颜色较深，体积较大。南姜皮颜色偏白，姜芽处呈微红色。潮汕地区常在卤鸭、鹅的时候使用南姜去腥味、提味；在潮汕传统的小吃橄榄糁中，南姜也是最重要的佐料；街头的一碗牛杂粿条也会洒上一些南姜末调味。南姜粉为"五香粉"原料之一，是潮汕地区不可缺少的食材。

（4）沙姜。又称"山奈、山辣"，为姜科多年生草本植物山奈的根茎，呈浅褐色，皮薄肉厚，姜辣素含量高，味辛辣、稍带甜，有化痰、消食、行气、健脾去湿之效。沙姜原产于亚洲和非洲热带地区，我国广东、广西、云南、四川和台湾等地有产。沙姜冬季采挖，洗净、除去须根，鲜用或切片晒干。代表名菜有沙姜鸡。

（5）芥末。又称"芥黄"，因芥末面呈淡黄色而得名。芥末是芥菜的种子干燥后研磨成的一种粉状调味品，有淡黄色、深黄色两种。我国芥末的主要产地为河南、安徽。芥末以其冲鼻辛辣的刺激性风味而闻名。芥末主要起提味、刺激食欲的作用。现今芥末被加工成芥末膏和芥末油，以便于使用。芥末酱要低温保存或及时食用完毕，否则会继续水解，使其辣味减弱。芥末常用于海鲜类调味。

（6）辣根。俗称"马萝卜"，是西洋山蓊菜的肉质根。辣根原产于欧洲，我国的主要产地是上海。根皮呈浅黄色，肉为白色，蛋白质和钙含量高。鲜辣根有类似芥末的辛辣味，具有防腐增香的作用。辣根一般磨糊后作调味料，或者进一步加工制作成粉状。

南姜　　　　　　　　沙姜　　　　　　　　辣根

（六）香味调料

1. 芳香类

（1）八角。又称"大料、大茴香、八角香"等。八角主要产自广东、广西和西南，为我国特有的香料。八角外表为红棕色，有6~8个茴香瓣，呈放射状排列，形状类似五角星，种子包含在其中。在鉴别时，要注意区分出八角属的莽草和厚皮香八角的果实，因为它们与八角极其相似，主要区别在于它们的果实不只八个角，且果实顶端带有细长而弯曲的尖头，而八角的顶端趋向于钝尖，莽草和厚皮八角的果实有剧毒，不能食用。

八角　　　　　　　　　　　　　莽草

（2）茴香。又称"小茴香"。茴香主要产自山西、甘肃、内蒙古等地。茴香是植物茴香的果实，外表黄绿色，呈椭圆形，形状类似稻谷，两端稍尖，中部微微弯曲，气味芳香，味道微甜。其主要呈味物质为茴香脑、小茴香酮等。

（3）桂皮。又称"肉桂、玉桂"。桂皮是樟科植物肉桂树皮经过干燥后制成的卷曲状的调香料，表面呈棕黑或灰棕色，里面呈暗红棕色或紫红色，质地硬而且脆。主要产地为广东、广西、四川、福建等地。其主要呈香物质为桂皮醛、水芹烯、丁香油酚、柠檬醛等。桂皮对痢疾杆菌有抑制作用。

（4）香叶。又称"月桂叶、香桂叶、桂叶"等。香叶原产于地中海沿岸及欧洲南部地区，现今我国南方地区亦有种植。香叶为革质，呈椭圆形，边缘波状，味道醇香。其主要呈味物质为丁香酚、桉叶油等，有芳香味道，略辛。国内外均广泛使用于肉类制品、菜肴、糕点等食品中，西式菜肴中尤为常见。

（5）孜然。又称安息茴香，是茴香的果实。我国的主要产区为新疆，山西、辽宁、内蒙古亦有产。孜然具有独特的清香味、薄荷味，略带苦味，在使用时一般加工成粉状用于调味提香，是烧烤食品必用的上等佐料，风味独特。

（6）紫苏。紫苏茎呈紫色或绿紫色，叶呈卵形或椭圆形，叶面有皱褶，叶缘锯齿状，两面紫色或上面绿色、下面紫色。南方各地均有出产。鲜叶片中含挥发油、紫苏醛、紫苏酮、柠檬烯等芳香物质，因而具有特殊风味。紫苏含有丰富的胡萝卜素。

（7）香茅。又称"香巴茅、风茅、柠檬草"等。现今我国境内的主要产地为云南。香茅含有柠檬醛、香茅醇、香茅醛等成分，全株具有柠檬的香味，且香味持久。由于茎及叶含丰富的挥发油，可从茎、叶中蒸馏萃取精油，可作为食品加工或制造化妆品、肥皂和香水的香料。

（8）芝麻。芝麻原产自非洲，我国除了西北外，各地均有出产。其种子有红、黑、白三种颜色。芝麻富含脂肪、蛋白质，铁含量远超一般食品，除此之外，钙、磷、维生素 A、维生素 D、维生素 E 含量均高。芝麻含芝麻粉、芝麻素和大量的油脂，使有芝麻的菜肴尽显特色。

桂皮　　　　　　　　　香叶　　　　　　　　　孜然

紫苏　　　　　　　　　香茅　　　　　　　　　　　芝麻

2. 苦香类

（1）陈皮。又称"橘皮"。陈皮由柑或橘果实的果皮经干燥放置陈久而得。外呈红色，内呈淡黄色，大多为不规则裂状，质地脆。陈皮味苦而芳香。陈皮的呈味物质为柠檬烯、香茅醛、黄酮苷等。

（2）草豆蔻。又称"草蔻、白豆蔻"等。我国广东、广西、海南是其主要产地。草豆蔻呈圆球形，外皮为黄白色至黄棕色，果皮质地清脆，气味芳香。其主要呈味物质为山姜素、松油醇、豆蔻素等。

（3）草果。又称"草果仁、草果子"等，主产地是云南、广西、贵州等地。干燥果实呈椭圆形，具钝三齿。顶端有一圆形突起，基部附有节果柄。表面呈灰棕色至红棕色，有显著的纵沟及棱线。果皮有韧性，易纵向撕裂。质坚硬，破开后，内为灰白色。气微弱，种子破碎时发出特异的臭气，味辛辣。

（4）砂仁。又称"小豆蔻"，主要产地为广东、广西、福建等地。砂仁干果气味芳香而浓烈，味道辛凉且苦。采收的果实晒干为壳砂，剥去果皮，将种子仁晒干，即为砂仁。可作为香料的主要有三种：阳春砂、海南砂、缩砂。其中，以阳春砂为佳。砂仁含有具特殊香气的挥发油。由于芳香味浓，可开胃消食，增进食欲。

陈皮　　　　　　　　　　　　草豆蔻

草果

砂仁

3. 酒香类

（1）米酒。又称"酒酿、淋饭酒、醪糟、甜酒、糯米酒"等。我国各地均有出产。米酒是以糯米为主要原料，经过蒸煮后拌入酒曲再发酵制成的酒香醇厚的一种甜酒。

（2）红糟。又称"红曲"，主要由红曲米中的红曲菌酿制而成。在红曲酒制造的最后阶段，将发酵完成的衍生物经过筛滤，酒后剩下的渣滓即红糟，它拥有天然的红色色泽和独特的香味，可以防腐辟腥及提升香味。红糟主产于福建。

上述固态、液态、酱态调味料还可配制成各种复合味调料用于烹调，例如常用的复合味有蒜泥味、红油味、姜汁味等。此外，潮菜烹调时还要用各种料头（葱、蒜、姜、辣椒、芫荽、洋葱等）和各种汤汁（鸡汤、鸭汤、素上汤、火腿汁、干贝汁、鹅卤水等），这些都是调味品。

二、辅助原料

（一）食用油脂

油脂是油和脂肪的总称。在常温下呈液态的称为"油"，呈固态或半固态的称为"脂肪"。烹饪中的食用油脂包括各种植物油脂、动物油脂及油脂再制品。油脂与蛋白质、糖类一起构成人类三大供能营养素。油脂在烹饪中是良好的传热介质，是菜品制作工艺及形成菜点风味特色不可缺少的辅助原料。

1. 植物油脂

植物油脂是用油料植物的种子和果实经压榨法提炼制得，含不饱和脂肪酸较多，常温下一般呈液态，是人体必需脂肪酸的良好来源，不含胆固醇，食用价值较高，是烹饪中广泛应用的传热介质。植物油脂种类繁多，一般根据所用的油料作物不同可分为菜籽油、大豆油、花生油、芝麻油、葵花籽油、米糠油、玉米油以及橄榄油等，由于各地区油料作物不同，产生了各地的用油特色。

（1）菜籽油。又称"青油、菜油"，是十字花科植物油菜的种子压榨制取的半干性油。菜籽油主要产于长江流域和西南、西北地区。菜籽油主要含有 43% ~ 54% 的芥酸、15% ~ 19.2% 的亚麻酸、11.4% ~ 19.5% 的亚油酸、12.2% ~ 21% 的油酸。普通菜籽油色泽呈浅黄色或琥珀色，有涩味，属半干性油类。粗制菜籽油色泽呈黑褐色；精制菜籽油色泽呈黄金色。

（2）大豆油。又称"豆油"，是利用大豆种子炸出的半干性油。大豆油主要产于东北、华北和长江中下游地区。大豆油含有亚油酸、软脂酸、油酸、亚麻酸，并富含卵磷脂和维生素 A、维生素 D、维生素 E 等，营养价值高，消化率达 98%。

（3）花生油。花生油是用花生的种子加工榨出的半干性油。花生油主要产于华东和华北地区。按照加工方法的不同，可以分为冷压和热压两种。冷压花生油颜色浅黄，气味和滋味均佳。热压花生油色泽橙黄，味道不如冷压油，但出油率较高，且有炒花生的香味。花生油含亚麻酸、油酸、软脂酸等营养成分。

（4）芝麻油。又称"麻油、香油"，是用芝麻的种子加工榨出的植物油。芝麻油主要产于我国的河南、河北、湖北等省份。中国、印度、苏丹和墨西哥是芝麻油的主要生产国。

（5）葵花籽油。又称"瓜籽油、向日葵油"。葵花籽油是食用向日葵种子加工榨制而成的植物油脂。目前，世界各地均有生产，中国主要产区是东北、华北等地。

（6）米糠油。米糠油是从米糠中提取的植物油。精制米糠油大多作为高级营养食用油，食用吸收率达 90% 以上，是国内外公认的营养健康油。米糠油中含不饱和脂肪酸高达 80%，油酸和亚油酸的含量也较高，此外还有较丰富的生育酚和 B 族维生素，消化率极高，是营养价值较高的食用油之一。

（7）玉米油。又称"玉米胚油"，是从玉米胚中提取的油脂。玉米油的脂肪组成较好，不饱和脂肪酸占总量的 85% 以上，还含有丰富的维生素 A、维生素 E、维生素 D，是一种优质的食用油脂，具有特殊的营养和生理保健价值。

（8）橄榄油。橄榄油是用油橄榄果直接冷榨提炼所得的一种高级食用油，是世界上最贵重的油脂之一。橄榄油中所含油酸、亚油酸和亚麻酸的比例正好是人体所需的比例，类似母乳，这是其他植物油脂所不具备的。同时橄榄油含丰富的维生素 A、维生素 D、维生素 E、维生素 K 和胡萝卜素等脂溶性维生素及抗氧化物等，极易被人体消化吸收。

2. 动物油脂

动物油脂是从动物的脂肪组织中提炼而得。动物油脂饱和度高，常温下是固态和半固态，保温性和其他一些工艺性较好，而且有的还具有特殊的风味，在烹饪中有一定的地位和作用。烹饪中所用的动物油脂主要是猪油、牛油和鸡油。

（1）猪油。又称"大油、猪脂、白油、荤油"，是从猪的脂肪组织板油、肠油（即水油、网油）和皮下脂肪层肥膘中提炼出来的。猪油中含棕榈酸、油酸、硬脂酸、豆蔻酸、亚油酸、十六烯酸。相比而言，猪油碘值高（63～71），熔点低（27℃～30℃）；猪杂油的碘值低（50～60），熔点高（35℃～40℃）。猪油的熔点受区域影响也很大，美国生产的猪油（滑动熔点33℃）比欧洲国家生产的猪油（滑动熔点35℃）要软一些。猪油内含的天然氧化剂少，极易被氧化，不宜长久贮存。

（2）牛油。又称"牛脂"。牛油是从牛的脂肪组织中提炼出来的油。优质的牛油凝固后为淡黄色或黄色，在常温下呈硬块状态。牛油中含有大量饱和脂肪，熔点高，约为42℃～52℃，食用口感不太好，而且人体消化吸收率较低。

（3）鸡油。又称"明油"，是从鸡的脂肪组织提炼而得，常温下为半固态状。鸡油熔点低，含亚油酸、亚麻酸，最易被消化吸收，是动物油脂中营养价值较高的种类。

猪油　　　　　　　　　　　牛油　　　　　　　　　　　鸡油

3. 油脂再制品

油脂再制品是指食用油脂进行二次加工后所得到的产品，又称"再制油、改性油脂"，如氢化油、人造奶油、色拉油等。有的改变了原来油脂的性状，具备更好的可塑性、起酥性、乳化性、速溶性和氧化稳定性，从而使食品品质获得最佳的效果。

（1）氢化油。又称"硬化油"。氢化油多以豆油、花生油、椰子油、棉籽油、葵花籽油等植物油脂为原料，经氢化作用后，使不饱和脂肪酸得到饱和，变成硬化油的状态，从而使其色泽和性质都发生改变获得。氢化油一般为白色或淡黄色，无臭无味。氢化油的可塑性、乳化性、起酥性和稠度都优于一般的油脂。氢化油不含胆固醇，常用来代替猪油、牛油等动物脂肪。

（2）人造奶油。又称"麦淇淋"，来自于"Margarine"的音译。人造奶油是以植物油为原料，通过加入氢气和催化剂，使含有双键的不饱和脂肪酸与氢发生加成反应，形成饱和脂肪酸，提高油脂的熔点，使油脂硬化，加入乳化剂、色素、维生素、食盐、防腐剂、香味剂等经过乳化冷却制造而成。人造奶油的含脂量、水分、含盐量以及香味与天然奶油相同，而其熔点经调配可以配合各种操作温度，用途更为广泛。人造奶油稳定性高，不含胆固醇，不饱和脂肪酸比天然奶油高，价格低廉，其产量及消费量都超越天然奶油。

（3）色拉油。又称"凉拌油"。色拉油以玉米油、橄榄油、菜籽油等植物油脂为原料，经过脱色、脱味、脱酸、脱臭、脱蜡处理后，所得的油液清澈如水，无色、无味，是一种高级食用油。其耐寒性较好，储藏期长，食用安全性高，也不易发生氧化、热分解等反应。

（二）食用水

烹调中运用的食用淡水是符合国家饮水水质标准的淡水。食用淡水包括自来水，河、湖、泉、涧的淡水和雨水、雪水（经过净化处理后），有些地方的井水、窖水经过适当的处理也可作为烹饪用水。在自然界中，纯净的水是无色、无味的透明液体，有固态、液态、气态三种形式。水表现出适宜于烹饪应用的良好特性。水的比热容大，可储热，且水蒸气液化时可释放大量的热量，可作为良好的传热介质。水在常温、标准大气压下的沸点是100℃。减小压强，沸点降低；增大压强，沸点升高。由于水转化为冰时体积变大，常使一些原来的组织破坏，所以在保鲜时常用急冻的方法，避免原料出现组织破坏、营养流失的问题。水具有较强的分散能力和溶解能力，可以分散和溶解许多物质，是烹饪中良好的分散剂和溶剂。水还是极性分子，很容易吸附到蛋白质、淀粉物质中，对于改变原料的质地起到一定的作用。

（三）食品添加剂

世界各国对食品添加剂的定义不尽相同。联合国粮食及农业组织（FAO）和世界卫生组织（WHO）联合食品法规委员会（CAC）对食品添加剂作了如下定义：食品添加剂是有意识地，一般少量添加于食品中，以改善食品的外观、风味、组织结构或贮存性质的化学合成物或天然物质。它们在产品中必须不影响食品的营养价值，具有增强食品感官性状、延长食品保存期限或者提高食品质量的作用。

1. 着色剂

又称"食用色素"，是以食品着色为目的的一类食品添加剂。这是一类在食品加工过程中能够通过着色，改变食品原有的颜色的添加剂。根据来源可将其分为食用天然色素和人工合成色素。

（1）食用天然色素。食用天然色素主要是从动植物和微生物组织中提取，常用的有红曲色素、焦糖色素、β-胡萝卜素、胭脂虫红、可可色素、叶绿素、辣椒红、红黄花色素等。与人工合成色素相比，天然色素具有安全性较高、着色色调比较自然等优点，而且一些品种还具有维生素活性，但也存在成本高、着色力弱、稳定性差、容易变质、难以调出任意色调等缺点，一些品种还有异味。

（2）人工合成色素。人工合成色素也称为"食品合成染料"，是用人工合成方法所制得的有机色素。人工合成色素大多是以煤焦油为原料提炼而成。由于其具有色泽鲜艳、着色牢固、性质稳定、可任意调色、成本低，使用方便等特点，所以在目前的食品制作和烹饪加工中占有一席之地。人工合成色素用于面点、菜肴、拼盘、雕刻作品的着色，可起到很好的点缀、装饰作用；还可以用于汽水、果酒、果汁、糖果、配置酒的色泽调配。但人工合成色素没有营养价值，安全性低，有的甚至有致畸、致癌等严重危害食用者健康和生命的副作用，所以对人工合成色素的使用要严格管理，并限制用量。目前市面上常见的人工合成色素有苋菜红、胭脂红、柠檬黄、日落黄、靛蓝、叶绿素铜钠盐等。

2. 膨松剂

膨松剂又称为"膨胀剂、疏松剂"，是主要在面点制作中使用的、使制品蓬松柔软或酥脆的一类添加剂。其膨松原理是在调制面团时加入膨松剂，在蒸、烤、炸等加热过程中，膨松剂产生的二氧化碳等气体受热膨胀，使面团内部形成均匀的、致密的多孔性结构，从而使成品具有酥脆或蓬松的特点。膨松剂分为碱性膨松剂、复合膨松剂和生物膨松剂。

（1）碱性膨松剂。碱性膨松剂是化学性质呈碱性的一类无机化学物质。碱性膨松剂胀力弱，缺乏生物膨松剂本身的香味和营养，有时使用不当还会有特殊异味，但其价格低廉，易保存，稳定性较好。常见的碱性膨松剂有碳酸氢钠（小苏打）、碳酸钠（苏打）、碳酸氢铵（臭碱）等。

（2）复合膨松剂。复合膨松剂由碱性剂、酸性剂和淀粉三类物质配制而成。其中碱性剂常用碳酸氢钠，主要用于与酸性剂反应产生二氧化碳，起蓬松作用。酸性剂有柠檬酸、明矾、酒石酸氢钾等，除与碱性剂反应产生气体外，还可起到中和碱性的作用。淀粉用于增强膨松剂的保存性，防止吸湿结块和失效，并且可调节产气速度，使气孔均匀产生。复合膨松剂由于配方不同，使用方法与效果就不同。在烹饪中要根据具体情况来选择使用。常见的复合膨松剂有发酵粉、明矾等。

（3）生物膨松剂。生物膨松剂是指含有酵母菌等发酵微生物的食品添加剂。常见的生物膨松剂有酵母、老酵母。

酵母又称"面包酵母、新鲜酵母"。酵母菌是一类重要的发酵微生物，在养料、温度和湿度适合的条件下能迅速生长繁殖。在发酵过程中，酵母菌首先利用面粉中原来含有的少量葡萄糖、果糖和蔗糖等进行发酵。在发酵的同时，面粉中的淀粉酶促使面粉中的淀粉分解而产生麦芽糖，麦芽糖的存在又为酵母菌提供了可利用的营养物质，使其得以连续发酵。酵母菌将糖转化为二氧化碳、乙醇醛及一些有机酸等。目前市场上供应的有鲜酵母、干酵母和液体酵母三种，常用的有鲜酵母和干酵母。酵母的用量越多，发酵作用越强，发酵所需时间越短。因此，控制酵母的用量是发酵的关键之一。由于酵母菌含丰富的蛋白质、维生素、无机盐、纤维素等物质，所以它是一种具有营养价值的膨松剂。

老酵母又称"老面、面肥"。微生物在含糖的面团中大量通气，加上温度适宜，使之繁殖，在一定时间内培养出大量的酵母菌，成为一种带有酸性，含乙醇、二氧化碳的酵母面团。相对于嫩酵母而言，老酵母出芽率低，对外界适应能力差，发酵前期缓迟，后期容易衰老、容易沉淀。

3. 增稠剂

增稠剂又称"凝胶剂、黏稠剂"，是指用于增加菜点的黏稠度或使菜点形成凝胶状，并赋予菜品黏滑适口质感的食品添加剂。它具有很好的溶水性和稳定性，在烹饪加工中用以改善菜点的物理性质，对保持流态食品、胶冻食品的色香味和结构稳定性起到相当重要的作用，可增加其黏稠度，使之润滑适口、柔软鲜嫩，丰富食用的触感和味感。增稠剂的种类有很多，按其来源主要分为植物性增稠剂和动物性增稠剂两大类。

（1）植物性增稠剂。植物性增稠剂自身含有多糖类黏质物，并可从含有淀粉的粮食、蔬菜或含有海藻多糖的海藻中制取，如淀粉、琼脂、果胶等。

① 淀粉。又称"芡粉"，是从含丰富淀粉的种子植物的种子、块根和块茎经水磨、过滤、沉淀等工序提取出来的粉状干制品，是由葡萄糖聚合而成的大分子多糖。常用的淀粉为豆粉和薯粉，一般为白色粉末。淀粉不溶于冷水，在60℃~80℃热水中吸水糊化，形成具有一定黏稠性的半透明凝胶或胶体溶液。这一特性使原料的持水能力提高，保护原料的水分、质感和温度，使其成菜滑嫩、柔软或酥脆爽口。

② 琼脂。又称"洋菜、冻粉、琼胶",是从海藻石花菜中提取出来的海藻多糖类物质。主要成分为琼脂糖及琼脂胶。其产品形式有条状、薄片状、颗粒状和粉状。

琼脂的凝结能力很强,1%的琼脂溶液在42℃即可凝结成胶状体,形成的凝胶透明感强,有较好的弹性、持水性、黏着性、保形性及稳定性(即使加热至90℃也不会熔化)。但琼脂凝胶与酸长时间共热或长时间受高温作用会自然分离,形成离浆状。

③果胶。果胶是广泛存在于水果和蔬菜以及其他植物细胞壁间的一种多聚糖,是由乳糖醛酸的长链缩合而成的产物。其多为白色或淡黄色粉末,少有特殊气味,不溶于乙醇等有机溶剂,易溶于水。

(2)动物性增稠剂。动物性增稠剂是从富含蛋白质的动物性原料中提取的,如皮冻、明胶、蛋白胨等。

① 皮冻。又称"皮汤、皮汁"。皮冻选用新鲜猪肉皮制作而成。将去净肥肉的猪肉皮放入锅中加水煮至熟烂,将肉皮用绞肉机绞碎,再放回原汤中加入姜、葱、黄酒,用小火长时间焖煮,去除浮沫浮油,至汤汁呈抽糊状冷却,凝结后即为皮冻。其主要成分为胶原蛋白。皮冻是一种富含胶原蛋白的凝胶物质,其鲜味较淡,制作时可加入老鸡、干贝、火腿、骨头等一同熬煮,以增加其鲜味。根据皮冻含水量的多少,可分为硬冻和软冻两种。硬冻肉皮与水的比例为1∶1或1∶1.5,软冻肉皮与水的比例为1∶2或1∶1.25。硬冻宜夏季食用,软冻宜冬季食用。

② 明胶。明胶是用动物的皮、骨、韧带、肌膜等富含胶原蛋白的组织,经部分水解后得到的高分子多肽的多聚物。明胶呈白色或淡黄色,是一种半透明、微带光泽的薄片或粉状物,主要成分为蛋白质、水和灰分等。明胶有特殊的臭味,受潮后极易被细菌分解。

③ 蛋白胨。蛋白胨是一种富含蛋白质的凝胶体。制作蛋白胨时采用动物的肌肉组织、骨骼等为原料,先用旺火烧开后,再用小火长时间焖煮,使原来组织中的蛋白质尽可能溶出(溶液中蛋白质浓度越大,其黏稠度越强),这种蛋白质溶液冷却后即可凝结成柔软而有弹性的蛋白胨。蛋白胨凝结能力较差,必须经冷藏才会凝固成胶冻。

4. 嫩肉剂

嫩肉剂通常用于肉类烹饪原料中,以改变肉类组织结构,使肉类组织嫩滑。嫩肉剂能将肉中的部分结缔组织及肌纤维中结构较复杂的胶原蛋白和弹性蛋白降解,使其分解为水溶性蛋白质,从而使质地老韧的肉类原料变得柔软多汁、容易成熟、易于咀嚼,提高肉类菜肴的嫩度,改善肉类菜品的口感和风味。因此，嫩肉剂在烹饪中使用的比较普遍。

目前，嫩肉剂因成分不同而分为碱性物质（碳酸钠和碳酸氢钠）嫩肉剂和蛋白酶嫩肉剂两类，以蛋白酶嫩肉剂为佳。

蛋白酶能够将肉中的结缔组织中的胶原纤维、弹性纤维，肌肉组织中的肌原纤维进行降解，使蛋白质中的连接键断裂，从而使纤维变短，组织变软，提高肉类的嫩度，达到改善口感的目的。蛋白酶的嫩肉效果好，不会影响其他营养素，由于其本身也为蛋白质，在烹饪加热时可变性成熟，因此安全无毒。由于酶是具有生物活性的物质，所以必须在合适的温度、pH 值等条件下使用才能达到良好的效果。常见的蛋白酶有木瓜蛋白酶和菠萝蛋白酶。

思考题

1. 思考食盐与酱油烹饪应用的不同之处以及两者各自的特点。
2. 列举使用和贮藏味精时的注意事项。
3. 简析酵母菌用于面食制品中的原理。
4. "潮州三宝"是哪三宝？
5. 如何辨别油脂的质量？
6. 谈谈水作为调辅原料的烹饪应用。
7. 举例说明食用色素的利与弊。

参考文献

［1］冯胜文. 烹饪原料学［M］. 上海：复旦大学出版社，2011.

［2］赵廉. 烹饪原料学［M］. 北京：中国纺织出版社，2008.

［3］霍力. 烹饪原料学［M］. 北京：旅游教育出版社，2012.

［4］阎红. 烹饪原料学［M］. 北京：旅游教育出版社，2008.

［5］阎红，王兰. 中西烹饪原料［M］. 上海：上海交通大学出版社，2011.

［6］贾晋. 烹饪原料加工技术［M］. 北京：中国劳动社会保障出版社，2007.

［7］杨正华. 烹饪原料［M］. 北京：科学出版社，2012.

［8］杨霞. 烹饪原料［M］. 北京：机械工业出版社，2011.

［9］王克金. 烹饪原料与加工技术［M］. 北京：北京师范大学出版社，2013.

［10］冯玉珠，陈金标. 烹饪原料［M］. 北京：中国轻工业出版社，2009.

［11］郝志阔. 烹饪原料［M］. 北京：中国质检出版社，2012.

［12］阎红. 常用烹饪原料图集［M］. 成都：四川科学技术出版社，2005.

［13］黄玉军，王劲. 烹饪原料知识［M］. 北京：旅游教育出版社，2004.

［14］蒋爱民，赵丽芹. 食品原料学［M］. 南京：东南大学出版社，2007.

［15］徐幸莲，彭增起，邓尚贵. 食品原料学［M］. 北京：中国计量出版社，2006.

［16］李里特. 食品原料学［M］. 北京：中国农业出版社，2011.

［17］陈蔚辉. 粤东植物名录［M］. 广州：华南理工大学出版社，2008.

［18］吴修仁. 潮汕生物资源志略［M］. 广州：中山大学出版社，1997.

［19］彭珩，陈蔚辉.《烹饪原料学》实验教学初探［J］. 考试周刊，2014（29）.

［20］崔桂友. 烹饪原料的分类问题探讨［J］. 中国烹饪，1998（9 – 10）.

［21］王刘刘. 《烹饪原料学》课程教学探析［J］. 黄山学院学报，2002（2）.

［22］赵廉. 烹饪原料标本的制作［J］. 扬州大学烹饪学报，2001（4）.

［23］孙莉. 浅谈《烹饪原料学》课程改革［J］. 四川烹饪高等专科学校学报，2011（3）.